工程地质与水文地质研究

刘璐琦　刘登新　张旭波 ◎著

吉林科学技术出版社

图书在版编目(CIP)数据

工程地质与水文地质研究 / 刘璐琦，刘登新，张旭
波著. -- 长春：吉林科学技术出版社，2022.4
ISBN 978-7-5578-9297-5

Ⅰ．①工… Ⅱ．①刘… ②刘… ③张… Ⅲ．①工程地
质－研究②水文地质－研究 Ⅳ．①P642②P641

中国版本图书馆 CIP 数据核字 (2022) 第 072761 号

工程地质与水文地质研究

著	刘璐琦　刘登新　张旭波	
出 版 人	宛　霞	
责任编辑	钟金女	
封面设计	北京万瑞铭图文化传媒有限公司	
制　　版	北京万瑞铭图文化传媒有限公司	
幅面尺寸	185mm×260mm	
开　　本	16	
字　　数	292 千字	
印　　张	13.75	
印　　数	1–1500 册	
版　　次	2022年4月第1版	
印　　次	2022年4月第1次印刷	

出　　版	吉林科学技术出版社		
发　　行	吉林科学技术出版社		
地　　址	长春市南关区福祉大路5788号出版大厦A座		
邮　　编	130118		
发行部电话/传真	0431-81629529	81629530	81629531
	81629532	81629533	81629534
储运部电话	0431-86059116		
编辑部电话	0431-81629510		
印　　刷	廊坊市印艺阁数字科技有限公司		

书　　号	ISBN 978-7-5578-9297-5
定　　价	68.00元

前言

　　工程地质学作为其中的一个分支，是研究人类工程建设活动与自然环境相互作用和相互影响的一门地质科学，它是以地学学科理论为基础，应用数学、力学的知识与成就和工程学科的技术与方法，来解决与工程规划、设计、施工和运行有关的地质问题。工程地质工作广泛应用于水利水电工程、工业与民用建筑、公路工程、港口工程，铁路工程等工程建设领域，直接服务于国民经济建设和人类本身。工程地质学的特点是始终和工程实践紧密结合，是地质学与工程学相互渗透而形成的一门应用科学。

　　工程地质学是一门介于地质学与土木工程学之间的应用地质学学科，它是运用地质学的原理与方法，结合数理力学及土木工程学知识，分析和解决与人类工程和生活活动有关的地质问题。通常表现为地质环境对人类活动的制约及人类活动对地质环境的影响。工程地质学研究的目标就是对这一相互作用过程中正在发生或可能发生的地质问题进行合理评价、科学预测及正确改良，从而一方面保证工程建设的技术可行，经济合理，另一方面充分利用、合理开发及妥善保护人类赖以生存的地质环境。

　　水文地质学是研究地下水的科学，它与数学、物理学，化学、生物学以及水文科学相互结合、相互渗透，是一门跨学科的综合性边缘学科。它研究地下水的形成、分布、埋藏、运动、物理性质和化学成分等规律，并应用这些规律解决合理开发利用地下水和地下水的危害等方面的各种实际问题。

　　工程地质学与水文地质研究是在人类工程活动实践中逐渐形成和产生的，它的生命在于与工程实际相结合，因此本课程是一门实践性很强的技术基础课。在教学过程中，要加强地质实践性教学环节，理论联系实际，以理解和巩固理论知识，培养学生对掌握工程地质与水文地质问题的分析和评价能力，并能利用地质成果为工程建设服务。

目录

第一章 工程地质勘察 1

    第一节 勘察的任务和阶段划分 1

    第二节 工程地质勘察方法 4

    第三节 工程地质勘查要点 13

第二章 岩石及其工程性状 19

    第一节 地球的层圈构造与岩石的形成 19

    第二节 矿物 21

    第三节 岩浆岩 24

    第四节 沉积岩 26

    第五节 变质岩及三大类岩石的相互转化 29

    第六节 岩石的基本物理力学性质 31

    第七节 岩石的工程性状及影响因素 35

第三章 地形地貌与地质构造 40

    第一节 地质作用与地质年代 40

    第二节 地貌单元的类型与特征 45

    第三节 地壳地质构造运动的类型 48

    第四节 水平岩层与倾斜岩层及其在地质图上的表现 49

    第五节 褶皱构造、节理构造与断层 52

    第六节 地质构造对工程的影响 57

第四章 工程地质问题 59

    第一节 坝的工程地质问题 59

    第二节 水库的工程地质问题 69

    第三节 输水隧洞的工程地质问题 75

    第四节 道路工程地质问题 81

第五节 桥梁工程地质问题 84

第五章 水文循环与径流形成 86

第一节 水文循环与水量平衡 86

第二节 河流与流域 89

第三节 降水与蒸发 95

第四节 河川径流形成过程及影响径流的因素 98

第五节 水位与流量关系曲线 100

第六章 地下水运动 102

第一节 地下水运动的分类、特点以及规律 102

第二节 地下水流向井的稳定流理论 104

第三节 地下水完整井非稳定流理论 106

第四节 地下水的动态与平衡 107

第五节 地下水平衡 110

第七章 地下水的物理性质及化学成分 113

第一节 地下水的物理性质 113

第二节 地下水的化学成分 114

第三节 地下水化学成分的形成作用 115

第四节 矿山地下水的形成与化学特征 118

第五节 地下水化学成分和水化学类型的划分 124

第六节 地下水水质评价的基本方法 125

第八章 地下水及其地质作用 129

第一节 地下水基本概念 129

第二节 地下水类型 134

第三节 地下水地质作用 138

第四节 地下水资源开发与保护 144

第九章 地下水资源开发利用的环境地质问题 153

第一节 地下水的赋存和运动 153

第二节 地下水污染 160

第三节 地面沉降 167

第四节 岩溶塌陷 170

第十章 地下水与水资源管理、生态环境及发展趋势 175

第一节 地下水资源与水资源管理 175

第二节 地下水与生态环境 180

第三节 当代水文地质学发展趋势及研究方法 187

第十一章 地质环境与人类健康 196

第一节 元素与人体健康 196

第二节 原生地质环境与地方病 202

第三节 地质环境污染与人体健康 208

参考文献 211

第一章 工程地质勘察

第一节 勘察的任务和阶段划分

工程地质勘察是为查明工程建筑场区的工程地质条件而进行的综合性地质调查勘探工作。工程地质勘察的任务是：查明各类工程场区的地质条件，预测在工程建筑作用下可能出现的地质条件的变化及其影响，评价可能发生的工程地质问题，选定最佳建筑场地和提出为克服不良地质条件应采取的工程措施，为保证工程的合理规划、设计、顺利施工和正常使用提供可靠的地质资料。

水文地质勘察的目的主要是为地下水的开发利用和保护提供科学依据，消除地下水所引起的不良影响。

一、工程地质勘察的任务和阶段划分

（一）工程地质勘察的目的和任务

工程地质勘察的目的是根据国民经济建设的需要，查明与工程建设有关的地质条件，研究影响建筑物稳定等各种地质现象的性质、分布及其发展规律，预测可能出现的工程地质问题，为工程规划合理、建筑物设计经济、施工及运用安全，提供地质资料。

工程地质勘察的主要任务如下：

1.查明建筑地区的工程地质条件，以便合理选择建筑物，如路线或隧洞的位置，并提出建筑物的布置方案、类型、结构和施工方法的建议。

2.查明影响建筑物地基岩体稳定等方面的工程地质问题，并为解决这些问题提供所需要的地质资料。

3.预测建筑物施工与使用过程中，由于工程活动的影响或自然因素的改变而可能产生的新的工程地质问题，并提出改善不良工程地质条件的建议

4.查明工程建设所需的各种天然建筑材料的产地、储量、质量和开采运输条件。

（二）工程地质勘察的阶段划分

工程地质勘察是为工程建设的优化设计和工程施工服务的，因此其工作程序必须与设计阶段相适应，并与设计和施工紧密配合。各类建设工程对勘察设计阶段划分的名称不尽相同，但勘察

设计各阶段的实质内容则是大同小异。

我国各建筑部门将工程地质勘察分为可行性研究勘察、初步勘察及详细勘察三个阶段，对工程地质条件复杂或有特殊施工要求的重大工程，尚需进行施工勘察可行性研究勘察主要根据建设条件，完成方案比选所需的工程地质资料和评价；初步勘察结合初步设计，提出工程地质论证；详细勘察应密切结合技术设计或施工图设计，提出工程地质计算参数并评价；施工勘察应提出施工检验与监测设计方案。

水利水电工程地质勘察的规定划分为：规划选点、可行性研究、初步设计、招标设计和施工图设计等阶段。规划选点阶段勘察工作宜基本满足可行性研究阶段深度要求。水利水电工程勘查各阶段的内容和要求如下。

1. 规划选点阶段

规划选点阶段是勘察工作的初始阶段，其主要内容在于：了解河流或河段各规划方案的工程地质条件，并初步查明近期可能开发的工程和控制性工程的主要工程地质问题，为选定河流（段）规划方案和近期开发工程提供所需要的地质资料对于一般的中小型水利工程主要是选择库址和坝（闸）址。因而，在这一阶段必须全面了解区域地质条件，并通过对比，为选定最合适的坝（闸）址提出必需的工程地质资料；同时提出选定坝址存在或可能存在的地质问题，指出在下一个阶段工作中应进一步研究解决的问题。

2. 可行性研究阶段

可行性研究阶段的主要任务是选定工程建筑物的具体地址，如选坝址和库址。为此，一般选择几个比较方案，详细调查分析各方案的主要工程地质问题，从工程地质角度对比分析各方案的优劣，选出最优方案，为初拟工程建筑类型和规模提供地质依据此阶段主要进行大中比例尺的工程地质测绘和工程地质勘探，以及一定的野外现场试验和室内岩土力学试验。

3. 初步设计阶段

初步设计阶段是水利水电工程的重点勘察阶段，它的任务主要是在已选定的坝（闸）址区和库区等地，进一步查明与建筑物有关的工程地质条件，或在规划选点阶段选定的近期开发工程地段上，或可行性研究阶段确定选址的基础上，查明与坝址和其他主要建筑物方案有关的地质问题，并对其作出定量评价，为选定坝（闸）和其他主要建筑物的轴线、型式、枢纽布置及施工等提供有关工程地质资料和评价。工程地质要进行全面而大量的工作。对大型工程，对大坝及枢纽建筑物的型式结构、尺寸及地基处理等，往往需要进行详细设计研究，又称技术设计阶段。在此阶段，工程地质工作主要结合设计需要，进行岩土的物理力学性质的补充试验及水文地质试验等工作。

4. 招标设计阶段和施工图设计阶段

招标设计阶段主要是查明初步设计或技术设计在审批后，新提出或新发现的地质问题，或者是查明施工临时建筑工程、附属工程布置地段的工程地质条件等。施工图设计阶段还要根据施工开挖所揭露的地质情况，通过地质编录、录像、测绘、取样和试验等工作，校核和验证初步设计阶段或技术设计阶段的地质勘察资料和结论是否正确,最后应提出施工地质勘察总结报告。

根据工程规模的大小和重要性,以及建筑地区地质条件的复杂程度,对一些工程规模不大、面积较小且工程地质条件简单的场地,或有建筑经验的地区,可以适当简化勘察阶段,但是先勘察后设计、再施工的基本程序不能变。

二、水文地质勘察的任务和阶段划分

(一)水文地质勘察的目的和任务

水文地质勘察的目的主要是为地下水的开发利用和保护提供科学依据,消除地下水所引起的不良影响水文地质勘察的主要任务是:

1. 查明供水、排水区各含水层的产状及分布状况,查明地下水补给条件、水质和水量、动态变化规律。

2. 查明兴建工程建筑物地区的水文地质条件及其变化的预测。

以城市供水为目的的水文地质勘察应完成:

第一,查明勘察区的水文地质条件,地下水的开采和污染情况。

第二,对可供开采区的地下水资源进行评价和预测。

第三,对地下水资源的合理利用和保护提出建议。

(二)水文地质勘察阶段的划分

以供水为目的的水文地质勘察,一般分为规划、初勘、详勘和开采四个阶段

1. 规划阶段

大致查明区域水文地质条件,对地下水资源进行概略评价,并对下一步的勘察工作提出建议,为城市总体规划或水源建设规划编制提供依据。

2. 初勘阶段

基本查明勘察区的水文地质条件,提出水源方案并加以比较论证,确定拟建水源地段,对地下水资源进行初步评价,为水源初步设计提供依据。

3. 详勘阶段

详细查明拟建水源地段的水文地质条件,对地下水资源作出可靠评价,提出地下水合理开发利用方案,并预测水源开采后地下水的动态及其对环境的影响。

4. 开表阶段

在已开采区或已建水源地段具备详勘资料的基础上,进行专题调查研究,必要时辅以勘察试验手段,并进行地下水动态与均衡观测等,提高地下水资源评价精度,为水源地的改建、扩建或地下水科学管理提供依据。

第二节 工程地质勘察方法

工程地质勘察的方法，主要有工程地质测绘、工程地质勘探、工程地质试验与工程地质长期观测等几种，随着现代科学技术的进步，许多新技术也在工程地质勘察工作中得到发展和应用。

一、工程地质测绘

工程地质测绘，就是通过野外路线观察和定点描述，将岩层分界线、断层、滑坡、崩塌、溶洞、地下暗河、井、泉等各种地质条件和现象，按一定比例尺填绘在适当的地形图上，并作出初步评价，为布置勘探、试验和长期观测工作指出方向。

工程地质测绘贯穿于整个勘察工作的始终，只是随着勘察设计阶段的不同，要求测绘的范围、比例尺，研究的内容、深度不同而已。

一般测绘开始时，应在踏勘基础上，选作几条有代表性的地层实测剖面，以便了解测区内岩层的岩性、厚度、接触关系及地质时代，建立正常层序，为测绘填图工作提供标准和依据。工程地质测绘一般采用路线测绘法、地质点测绘法、野外实测地质剖面法等。除此之外，遥感技术在工程地质测绘中，也得到了普遍的应用。

（一）路线测绘法

1.路线穿越法

路线穿越法即沿着与岩层走向垂直的方向，每隔一定距离布置一条路线，沿路线和地质观察点（简称地质点）进行地质观测和描述，然后把各路线上标测的地质界线相连，即编制出地质平面图。这种方法适用于地质条件不太复杂或小比例尺测图地区。

2.界线追索法

界线追索法即沿地层界线或断层延伸方向进行追索测绘。界线追索法工作量大，但成果较准确，通常在地层沿走向变化大、断裂构造比较发育的地区采用。

（二）地质点测绘法

地质测绘时的观察点称为地质点。即在测区内按方格网布置地质观察点，依次逐点进行观测描述，然后通过分析实测资料连接各地质界线，构成地质草图。此法工作量大，但精度高，一般适用于地质界线复杂，或大比例尺地质测绘时采用。

观察点应布置在地质界线或地质现象上，因测绘的目的不同而异，有基岩、构造、第四纪地貌、水文地质点等。在地质观察点上应把所有地质现象认真仔细描述。描述内容包括地层岩性、地质构造、第四纪地貌、物理地质现象、水文地质条件等，另外，对那些与工程建筑有关的地质问题，要突出重点地详细描述。

地质观察点实际位置，用罗盘仪或用经纬仪测量，并标定在地形图上。

（三）野外实测地质剖面法

在地质测绘工作的初期，为了认识与确定测区内岩层性质、层序、分层标志和界线，以提供测绘填图作为划分岩层的依据和标准，往往在测绘范围内，选择岩层露头良好、层序清晰、构造简单的路线作实测地质剖面。

具体做法如下：

1. 布置剖面线

通常沿垂直岩层走向或垂直于主要构造线的方向，选定剖面线方向。

2. 布置测点

剖面线位置确定后，沿剖面线布置测点。测点应选择在地形地质条件有变化的地方，其间距随测绘比例尺，即精度要求而定。如作 1∶500 的测绘时，间距应小于 5 m；作 1∶1 000 的测绘时，间距不超过 10 m；若地形起伏大，或地质条件复杂，间距要求适当减小。每一测点都要打木桩（或作标记），并统一编号。

3. 剖面地形测量

用经纬仪测出各点的位置和高程，根据测量结果，绘制地形剖面图。若作草测剖面，可用地质罗盘仪和皮尺沿剖面施测。即先用皮尺测出剖面起点。和测点 1 的间距，用地质罗盘测出导线 0-1（起点 0- 测点 1）的方位和地形坡角。再依次测量测点 1- 测点 2（1-2）、测点 2- 测点 3（2-3）……的方位和地形坡角。

4. 地质条件的观测记录

在进行剖面地形测量的同时，还应进行地质资料的收集。其观测记录内容主要有地层分层层位，岩石名称、岩性特征、风化情况、断裂构造、各类结构面的产状、第四纪堆积层的组成及厚度、地下水露头情况及物理地质现象等，并采集必要的岩样、水样标本送实验室化验鉴定。

5. 绘制剖面图

在对实测地形地质资料进行次真的复核，并确认无误后，按地质剖面图式要求，编制实测地质剖面图。具体步骤：先绘导线平面图根据导线方位和水平距，按比例尺将导线自基点（起点）至终点逐点绘出，并将岩层分界线、岩层产状、其他观测点等一一标出。连接基点（起点）和终点，即为剖面线（或选岩层倾向一致的方向为剖面方向）。然后在导线平面图的下方，平行于剖面线作一与之等长的基线，在基线两端树高程尺标（若未知基点高程，则按相对高程计），并于左端定出基点，再将各导线点按累积高差投影在基线上方，连接各点，即得地形剖面。继而投绘剖面中的地质内容：将导线上各岩层的分界点、各种地质构造屏地质现象投影到地形剖面图上，按产状用图例符号表示出各岩层（剖面方向与岩层倾向一致时，按真倾角表示，否则按视倾角表示）和地质条件。在测绘过程中，野外资料必须每日进行初步整理，包括野外记录、绘制地质剖面图、编制地层柱状图、绘制平面草图、整理标本和试样等工作。

（四）"3S"技术在工程地质测绘中的应用

"3S"技术是指遥感（RS）、全球定位系统（GPS）、地理信息系统（CIS）的综合集成其中，遥感技术在工程地质测绘中的应用广泛且比较成熟。

遥感即遥远的感知，是应用现代化运载工具、仪器（如飞机、人造卫星），从地表一定距离对地表和近地表目标物，用紫外到微波的某些波段的电磁波辐射特征的信息，通过接受、传输，经加工处理成像，而对目标物进行探测和识别的一种综合技术由于不同的地质体或地质现象，各有不同的结构、产状和物理化学特性，并经受了不同内外营力的改造，从而形成了不同的自然景观。同时，由于它们对不同波长的电磁波的反射、吸收、透射以及发射能力的不同，在图像上可出现不同的色调、形状、条纹、大小、阴影等影像特征依据影像特征的差异进行地质解译，就可揭露地表及以下一定深度内的地质现象。

遥感技术由于宏观视野大、重复成像快等优点，因而对区域性地质现象和地质问题的分析研究有重要意义，并多用于工程规划、可行性研究等勘察阶段小比例尺工程地质测绘中：在工程地质测绘开始以前，对已收集的航片和卫片结合区域地质资料进行判译，在此基础上勾画地质草图，用以指导现场踏勘工作。另外，还可使用航片、卫片来校核所填绘地质界线或补充填绘其他内容。

二、工程地质勘探

为进一步查明、验证地表以下的工程地质问题，并获得有关地质资料，需要在地质测绘的基础上进行必要的勘探工作。勘探工作主要有山地工作、钻探和物探等三种类型

（一）山地工作

山地工作是指对山地的开挖工作。常利用坑、槽、竖井、斜井及平硐等工程来查明地下地质条件的一种勘探方法，为了充分发挥山地工作，必须详细观察记录，并绘制出展视图。

（二）钻探

钻探是用人力或动力机械带动钻机，以旋转或冲击方式切割或凿碎岩石，形成一个直径较小而深度较大的圆形钻孔。它是目前应用最广泛的一种勘探手段，它可以揭露地下深处的地质现象，查明建筑物地基的地层岩性、地质构造；采取岩芯、水样；在钻孔内进行工程地质、水文地质、灌浆等试验工作。由于岩性的坚硬完整程度、钻孔深度和钻探的目的不同，需要选用不同类型的钻机。工程地质勘探中常用的钻探方法有冲击钻探、回转钻探、冲击回转钻探和振动钻探四种。

在钻进过程中，要及时做好观测、取样和编录工作。通过观测地下水的初见水位、稳定水位及钻进中的漏水量等，了解含水层、隔水层的位置和厚度。通过对取出岩芯的观察描述和岩芯采取率的统计，记录井壁掉块、卡钻（说明岩石破碎情况）和掉钻（说明遇到溶洞或大裂隙）情况，确定岩石风化程度、完整程度。

因此，钻探是靠提取岩芯来了解深部地质条件的，通过对岩芯的统计可计算出岩芯采取率或岩芯获得率。前者是指所取岩芯总长度与本回次进尺的百分比，总长度包括比较

完整的岩芯和碎块、岩粉等。后者是指比较完整的岩芯长度之和与本回次进尺的百分比，它

不计入不成形的破碎物质。此外，如要进行工程岩体质量评价和分级时，尚需算出岩石质量指标RQD（Rock Quality Designation）数值。

工程实践证明，是一种比岩芯采取率更灵敏，更能反映岩体特性的指标，可利用。值的大小判别岩体的质量。最后根据编录资料和试验成果，编制成钻孔柱状图及工程地质立体投影图。

（三）物探

物探即地球物理勘探的简称。物探是根据岩土密度、磁性、弹性、导电性和放射性等物理性质的差异，用不同的物理方法和仪器，测量天然或人工地球物理场的变化，以探查地下地质情况的一种勘探方法。组成地壳的岩层和各种地质体，如基岩、喀斯特、含水层、覆盖层、风化层等，其导电率、弹性波传播速度、磁性等物理性质是有差异的，这样，就可以利用专门的仪器设备，来探测不同地质体的位置、分布、成分和构造。

地球物理勘探有电法、地震、声波、重力、磁力和放射性等多种方法。在工程地质勘察中多采用电法勘探中的电阻率法。由于自然界中各种岩石的矿物成分、结构和含水量等因素的不同，故有不同的电阻率。此法是人工向地下所查的岩体中供电，以形成人工电场，通过仪器测定地下岩体的视电阻率大小及变化规律，再经过分析解释，便可判断所查地质体的分布范围和性质。如判断覆盖层厚度、基岩和地下水的埋深、滑坡体的厚度与边界、冻土层的分布及厚度、溶蚀洞穴的位置及探测产状平缓的地层剖面等。

弹性波探测技术包括地震勘探、声波探测及超声波探测。它是根据弹性波在不同的岩土体中传播的速度不同，用人工激发产生弹性波，使用仪器测量弹性波在岩体中的传播速度、波幅规律，按弹性理论计算，即可求得岩体的弹性模量、泊松比、弹性抗力系数等计算参数。

物探方法具有速度快、成本低的优点，用它可以减少山地工程和钻探的工作量，所以得到了广泛的应用。但是，物探是一种间接测试方法，具有条件性、多解性，特别是当地质体的物理性质差别不大时，其成果往往较粗略。所以，应与其他勘探手段配合使用，才能效率较高，效果更好。

三、工程地质试验

在水利工程地质勘察中，可以用室内或野外现场试验定量地测定岩石（土）的工程地质性质和各种地质参数。试验工作分为室内试验和野外试验两种。室内试验设备简单、成本低、方法也较为成熟，但所取试样体积小，与自然条件有一定的差异，因而成果不够准确。野外试验是在现场天然条件下测定较大体积岩（土）体的各种性能，所得资料更符合实际，但其需要大型的设备，成本高、历时长。所以，一般是两种方法配合使用。

（一）室内试验

1.物理性质指标测试

岩石和土的物理性质指标的实质完全相同，只是将其中的土颗粒换成岩石中的固体部分，土换成岩石，在这里仅介绍岩石的几种常见的物理性质指标测试。

岩石的基本物理性质是指岩石固有的物质组成和结构特征所决定的基本物理属性，包括含水量、吸水率、颗粒密度、块体密度、膨胀性、耐崩解性和抗冻性等。相应的岩石物理性质试验包括含水量试验、吸水率试验、颗粒密度试验、块体密度试验、膨胀性试验、耐崩解性试验、冻融试验等。对于膨胀岩石要做膨胀性试验，对于在干湿交替下的黏土岩类和风化岩石要做耐崩解性试验，对于经常处于冻结和融解条件下的工程岩体，要进行冻融试验。在此仅简单介绍几种主要的物理性质指标的测试方法。

（1）含水量试验

岩石含水量是岩石试件在 105 ~ 110℃温度下烘干至恒量时所失去水的质量与试件干质量的比值，以百分数表示。

岩石的天然含水量反映了岩石在天然状态下的实际情况。含水量试验主要是针对黏土质、粉砂质和风化的软弱岩石在天然状态下的含水多少而制定的，对于坚硬或较坚硬的岩石，测定天然含水量的工程意义不大。

岩石含水量试验仪器和设备包括烘箱、干燥器、天平、有密封盖的试件盒等。

（2）岩石吸水性试验

岩石吸水性采用自然吸水率、饱和吸水率和饱水系数等指标表示。

岩石自然吸水率是岩石在常温、常压条件下最大自由吸入水的质量与试件固有质量的比值，以百分数表示。岩石自然吸水率的大小取决于岩石中孔隙的大小及其连通性，岩石的自然吸水率越大，表明岩石中孔隙大，连通性好，岩石力学性质越差。

岩石饱和吸水率是试件在强制饱和状态下的最大吸水量与试件固有质量之比，以百分数表示。一般采用煮沸法或真空抽气法测定。岩石饱和吸水率反映岩石内部的张开型孔隙和裂隙的发育程度，对岩石的抗冻性和抗风化能力有较大影响。

岩石饱水系数是指岩石自然吸水率与饱和吸水率的比值，以百分数表示。

（3）岩石颗粒密度试验

岩石颗粒密度是岩石固相物质与体积的比值，采用比重瓶法或水中称量法测定，比重瓶法适用于各类岩石，水中称量法适用于除遇水崩解、溶解和干缩湿胀以及密度小于 1 g/cm³ 的其他各类岩石。

（4）岩石块体密度试验

岩石的块体密度是指单位体积的岩石质量，是岩石试件的质量与其体积之比。根据岩石试件的含水状态，岩石的块体密度可分为烘干密度、天然密度和饱和密度三种。岩石块体密度采用量积法、水中称量法或密封法测定。量积法适用于能制备成规则试件的岩石，水中称量法适用于除遇水不崩解、不溶解和不干缩湿胀的其他各类岩石，密封法适用于不能用量积法或直接在水中称量进行试验的岩石。

（5）岩石膨胀性试验

岩石膨胀性是指含亲水易膨胀的矿物（蒙脱石类）的岩石在水的作用下，吸收无定量的水分子，产生体积膨胀的性质。发生膨胀的岩石，绝大多数属于黏土质类的岩石，这类岩石含有蒙脱石类矿物，只要改变其含水状态，就会使其晶格膨胀松动和崩解，造成地表和地下建筑物的破坏，特别是对隧道、地下硐室、边坡挡墙和水池底板的毁坏尤为明显。

表征岩石膨胀特性的指标有岩石自由膨胀率、侧向约束膨胀率和体积不变条件下的膨胀压力。岩石自由膨胀率是岩石试件吸水后产生的径向变形和轴向变形分别与原试件直径和高度之比，以百分数表示。岩石侧向约束膨胀率是岩石试件在有侧向约束不产生侧向变形的条件下，轴向受有限压力（5 kPa）时，吸水后产生的轴向变形与试件原高度之比，以百分数表示。岩石膨胀压力是岩石试件吸水后保持原体积不变所产生的压力。

2. 力学性质指标测试

土在外力作用下表现的性质，即力学性质。当外力较小而未达到某个极限值时，土体发生变形；而当外力超过某个极限值时，土体则发生破坏。因此，可将岩土的力学性质概括为变形性和抗破坏性，它们随所受应力的性质（拉、压、剪）不同而有不同的表现，：对工程实践最具重要意义的是土体在压力作用下的压缩变形和在剪应力作用下的破坏，即土的压缩性和抗剪性。

（1）变形指标测试

岩石在外力作用下，由于其内部各质点的位置发生改变而引起的岩石形状和尺寸的变化，称为岩石的变形。岩石的变形规律可用由压缩试验取得的应力—应变曲线来表示。岩石在不同的受力状态下具有不同的应力—应变关系，其中最能代表岩石工程性质特点的是岩石在单向压力作用下的应力—应变曲线。因此，这里仅简单介绍岩石单轴压缩变形试验。

岩石单轴压缩试验常用的方法有电阻应变片法和千分表法两种。两种方法均适用于能制成规则试件的各类岩石。对于坚硬和较坚硬岩石宜采用电阻应变片法，较软岩宜采用千分表法。试验主要仪器和设备包括钻石机、磨石机、烘箱、静态电阻应变仪、千分表、材料试验机等。

逐渐发展为贯通的破裂面，岩石全面破坏，承载能力逐渐降低，岩石内的应力随应变的增大而下降。岩石的应力—应变曲线由平缓的上凸型逐渐过渡为平缓的上凹型，再过渡为陡降的上凹型，最终演变为平缓的或下降的直线。

岩块变形参数主要采用岩块单轴压缩变形试验方法取得。其变形特性用变形模量、弹性模量和泊松比等参数表示。变形模量是指岩石试件在轴向应力作用下，轴向应力与相对应的轴向应变的比值，也称割线模量，一般用 E_{50} 表示，即应力—应变曲线原点与抗压强度 50% 处应变点连线的斜率。岩石的弹性模量是应力与相对应的轴向弹性应变的比值，一般由应力—应变曲线直线段的斜率表示。岩石的泊松比是指岩石试件在轴向应力作用下，所产生的横向应变与相对应的轴向应变的比值。

（2）强度指标测试

岩石的强度是指岩石试样抵抗外力时保持自身不被破坏时所能承受的极限应力。它是用来表示岩石抗破坏能力大小的重要参数。根据岩石试样所抵抗外力的种类不同，岩石的强度可分为抗压强度、抗拉强度、抗剪强度等。

①岩石的抗压强度

岩石在单向压力作用下，抵抗压碎破坏的最大轴向压应力，称为岩石的极限抗压强度，简称抗压强度。抗压强度是反映岩石力学性质的主要指标之一。可以通过将岩石试件置于压力机上进行轴向加载，至试件破坏来测定。岩石的单向抗压强度试验最简单，同时它又能反映岩石的基本力学特性，因而在工程上的应用最广。

岩石抗压强度越大，说明岩石越坚硬，越不容易被压碎。

岩石单轴抗压强度试验主要仪器和设备包括钻石机、磨石机、车床、千分卡尺、放大镜、烘箱、材料试验机等。

②岩石的抗拉强度

岩石的抗拉强度是指岩石试件在外力作用下抵抗拉应力的能力，为岩石试件拉伸破坏时的极限荷载与受拉面积的比值。

在实际应用中，当缺乏实际试验资料时，常取岩石的抗拉强度为抗压强度的1/10～1/50。由于采用直接将岩石试件置于试验机上进行轴向拉伸的方法来测定岩石的抗拉强度，在试件制作及试验技术方面都存在一定的困难，所以目前大多数采用间接拉伸法来测定，其中以劈裂法为最常用。

劈裂法是把一个经过加工的圆板状（正方形板状）岩石试件，横置在压力机的承压板上，并在试件与上下承压板之间放置一根硬质钢丝作为垫条，然后加压，使试件受力后，沿直径轴面方向发生裂开破坏，以求其抗拉强度。加置垫条的目的，是为了把所施加的压力变为上下一对线荷载，并使试件中产生垂直于上下荷载作用的张应力。因此，上下垫条必须严格位于通过试件垂直的对称轴面内。

岩石单轴抗压强度试验主要仪器和设备包括钻石机、磨石机、车床、千分卡尺、放大镜、烘箱、材料试验机等。

③岩石的抗剪强度

岩石抵抗剪切破坏时的最大剪应力，称为抗剪强度。研究岩石抗剪强度的目的主要是为大坝、边坡和地下硐室岩体稳定性分析提供抗剪强度参数。根据岩石抗剪强度试验方法的不同，可分为抗剪断强度、摩擦强度及抗切强度。

岩石的抗剪断强度是指岩石剪断面上有一定压应力作用时，完整岩石被剪断的最大剪应力，可通过直接剪切试验测定。主要根据岩石试件在不同法向荷载下相应剪切强度按库仑准则确定岩石的抗剪强度参数。

坚硬岩石因有牢固的结晶联结或胶结联结，其抗剪断强度一般都比较高。

试验资料表明，同一种岩石，由于受力状态不同，强度值相差悬殊。此外，岩石在荷载长期作用下的抗破坏能力，要比短时间加载下的抗破坏能力小。对于坚固岩石，前者为后者的

70% ~ 80%；对于软质与中等坚固岩石，长时强度一般为短时强度的 40% ~ 60%。

（二）原位测试

1.静力载荷试验

静力载荷试验是研究在静力荷载下岩土体变形性质的一种原位试验方法。其主要用于确定地基土的允许承载力和变形模量，研究地基变形范围和应力分布规律等。试验方法是在现场试坑或钻孔内放一荷载板，在其上依次分级加压，测得各级压力下土体的最终沉降值，直到承压板周围的土体有明显的侧向挤出或发生裂纹，即土体已达到极限状态为止。

2.静力触探试验

静力触探技术是工程地质勘察特别是在软土勘察中较为常用的一种原位测试技术。静力触探的仪器设备包括探杆、带有电测传感器的探头、压入主机、数据采集记录仪等，常将全部静力触探仪器设备组装在汽车上，制造成静力触探车。静力触探试验是用压入装置，以每秒 20 mm 的匀速静力，将探头压入被试验的土层，用电阻应变仪测量出不同深度土层的贯入阻力等，以确定地基土的物理力学性质及划分土类，静力触探适用于软土、黏性土、粉土、砂土和含少量碎石的土。

按传感器的功能，静力触探分为常规的静力触探（单桥探头、双桥探头）和孔压静力触探。目前国际上广泛使用标准规格的双桥探头和孔压静力触探技术，而我国有些地方还习惯使用传统的单桥探头，虽然多年来双桥探头在工程勘察中大量使用，但一些技术指标与国际标准还存在一定差距，而且孔压静力触探技术还未推广应用。

根据目前的研究与经验，静力触探试验成果可以用来划分土层，评定地基土的强度和变形参数，评定地基土的承载力等。

3.标准贯入试验

标准贯入试验是用 63.5 kg 的穿心重锤，以 76 cm 的落距反复提起和自动脱钩落下，锤击一定尺寸的圆筒形贯入器，将其贯入土中，测定每贯入 30 cm 厚土层所需的锤击数，以此确定该深度土层性质和承载力的一种动力触探方法。

标准贯入试验常在钻孔中进行，既可在钻孔全深度范围内等间距进行，也可仅在砂土、粉土等土层范围内等间距进行。试验时，先用钻具钻至试验土层以上 15 cm 处，清除残土，将贯入器竖直贯入土中 15 cm 后，开始记录每打入 10 cm 的击数，累计贯入土中 30 cm 的锤击数。

标准贯入试验成果可以用来判断土的密实度和稠度，估算土的强度与变形指标，判别砂土液化，确定地基承载力，划分土层等。

砂土液化是指饱和疏松砂土受到振动时因孔隙水压力骤增而发生液化的现象。对于饱和的砂土和粉土，当初判为可能液化或需要考虑液化影响时，可采用标准贯入试验锤击数进一步确定其地震液化的可能性及液化等级。

对存在液化土层的地基，应探明各液化土层的深度和厚度，可按一定的公式计算每个钻孔的液化指数，并划分地基的液化等级。

4.十字板剪切试验

十字板剪切试验是采用十字板剪切仪，在现场测定饱和软黏土的抗剪强度的一种原位测试方法。其基本原理是施加一定的扭转力矩，将土体剪切破坏，测定土体对抵抗扭剪的最大力矩，并假定土体的内摩擦角等于零，通过换算计算得到土体的抗剪强度值。机械式十字板剪切仪主要由十字板头、加荷传力装置（轴杆、转盘、导轮等）和测力装置（钢环、百分表等）三部分组成。其中，十字板头是由厚度为 3 mm 的长方形钢板以横截面呈十字形焊接在轴杆上构成的。

试验时，将十字板头压入被测试的土层中，或将十字板头装在钻杆前端压入打好的钻孔底以下 0.75 m 左右的被测试土层中，然后缓慢匀速摇动手柄旋转（大约以每转或每度 10 s 的速度转动），每转 1 转（Ⅰ度）记录钢环变形的百分表读数一次，直到读数不再增加或开始减小（即土体已经被剪切破坏）为止。试验一般要求在 3 ~ 10 min 内把土体剪切破坏，以免在剪切过程中产生的孔隙压力消散。

（三）水文地质试验

1.抽水试验

抽水试验是用提水设备（提桶、水泵、空压机）从井内抽取一定的水量，同时观测井内水位的下降情况，进而研究井出水量、水位降深、含水层水文地质参数和其他有关影响因素之间关系的一种试验。

抽水试验是水文地质勘察中的一项重要工作，通过抽水试验可以确定：含水层的渗透系数、含水层间的水力联系、抽水影响范围、合理井距、地表水与地下水之间关系等一系列数据，这些都是设计中不可缺少的地质参数和资料。

根据任务不同，抽水试验分为多孔抽水试验和单孔抽水试验两种。前者是在抽水孔的旁边配置一定数量的观测孔，在抽水期间观测其中的水位变化，以确定影响半径和下降漏斗；后者是不配置观测孔的抽水试验。

根据井孔揭露含水层情况，抽水试验还可以分为完整井抽水试验和不完整井抽水试验两种。

2.钻孔压水试验

钻孔压水试验是最常用的在钻孔内进行的岩体原位渗透试验。具体做法是在钻孔过程中或钻孔结束后，用栓塞将某一段长度的孔段与其余孔段隔离开，用不同的压力向试段内送水，测量其相应的流量值，并据此计算岩体渗透率。

压水试验主要任务就是测定岩体的透水性，为评价岩体的渗透特征和设计防渗措施提供基本资料。

四、工程地质长期观测

由于某些地质条件和现象，具有随时间变化的特性，因此需要布置长期观测工作长期观测工作是工程地质勘察的一项重要工作，并从规划阶段就开始，贯穿以后各勘察阶段。有的观测项目，在工程完工以后仍需继续进行观测。

观测工作之所以重要，是因为工程地质和水文地质条件的变化及其对建筑物的影响，不是在短期内就能反映出来的。例如，物理地质现象的发生和发展、地下水位的变化、水质和水量的动态规律，都需要进行多年的季节性观测，才能了解其一般规律，才能利用观测资料，去预测其发展的趋势和危害，以便采取防治措施，保证建筑物的安全和正常使用。地质观测项目，主要有以下几个：

（一）与工程有密切关系的物理地质作用或现象的观测

如滑坡、雪崩、泥石流的观测，河流冲刷与堆积、岩石风化速度的观测等。

（二）工程地质现象的观测

如人工边坡、地基沉降变形、地下硐室变形等项目的观测。

（三）地下水动态观测

如地下水位、化学成分、水量变化及孔隙水压力的观测等

长期观测点的位置，应能有效地将变化的不均匀性和方向性表示出来，观测线应布置在地质条件变化程度差异最大的方向上。为观测滑坡的发展，主观测线应沿滑动方向布置。在布点时，必须合理选择基准点。观测时间的间隔及整个观测时间的长短，视需要和观测内容及变化的特点来决定，一般应遵照"均布控制、加密重点"的原则。

在观测过程中，应不断积累资料，并及时进行整理，用文字或图表形式表示出来，在有条件的地方，可以设置自动或半自动观测记录装置。

第三节 工程地质勘查要点

工程地质勘察是工程建设的基础工作，其任务是查明建筑物区的工程地质条件，为工程建设的优化设计和工程施工服务，因此其工作程序必须与设计阶段相适应。工程地质勘察工作一般分阶段进行，虽然国内各行业对勘察阶段的划分有所不同，但是均遵循由浅到深、由粗到细的特点。当建筑场地的工程地质条件简单，工程规模不大且无特殊要求时，勘察阶段可适当简化或合并进行。下面着重阐述几种主要工程建筑物勘察要点。

一、水利水电工程地质勘察要点

水利水电工程勘察主要指挡水、泄水和引水建筑等水利水电建筑工作的勘察。水工建筑物有着与其他建筑物不同的特点，首先要求的地基荷载大，工作条件复杂，地基和基础多在水下，工作状况难以及时了解和观察，对地质和地基处理要求高；其次兴建水利水电工程可能引起区域地质环境的变化，一旦失事后果极其严重；再次，水利水电工程建筑物的施工条件、结构型式、具体布置和运行要求，均比其他建筑复杂，这些与工程地质条件关系密切。因此，水利水电工程地质勘察也比较复杂。

水利水电工程地质勘察一般分六个阶段：规划阶段、项目建议书阶段、可行性研究阶段、初

步设计阶段、招标设计阶段和施工图设计阶段。各阶段的勘察工作按照规程规范的要求和设计师下达的勘察任务书要求，由勘测单位编制工程地质勘察大纲，开展相应的勘察工作。

（一）规划阶段

规划阶段工程地质勘察应对河流开发方案和水利水电近期开发工程选择进行地质论证，并应提供工程地质资料。

规划阶段勘察应包括下列内容：

1.了解规划河流或河段的区域地质和地震概况。

2.了解各梯级水库的地质条件和主要工程地质问题，分析建库的可能性。

3.了解各梯级坝址的工程地质条件，分析建坝的可能性。

4.了解长引水线路的工程地质条件。

5.了解各梯级坝址附近的天然建筑材料的赋存情况。

（二）可行性研究阶段

可行性研究阶段工程地质勘察应在河流或河段规划选定方案的基础上选择坝址，并应对选定坝址、基本坝型、枢纽布置和引水线路方案进行地质论证，提供工程地质资料可行性研究阶段勘查应包括下列内容：

1.进行区域构造稳定性研究，并对工程场地的构造稳定性和地震危险性作出评价。

2.调查水库区的主要工程地质问题，并作出初步评价。

3.调查坝址、引水线路、厂址和溢洪道等建筑物场地的工程地质条件，并对有关的主要工程地质问题作出初步评价。

4.进行天然建筑材料初查。

（三）初步设计阶段

初步设计阶段工程地质勘察应在可行性研究阶段选定的坝址和建筑物场地上进行，查明水库及建筑物区的工程地质条件，进行选定坝型、枢纽布置的地址论证和提供建筑物设计所需的工程地质资料。

初步设计阶段勘察应包括下列内容：

1.查明水库区水文地质工程地质条件，分析工程地质问题，预测蓄水后的变化。

2.查明建筑物地区的工程地质条件并进行评价，为选定各建筑物的轴线及地基处理方案提供地质资料和建议。

3.查明导流工程的工程地质条件，根据需要进行施工附属建筑物场地的工程地质勘察和施工与生活用水水源初步调查。

4.进行天然建筑材料详查。

5.进行地下水动态观测和岩土体位移监测。

（四）招标设计阶段和施工图设计阶段

本阶段工程地质勘察应在初步设计阶段选定的水库及枢纽建筑物场地上，检验前期勘察的地质资料与结论，补充论证专门性工程地质问题，并提供优化设计所需的工程地质资料。

本阶段勘察应包括下列内容：

1. 进行初步设计审批中要求补充论证的和施工中出现的专门性工程地质问题勘察。

2. 提出对不良工程地质问题处理措施的建议。

3. 进行施工地质工作。

4. 提出施工期和运行期工程地质监测内容、布置方案和技术要求的建议，分析施工期工程地质监测资料。

（五）病险水库除险加固工程勘察要点

病险水库除险加固工程勘察实际上是对已建工程的再勘察。水利工程中一大批是20世纪五六十年代兴建的，由于当时急于求成和财力、物力不足，不少工程未按基建程序办事，设计、施工均存在一些问题，后期管理工作又没有很好跟上，致使病害问题较为突出。也正是如此，除险加固工程勘察应充分利用和深入分析已有工程地质勘察资料、施工和运行期间有关监测资料。

病险水库除险加固工程勘察分为病险水库安全鉴定勘察和病险水库除险加固设计勘察。其主要任务是查明病险水库工程的水文地质、工程地质条件，分析地质病害产生的原因，对加固处理措施提出地质方面的建议；检查土石坝坝体填筑质量，提出有关地质的参数。

1. 安全鉴定勘察要点

安全鉴定勘察的对象和范围，应包括各建筑物地基及边坡、近坝库岸、地下工程围岩及土石坝坝体等。

安全鉴定勘察的主要任务是：

（1）全面复查影响工程安全的工程地质和水文地质条件，检查工程运行后地质条件的变化情况。

（2）对坝基、岸坡的工程处理效果和土石坝坝体填筑质量作出地质评价。

（3）初步查明工程区存在的地质病害及其危害程度，为工程安全鉴定分级提供地质资料。

（4）提出工程区的地震参数。

2. 除险加固设计勘察

除险加固设计勘察应在安全鉴定勘察的基础上，对土石坝及其他有关的地质问题进行详细的勘察。

除险加固设计勘察的主要任务是：

（1）进一步调查、分析土石坝坝体病害的分布情况、类型及成因，评价其危害程度，提供坝体渗透和抗剪力学参数。

（2）查明地质病害和隐患的部位、范围和类型，分析其产生的原因，为除险加固设计提供地质资料与建议。

（3）进行天然建筑材料详查。

（六）天然建筑材料勘察要点

水工建筑物天然建筑材料主要有砂砾石（包括人工砂、碎石）、土、碎（砾）石及石料等。勘察的主要目的是查明工程所需的各类天然建筑材料的分布、位置、储量、质量、开采和运输条件，为工程设计提供依据，因此天然建筑材料的勘察必须密切结合工程的设计极端和方案，因地制宜地进行。

1. 各设计阶段的勘察要点

天然建筑材料的勘察分为普查、初查、详查三个级别，与水利水电工程的规划、可行性研究、初步设计三个阶段相对应——招标设计施工图设计阶段主要根据实际情况进行补充勘察和复查。

（1）规划阶段

规划阶段主要进行天然建筑材料的普查。对拟建工程 20 km 范围内的各类天然建筑材料进行地质调查，初步了解材料的类别、质量、估算储量。

（2）可行性研究阶段

可行性研究阶段主要进行天然建筑材料的初查。初步查明料场岩、土层结构及岩性、夹层性质及空间分布、地下水位、剥离层、无用层厚度及方量，有用层储量、质量、开采条件、运输条件和对环境的影响。勘察储量与实际储量误差，应不超过 40%，勘察储量不得少于设计需要量的 3 倍。

（3）初步设计阶段

初步设计阶段在初查基础上进行详查。应详细查明料场岩、土层结构及岩性、夹层性质及空间分布、地下水位、剥离层、无用层厚度及方量，有用层储量、质量、开采条件、运输条件和对环境的影响。勘察储量与实际储量误差，应不超过 15%，勘察储量不少于设计需要量的 2 倍。

（4）招标和施工图阶段

招标和施工图阶段主要复查初步设计审批中所提到的天然建筑材料遗留问题，针对性进行勘探和取样工作。同时，调查详查至开采时段内，料场有无明显的变化，必要时可重新进行勘察。

2. 主要天然建筑材料的质量要求

（1）砂料

砂料在工程建筑中使用极广，主要用于混凝土的细骨料。砂料的质量将直接影响混凝土的强度和水泥用量。砂质量主要取决于砂的颗粒形状、软弱颗粒含量和级配。

（2）土料

水利水电工程建设中，土料主要由大坝、围堰、堤防工程中的填筑和防渗材料构成，一般要求透水性弱。

（3）块石料

块石料一般要求坚硬、抗风化和抗侵蚀能力强的致密块状或厚层岩石。

二、工业与民用建筑勘察要点

工业与民用建筑指工业生产、居民居住和公共事业建筑的总称。工业与民用建筑的主要工程地质问题有：地基强度和变形问题，高层建筑地基加固和基础设计、深基坑开挖问题，地下水侵蚀问题等。

工业与民用建筑的工程地质勘察一般分四个阶段：可行性研究阶段、初步设计阶段、详细勘察阶段和施工勘察阶段。

（一）可行性研究阶段

可行性研究阶段主要进行建筑场地现场踏勘，收集区域地质、地形地貌、地震、矿产资源等资料及了解临近建筑地区的工程建筑经验，本阶段以收集资料为主，必要时进行地质测绘和勘探。主要任务是对拟建场地的适宜性作出评价。

（二）初步设计阶段

初步设计阶段的主要任务是对场地的稳定性作出评价，为建筑物的基础类型和不良地质问题的治理等提供工程地质资料。勘察要点如下：

1. 查明场地的地形地貌、地层构造、岩土性质、地下水埋藏等地质条件。

2. 查明地质灾害的发育、危害程度及其成因和分布范围。

3. 查明地基土的成因类型、工程地质性质，淤泥等软弱土层的埋藏、分布范围。

4. 了解水文地质情况，分析其对建筑物的侵蚀性。

5. 对抗震设防烈度大于7度的场地，应判定场地和地基的地震效应。

（三）详细勘察阶段

详细勘察阶段的主要任务是针对不同建筑物提供详细的地质勘察资料和设计所需的可靠岩土技术参数勘察要点如下：

1. 详细查明场地各层地基土类别、结构、厚度、工程特性等。

2. 计算和评价地基稳定性和承载力。

3. 对需要进行沉降计算的建筑物，提供地基变形参数，预测建筑物的沉降和倾斜。

4. 预测建筑物在施工和使用过程中可能发生的地质问题，提出防治建议。

（四）施工勘察阶段

施工勘察阶段主要针对施工过程中揭示的地质情况与原地质资料严重不符，影响到施工和工程质量时，配合设计和施工单位进行补充性施工阶段勘察工作"

三、桥梁工程勘察要点

桥梁工程特点是通过桥台和桥墩把桥梁上的荷载传递到地基上。桥梁建设在沟谷和江河海湖上，因此工程地质条件相对复杂。桥梁的工程地质问题集中在桥台和桥墩。桥梁工程地质勘察分初步设计阶段和施工设计阶段两个阶段。

（一）初步设计阶段

初步设计阶段的主要任务是查明桥址各线路方案的工程地质条件，为选定最优方案与初步论证桥梁的基础类型提供必要的地质资料，勘察要点如下：

1. 查明河谷地质结构和地貌特征。

2. 确定桥址区岩土的物理力学性质指标。

3. 查明地基地下水的埋藏类型、水位、渗透性及侵蚀性。

4. 论述岸边冲蚀、滑坡、地震等物理地质作用对建筑物稳定性的影响。

5. 初步查明建筑材料的数量、质量和运输条件。

（二）施工设计阶段

施工设计阶段的主要任务是针对已选桥址进行详细的工程地质勘察，以提供桥墩和桥台施工设计所需的工程地质资料。勘察要点如下：

1. 查明桥台、桥墩的地形地貌、地层构造、岩土性质、地下水埋藏等工程地质条件，提供地基基本承载力，为确定桥墩和桥台基础设计提供地质资料。

2. 查明水文地质条件对桥墩和桥台地基基础稳定性的影响。

3. 查明各种不良地质作用或地质灾害在桥梁施工和运营工程中的不利影响，并提出预防措施和建议。

4. 查明建筑材料的数量、质量和运输条件。

第二章 岩石及其工程性状

第一节 地球的层圈构造与岩石的形成

地壳是由岩石和岩体组成的。岩石是多种多样的，在大陆中，地壳以硅铝层为主，也称花岗岩质层，平均密度约为 2.7 g/cm³；在海洋中，地壳以硅镁层为主，也称玄武岩质层，平均密度约为 2.9 g/cm³。岩石是由一种或多种矿物组成的，不同的矿物和不同的矿物组合形成了不同的岩石，地壳中有岩浆岩、沉积岩和变质岩三大类岩石。岩石不同于一般固体介质，具有特殊的结构。岩石在结构上连续是相对的，而不连续才是绝对的。岩石力学性质在很大程度上取决于它的矿物成分与结构构造，而岩体力学性质往往又与岩石力学性质直接相关。

一、地球的层圈构造

地球层圈构造包括外部层圈构造和内部层圈构造。地球外部层圈分为大气圈、水圈和生物圈，地球内部则分为地壳、地幔、地核 3 个层圈。

现在世界上最深的钻井不过 12.5 km，即使是火山喷溢出来的岩浆，最深也只能带出地下 200 km 左右的物质。目前对地球内部的了解，主要是借助于地震波勘探研究的成果。地震波主要包括体波和面波，体波又分为纵波（P 波）和横波（S 波），面波可分为瑞利波（R 波）和勒夫波（L 波）。地球内部地震波的纵波传播速度总体上是随深度增加而递增的。但其中出现两个明显的一级波速不连续界面、一个明显的低速带和几个次一级的波速不连续面。

在地球内部若干个不连续面中，有两个变化最为显著的面，即第一地震分界面，也称莫霍面（33 km）和第二地震分界面，也称古登堡面（2 898 km）。在陆地上，莫霍面平均位于地下 33 km 处。此面之上，纵波速度为 7.6 km/s，穿过此面后，陡然增至 8.0 km/s；相应地，横波速度由 4.2 km/s 增至 4.4 km/s；密度从 2.90 g/cm³ 增至 3.32 g/cm³。古登堡面位于地下大约 2 898 km 深处，纵波穿过此面时，纵波速由 13.64 km/s 降为 8.10 km/s，横波至此则突然消失（说明外部地核可能为液态岩浆）。以这两个不连续面作为分界面，将地球内圈分为地壳（0 ~ 33 km）、地幔（33 ~ 2 898 km）和地核（2 898 ~ 6 371 km）三个圈层。

（一）地壳

地壳是莫霍面以上的地球表层。地壳厚度是变化的，大陆地区厚度最大为 70 km，平均厚度约为 33 km；大洋地区海底地壳厚度最小为 2 km，平均厚度约 6 km。地壳物质的密度一般为 2.6 ~ 2.9 g/cm³，其上部密度较小，向下密度增大。地壳通常为固态岩石所组成（局部有火山岩浆），包括沉积岩、岩浆岩和变质岩三大岩类。地壳在横向上是极不均一的，按地壳的物质组成、结构、构造及形成演化的特征，可分为大陆地壳与大洋地壳两种类型。大陆地壳厚度大且呈双层结构，上层为花岗岩质层（硅铝层），下层为玄武岩质层（硅镁层）；大洋地壳厚度小，呈单层结构，以玄武岩为主。

地壳中含有周期表中所有的元素。元素在地壳中的分布情况可用其在地壳中的平均质量分数（克拉克值）来表示。

组成地壳最主要的化学元素有 9 种，它们占了地壳总质量的 98.13%，其余 90 多种元素只占 1.87%。可见，元素在地壳中分布是很不均匀的。地壳中氧占 49.13%，硅占 26%，其中二氧化硅的含量最高，是最重要的造岩元素。

（二）地幔

地幔主要由固态物质组成，位于莫霍面之下，古登堡面之上，体积约占内圈总体积的 80%，质量约占内圈总质量的 67.8%。根据地球 980 km 左右的次一级不连续面（雷波蒂面），可将地幔进一步分为上下两部分。上地幔物质的平均密度约为 3.5 g/cm³。在深度为 50 ~ 250 km 范围内，存在一地震波传播的低速带。推断该带内岩石的温度已接近其熔点，所以地震波的纵波速度比别处低。该带又称为软流圈（高温熔融岩浆）。地球内圈中包括地壳在内的整个软流圈之上的部分称为岩石圈。下地幔（980 ~ 2 898 km）因地球内部压力大，物质结合更加紧密，密度达 5.1 g/cm³ 以上。

（三）地核

地核是地球内部古登堡面至地心的部分，其体积占地球总体积的 16.2%，质量却占地球总质量的 31.3%，地核的密度达 9.98 ~ 12.5 g/cm³。根据地震波的传播特点可将地核进一步分为 3 层：外核（深度 2 898 ~ 4 170 km）、过渡层（4 170 ~ 5 155 km）和内核（5 155 km 至地心）。在外核中，根据横波不能通过、纵波发生大幅度衰减的事实推测其为液态；在内核中，横波又重新出现，说明其又变为固态；过渡层则为液体－固体的过渡状态。地核主要由铁、镍物质组成。

二、三大类岩石的形成

岩石是天然产出的由一种或多种矿物按一定规律组成的自然集合体，少数岩石也可包含有生物遗骸。岩石构成地壳及上地幔的固态部分，是地质作用的产物。

岩石的形成受各种地质作用的影响。

地壳深部的液态岩浆沿地壳裂缝缓慢上升，在地壳深部形成的岩石称为深成岩浆岩，在地壳浅部形成的岩石称为浅成岩浆岩，岩浆喷出地表后冷凝形成的岩石称为喷出岩浆岩。

火山灰沉积以及岩石风化以后经搬运、沉积成岩作用形成的岩石称为沉积岩。

岩浆岩或沉积岩经过变质作用形成的岩石称为变质岩。

这就是地壳中形成的三大类岩石，而岩石是由各种矿物组成的。

第二节 矿物

矿物是组成岩石的基本物质单元。矿物是地壳中的元素在各种地质作用下由一种或几种元素结合而成的天然单质或化合物，它是在地质作用中产生的，具有一定化学成分、结晶构造、外部形态和物理性质的天然物质。

矿物不仅具有一定的化学成分，而且绝大多数的矿物具有确定的内部构造，即内部的原子或离子是在三维空间成周期性重复排列的，具有这种结构的称为晶体。绝大多数矿物都是晶体，它们具有各自特定的晶体结构，因而具有一定形态及物理性质。石英在适当的条件下可具有一定的晶形。

一、矿物的分类

（一）按照矿物的成因分类

自然界的矿物按其成因可分为以下三大类型。

原生矿物：在成岩或成矿的时期内，从岩浆熔融体中经冷凝结晶过程中所形成的矿物，如石英、长石、辉石、角闪石、云母、橄榄石、石榴石等。

次生矿物：原生矿物遭受风化作用而形成的新矿物，如高岭石、蒙脱石、伊里石、绿泥石等，或在水溶液中析出生成的，如方解石、石膏、白云石等。

变质矿物：在变质作用过程中形成的矿物，如区域变质的结晶片岩中的蓝晶石和十字石等。

（二）按照矿物的物质成分分类

自然界的各种元素可以结合成各种不同种类的矿物，而且各种矿物在地质作用下有可能相互转化，地壳中已知的矿物有 3 000 多种，但常见的不过 200 多种。矿物按照其物质成分可分为造岩矿物和造矿矿物两大类：

造岩矿物指斜长石、正长石、石英、白云母、黑云母、角闪石、辉石、橄榄石、方解石、石榴石等组成岩石的常见矿物。

金属造矿矿物指磁铁矿、赤铁矿、黄铜矿、黄铁矿和方铅矿等形成矿产的常见矿物。

二、矿物的形态特征

矿物的形态特征受其成分、结晶构造和成因的影响，相同结晶构造的矿物，其形态特征也必然有共同的规律。矿物根据其形态特征可分为单体形态和集合体形态。

（一）单体矿物形态

1. 结晶质和非结晶质矿物

造岩矿物绝大部分都是结晶质的，结晶质的基本特点是组成矿物的元素质点（离子、原子或分子）在矿物内部按照一定的规律重复排列，形成稳定的格子构造，在生长过程中如条件适宜，能生成具有一定几何外形的晶体，如食盐的正立方晶体，石英的六方双锥晶体等。在结晶质矿物中，还可根据肉眼能否分辨而分为显晶质和隐晶质两类。

非晶质矿物内部质点排列没有一定的规律性，所以外表就不具有固定的几何形态，如蛋白石、褐铁矿等。非晶质可分为玻璃质和胶质两类。

2. 矿物的结晶习性

在相同条件下生长的同种晶粒，总是趋向于形成某种特定晶形的特性称为结晶习性。

尽管矿物的晶体多种多样，但归纳起来，根据晶体在三维空间的发育程度不同，可分为以下三类。

（1）一向延长

晶体沿一个方向特别发育，其余两个方向发育差，呈柱状、棒状、针状、纤维状等，如角闪石辉石、石棉、纤维石膏、文石等。

（2）二向延长

晶体沿两个方向发育，呈板状、片状、鳞片状等。如板状石膏、云母、绿泥石等。

（3）三向延长

晶体在三维空间发育，呈等轴状、粒状等。如岩盐、黄铁矿、石榴子石等。

（二）矿物集合体形态

同种矿物多个单体聚集在一起的整体就是矿物集合体。矿物集合体的形态取决于单体的形态和它们的集合方式。集合体按矿物结晶粒度大小进行分类，肉眼可辨认其颗粒的叫显晶矿物集合体，肉眼不能辨认的则叫隐晶质或非晶质矿物集合体。

显晶集合体形态有规则连生的双晶集合体，如接触双晶和穿插双晶以及不规则的粒状、块状、片状、板状、纤维状、针状、杆状、放射状、晶簇状等。其中晶簇是以岩石空洞洞壁或裂隙壁作为共同基底而生长的晶体群。

隐晶和胶态集合体可以由溶液直接沉积或由胶体沉积生成。主要形态有球状、土状、结核体、师状、豆状、分泌体、钟乳状、笋状集合体等。其中结核体是围绕某一中心自内向外逐渐生长而成。钟乳状集合体通常是由真溶液蒸发或胶体凝聚，由同一基底逐层堆积而成，可呈葡萄状、肾状、石钟乳状等。分泌体是在形状不规则或球状孔洞中，胶体或晶质矿物由洞壁向中心逐层沉淀填充而成。

三、矿物的物理性质及化学成分

（一）矿物的物理性质

自然界中的大多数矿物都具有确定的物理性质，不同矿物的化学成分或内部构造不同，因而反映出不同的物理性质。研究矿物的物理性质，可作为对矿物进行鉴定的依据。矿物的物理性质是鉴别矿物的重要依据。矿物的物理性质主要包括形状、颜色、条痕、透明度、光泽、硬度、解理、断口、密度等。

矿物除普遍具有物理性质外，还有一些矿物具有独特的性质，如导电性、磁性、弹性、挠性、延展性、脆性、放射性等，这些性质同样是鉴定矿物的可靠依据。矿物受外力作用后发生弯曲变形，外力解除后仍能恢复原状的性质称为弹性，如云母的薄片具有弹性。矿物受外力作用后发生弯曲变形，当外力解除后不能恢复原状称为挠性，如绿泥石、滑石具有挠性。矿物能锤击成薄片或拉长细丝的特性称为延展性，如自然金、自然银等具有延展性。矿物的一些简单化学性质，对于鉴定某些矿物也是十分重要的。如方解石滴上稀盐酸能剧烈起泡，白云石滴上浓盐酸或热酸可以起泡，其他矿物不具备这种性质，常以此作为鉴定它们的依据。

（二）矿物的化学成分和结晶构造

矿物的化学成分和结晶构造，在一定地质条件下综合反映了矿物的形态和物理性质。因此，研究矿物的化学成分和结晶构造对于鉴定矿物、利用矿物和分析矿物的形成条件等方面都是很重要的。

1.地壳中化学元素的分布具有不均匀性，不同元素组成的矿物种数及各种矿物在地壳总质量中所占的比率也不相同。矿物种数最多的是那些占有质量分数较多的元素，如含氧的矿物种数占矿物总种数的80%；含硅的矿物占25%。但也有些占有质量分数小的元素反而比占有质量分数大的元素形成的矿物种数多。形成矿物种类不仅与占有质量分数有关，而且更重要的是与元素本身的化合特性有关。有些矿物是独立的矿物，另一些矿物往往混于其他矿物中。

2.元素在自然界以原子、离子、分子三种状态存在于物质之中，在矿物中化学元素主要是以离子状态（少数呈分子、原子状态）存在，根据离子的最外电子层结构可将离子分为三种类型：惰性气体型离子、铜型离子、过渡型离子。元素间性质不同，各自形成一系列独立的矿物种。所以多种元素在同一条件下互相作用，就会形成共生的一些矿物群。

3.质点有规律地排布成格子状构造是矿物晶体的共同规律。不同成分的矿物其结晶构造不同，而且成分越简单，结晶构造也越简单。结晶构造中质点之间的作用力或者联结力称为化学键。

4.矿物的化学成分并不是固定不变的，它可以在一定的范围内发生变化。对于同种化学成分的物质，在不同条件下，也可以形成不同的结构。

类质同象是指矿物中两种或两种以上的类似质点互相替换，使矿物的化学成分和某些物理性质发生一定变化，但不改变其晶体结构的现象。

5.矿物的化学成分虽然可变，但还是有规律的，它是在一定范围内变化的，并且其主要化学成分间原子数的比值是一定的，所以每种矿物有一定的化学成分，并可以用化学式来表示。

四、常见造岩矿物的鉴定

自然界产出的矿物，已知有 3 000 种左右，而对于形成岩石的造岩矿物则不过数 10 种。主要造岩矿物，绝大多数为硅酸盐，其余为氧化物、硫化物、卤化物、碳酸盐和硫酸盐等。正确地识别和鉴定矿物，对于岩石命名、鉴定和研究岩石的性质，是一项非常重要的工作。准确的鉴定方法需要借助各种仪器和化学分析，最常用的为偏光显微镜、电子显微镜等。但对于一般常见造岩矿物，用简易鉴定方法或称肉眼鉴定方法即可进行初步鉴定。所谓简易鉴定方法，即借助一些简单工具如小刀、放大镜、条痕板等对矿物进行直接观察测试。

第三节 岩浆岩

一、岩浆岩概念

岩浆岩亦称火成岩，它是由炽热的岩浆在地下或喷出地表后冷凝形成的岩石。岩浆起源于地壳深部或地幔上部，处于高温高压条件下，以液体为主，溶解有挥发成分并可含有部分固体，以是硅酸盐为主的成分复杂的熔融体。地下深处的炽热岩浆处于高温高压的环境，一旦地壳运动引起岩石圈出现裂隙时，岩浆就沿着裂隙运移上升，当达到一定位置时，即发生冷凝结晶而成为岩石。这种包括岩浆活动和冷凝结晶成岩的全过程，就称为岩浆作用。

岩浆岩按照成因可分为以下 3 类：

深成岩：地下深处岩浆沿裂隙上升，但未达到地表，只在地面以下的较深部位冷凝结晶生成的岩石。

浅成岩：岩浆上升到地壳较浅的部位或接近地表时冷凝结晶而成的岩石。

喷出岩：是岩浆喷溢出地表，冷凝形成的岩石。

岩浆主要含氧、硅、铝、镁、铁、钙、钠、钾、锭、钛、磷、氢等元素，称为主要造岩元素。其中以氧最多，占总质量的 58% ~ 65%，其次是硅。这些元素在岩浆中主要呈离子和络离子形式存在。

组成岩浆岩的矿物有 30 多种，按其颜色及化学成分的特点可分为浅色矿物和深色矿物两类。浅色矿物富含硅、铝成分，如正长石、斜长石、石英、白云母等；深色矿物富含铁、镁物质，如黑云母、辉石、角闪石、橄榄石等。但对于某一具体岩石来讲，并不是这些矿物都同时存在的，而通常仅是由两三种主要矿物组成。例如辉长岩，就是由斜长石和辉石组成的，花岗岩则是由石英、正长石和黑云母组成的。

二、岩浆岩的产状

岩浆岩的产状，即指岩浆岩体在地壳中产出的状况，表现为岩体的形态、规模、同围岩的接触关系及其产出的地质构造环境等。岩体产状反映岩浆性质、岩浆活动情况及其与有关的地质构造运动的相互关系。岩浆岩的产状可分为侵入岩岩体产状和喷出岩岩体产状两大类。

（一）浅成侵入岩的产状

浅成岩（形成深度 < 3 km）的岩体规模不大，出露面积几十平方米至几千平方米。常见产状有岩床、岩盆、岩盘、岩墙。

岩床：指岩浆顺岩层面侵入形成的板状岩体。

岩盆：岩浆侵入到岩层之间，由于底板岩层下沉断裂，冷凝后形成中央向下凹的盆状侵入体。

岩盘：产于岩层间的底部平坦，顶部拱起，中央厚而边缘薄，在平面上呈圆形的侵入体。

岩墙：又称岩脉，为充填在岩石裂隙中的板状岩体，横切岩层，与层理斜交。

（二）深成侵入岩的产状

深成岩（形成深度 > 3 km）的岩体一般较大，分布面积在几平方千米至几千平方千米变化。常见产状有岩株和岩基。

1. 岩株

近于呈树干状向下延伸的岩体，规模较大，但较岩基为小，出露面积小于 100 km²。

2. 岩基

一种大规模的深成岩体，出露面积超过 100 km²。常产于褶皱带的隆起部分，延伸与褶皱轴向一致。

（三）喷出岩的产状

喷出岩的产状决定于岩浆的成分和地形等方面特征，主要有以下几种：

1. 熔岩流

由岩浆喷出地表后沿山坡或河谷向低处流动，然后冷却凝固形成。其形状呈狭长的带状或宽阔而平缓的舌状。

2. 熔岩被

由黏性小、流动性强的基性岩浆喷至地表后四处流动形成的厚度不大，覆盖大片面积的岩体。

3. 火山锥

由火山喷发物质围绕火山口堆积形成的圆锥形火山体。

三、岩浆岩的结构和构造

（一）岩浆岩的结构

岩浆岩的结构是指岩石中（单体）矿物的结晶程度、颗粒大小、形状以及它们的相互组合关系。岩浆岩的结构特征，是岩浆成分和岩浆冷凝时的物理环境的综合反映。它是区分和鉴定岩浆岩的重要标志之一，同时也直接影响岩石的强度。

（二）岩浆岩的构造

岩浆岩的构造是指（集合体）矿物在岩石中排列的顺序和填充的方式所反映出来岩石的外貌特征。岩浆岩的构造特征，主要决定于岩浆冷凝时的环境。常见的岩浆岩构造有块状构造、流纹构造、气孔构造和杏仁状构造四种。

四、岩浆岩的分类

岩浆岩的种类繁多。据统计，现有的岩浆岩名称已达 1 100 多种。为了反映它们之间的变化规律，必须对岩浆岩进行分类。分类的依据是岩石的化学成分、矿物成分、结构、构造和产状等。

第四节 沉积岩

一、沉积岩的概念

沉积岩是在地表和地下不太深的地方形成的地质体，它是在常温常压下，由风化作用、生物作用和某些火山作用所形成的松散沉积层，经过成岩作用后形成的。

沉积岩具有以下特点：①沉积岩是地质体，是在地质历史发展过程中形成的，有其自己的发生和发展历史，在空间分布上有一定的位置和规律。②沉积岩是在地表地质条件下形成的，因而与岩浆岩和变质岩有显著区别。③沉积岩是松散沉积层经成岩作用方能成岩，松散沉积层与沉积岩有质的区别。沉积岩按体积约占岩石圈（厚度 16 km）的 5%，但在地表的分布面积很广，约占地球表面积的 75%，是地表常见的岩石。

二、沉积岩的形成与物质成分

（一）沉积岩的形成

沉积岩的形成一般经过了成岩（岩浆岩、沉积岩或变质岩）遭受风化、剥蚀破坏，破坏产物被搬运至一定场所沉积下来，再固结成岩的过程。具体成岩阶段分为 4 个阶段。

1. 风化阶段

地表或接近地表的岩石受温度变化，水、氧和生物等因素作用，在原地发生机械崩解或化学分解，形成松散碎屑物质、新的矿物或溶解物质。这些风化产物构成了沉积岩的物质来源。按作用的性质不同，可进一步分为物理风化、化学风化和生物风化 3 类。

（1）物理风化

主要指地表岩石受气温变化的影响，发生冷热、干湿或冻融的长期反复交替，使得岩石因组成矿物颗粒之间的连接遭到破坏而破碎崩解的过程。地壳岩石因上覆岩石被剥蚀发生卸荷作用而引起的岩石体积向上膨胀，也可产生平行岩石表面的膨胀裂隙，使岩石遭薄片状剥离。物理风化是一种机械破坏作用，它不改变岩石的化学成分。

（2）化学风化

其结果不但使岩石破碎，还使岩石的矿物成分和化学成分发生变化。也包括流水对可溶性岩体以溶解方式的破坏作用。

（3）生物风化

指表层岩石受生物活动影响而遭破坏的过程。这种作用既可是物理的，也可是化学的。人类的工程建设活动，植物根系生长对岩石的撑裂，穴居动物钻孔和打洞，都会对岩石产生机械破坏作用。而生物新陈代谢过程中产生的有机酸、亚硝酸、碳酸以及生物死亡后遗体分解产生的腐植质等则对岩石有化学破坏作用。

上述3种风化作用并非孤立地进行，而是互相联系和影响的。物理风化使岩石破碎，有利于水的渗透，这给化学风化创造了条件；化学风化使岩石变得松软，降低了抵抗破坏的能力，这又促进了物理风化的进行。但是，在一定的自然条件下，却经常是以某一种风化作用占主导地位。如在高寒和干燥地区以物理风化为主，而潮湿炎热地区以化学风化为主。

2. 搬运阶段

原岩风化产物，除一部分残留在原地外，大部分被流水、风、冰川、重力及生物等搬运到其他地方。搬运方式包括机械搬运和化学搬运。流水的搬运使得碎屑物质颗粒逐渐变细，并从棱角状变成浑圆形。化学搬运是将溶解物质带到湖海中去。搬运作用的方式亦可分为拖曳搬运、悬浮搬运和溶液搬运。

（1）拖曳搬运

被流水和风搬运的较粗粒物质，在地面上或沿河床底滚动或跳跃前进。被搬运物质大多数在搬运途中逐渐停积于低洼处或沉积于河床底部，部分被带入海洋。

（2）悬浮搬运

被搬运物质颗粒较细，随风在空中或悬浮于水中前进，搬运距离可以很远。我国西北地区的黄土就是以这种方式从很远的沙漠地区搬运来的。

（3）溶液搬运

风化和剥蚀产物以真溶液或胶体溶液的形式被搬运。

3. 沉积阶段

在搬运过程中，由于水流变缓，风速降低，冰川融化以及其他因素的影响，导致被搬运物质下沉堆积的现象，称为沉积作用。由于风化产物沉积时介质的物理化学条件不同，在沉积过程中引起不同物质互相分离，这种作用称为沉积分异作用。沉积作用可分为机械沉积、化学沉积、生物和生物化学沉积3种类型。

（1）机械沉积

机械沉积主要是因为碎屑颗粒的大小、形状和相对密度等不同，在从上游到下游搬运过程中由于河流流速逐步减小能量降低而发生沉积分异，使碎屑物质按一定规律分布的现象。即碎屑颗粒大的距上游来源区近，颗粒小者距来源区远。同样大小的碎屑颗粒相对密度大者先沉积，离来源区近；比重小者后沉积，离来源区远。此外，碎屑颗粒成片状者搬运较远。这便造成了从上游来源区到下游不同的岩性分布。

（2）化学沉积

呈真溶液或胶体溶液方式被搬运的物质，由于溶解度不同，溶液的性质和环境的温度、压力、

PH 值发生变化，或胶体粒子表面电荷被中和等原因而沉积下来的现象，称为化学沉积。在化学沉积过程中也存在着分异，通常的沉积顺序是先氧化物，然后依次是硅酸盐、碳酸盐、硫酸盐和卤化物。

（3）生物和生物化学沉积

该类沉积以两种方式进行。一是生物遗体的直接堆积，如植物遗体堆积经转化形成泥炭；二是生物化学沉积，即由于生物新陈代谢活动引起环境的改变。促使某些矿物质发生沉积。

4. 成岩阶段

成岩阶段即为松散的沉积物在长期的上覆压力作用下慢慢固结转变为沉积岩的过程。成岩作用主要有 3 种：

（1）压实作用

即松散沉积物在上覆沉积物及水体的重力作用下，水分大量排出，孔隙度和体积减小逐渐被压实，发生固结，从而变得紧密坚硬。

（2）胶结作用

由充填在沉积物颗粒间孔隙中的细矿物质将分散的颗粒黏结在一起，使其胶结变硬。

（3）重结晶作用

新成长的矿物产生结晶质间的联结。

（二）沉积岩的成分

沉积岩的成分主要包括化学成分与矿物成分两方面内容。

1. 化学成分

沉积岩和岩浆岩的化学成分很接近，但由于两者成因不同，有些化学成分仍有差别。

2. 矿物成分

沉积岩中已发现的矿物在 160 种以上，其中比较重要的有 20 余种，构成了 99% 以上的沉积岩物质。最常见的矿物有氧化物、硅酸盐（长石类、黏土类矿物、云母类矿物）、碳酸盐、硫酸盐、磷酸盐等矿物。

沉积岩与岩浆岩矿物成分有很大差别：①橄榄石与钙长石等硅酸盐与铝硅酸盐矿物是在高温高压下形成的，它们在地表条件下易于风化和分解，故在沉积岩中保存很少。②黏土矿物及有机物质等为沉积岩所特有，它们是在地表常温常压，富含 H_2O、CO_2 和生物的条件下形成的。③钠长石、白云母、石英等矿物既存在于岩浆岩中，也存在于沉积岩中，这是因为这些矿物不仅在地表风化作用下比较稳定，不易分解，而且石英在沉积过程中也能形成。

三、沉积岩的结构和构造

（一）沉积岩的结构

沉积岩的结构能反映它的成因特征，是与岩浆岩区别的重要标志。沉积岩的结构是指组成岩石成分的个体颗粒形态、大小及其连接方式。

沉积岩的结构按成因可分为碎屑结构、非碎屑结构（泥质结构、结晶结构和生物结构）。

（二）沉积岩的构造

沉积岩的构造，是指沉积岩各个组成部分的空间分布和排列方式。沉积岩的构造主要是层理构造。层理是沉积岩在形成过程中，由于季节性气候的变化，沉积环境的改变，使先后沉积的物质在颗粒大小、形状、颜色和成分上发生相应变化，从而显示出来的成层现象。层理是沉积岩最重要的一种构造特征，是沉积岩区别于岩浆岩和变质岩的最主要的标志。

四、沉积岩的分类

根据沉积岩的组成成分、结构和形成条件，可将沉积岩分为碎屑岩、黏土岩、化学岩及生物化学岩类。

第五节　变质岩及三大类岩石的相互转化

一、变质岩的概念

由原先存在的固体岩石（火成岩、沉积岩或早期变质岩）在岩浆作用（高温、高压、化学活动性气体）或构造作用下使其在成分、结构构造方面发生改变而形成新的岩石的改造过程称为变质作用。母岩经变质作用产生的新的岩石称为变质岩。

变质岩在地壳上分布广泛，从前震旦纪至新生代的各个地质时期都有分布。特别是占整个地质历史时期4/5的前寒武纪的地层，绝大部分由变质岩所组成。变质岩构成的结晶基底广泛分布于世界各地，它们常呈区域性大面积出露，也可呈局部出现，如我国辽宁、山东、河北、山西、内蒙古等地均有大量分布。古生代以后形成的变质岩，在我国不同省区的山系也有广泛的分布，如天山、祁连山、秦岭、大兴安岭，以及青藏高原、横断山脉、东南沿海等地，均可见有不同时期的变质岩。

变质作用在形成变质岩的过程中，还可形成一系列的变质矿床，如铁、铜、滑石、磷、刚玉、石墨、石棉等。因此，研究变质岩的形成和分布规律，对于发现和开发矿产资源以加速国民经济发展，是具有重大意义的。

二、变质作用的类型

变质作用是一种地质作用，地质作用是引起岩石变质的根本因素。但直接影响岩石矿物成分、结构构造发生改变的因素是变质作用发生时的物理条件和化学环境，如高温、高压、化学活动性流体、构造应力作用等。根据变质作用因素及变质岩形成条件，可将变质作用分为下列几种类型。

（一）接触变质作用

接触变质作用指的是在地下高温高压下，含有大量溶液和气体的岩浆上升侵入上部岩层时，与其接触的周边岩石发生矿物成分、结构构造改变的变质现象。接触带附近岩石变质程度的深浅，除与侵入岩浆的距离有关外，还与温度压力有关。例如，接触带的砂岩变质成石英岩，纯石灰岩变成大理岩等。接触变质带的岩石具有烘烤和挤压现象，且一般岩石较破碎，裂隙发育，强度降低。

（二）区域变质作用

区域变质作用指的是在地壳地质构造和岩浆活动都很强烈的地区，在区域构造应力和高温、高压、化学活动性流体的共同综合作用下发生大范围深埋地下岩体的区域变质现象。其变质范围可达数千甚至数万平方千米，大部分变质岩属于此类。区域变质岩的岩性，在很大范围内是比较均匀的，其强度则取决于岩石本身的结构和成分等。如大面积的板岩、片麻岩等。

（三）动力变质作用

动力变质作用指的是在褶皱带、断裂带附近的岩层发生强烈定向动力构造运动形成的变质现象。通常发生动力变质主要使岩石在强大的压力挤压下破碎，再经结晶后形成变质岩，如生成糜棱岩、千枚岩和断层角砾岩等。这种岩石分布不广，但因岩石受挤压较破碎，易风化，抗剪强度低，故对水工建筑物是不利的。

（四）交代变质作用

交代变质作用指的是岩石与岩浆中的活动性气体接触而发生交代作用的变质现象。也就是岩浆中的某些化学活动性气体等新矿物取代了母岩中的某些原矿物而形成新的岩石现象。例如，交代作用产生的蛇纹岩、云英岩等。

（五）混合岩化作用

变质作用后期岩石出现部分熔融形成花岗质熔体，与固态岩石发生混合、交代作用称为混合岩化作用。

三、变质岩的物质成分

变质岩的物质成分在这里主要包括化学成分与矿物成分两方面。

（一）化学成分

变质岩的化学成分在相当大的程度上取决于原岩的化学成分。如果变质过程中以重结晶作用为主，则主要表现为原有矿物进一步结晶增大，或各种化学成分重新组合形成新的矿物，经变质后岩石的基本化学成分不会发生明显的变化。但是，如果变质过程中有交代作用，由于物质的带入和带出，就会使原岩的化学成分产生相应的变化。交代作用越强，变质岩与原岩的化学成分差异越大。

（二）矿物成分

变质岩是原岩受高温高压等变质作用而成，因此变质岩的化学成分及矿物成分具一定的继承性，另一方面变质作用与岩浆作用、沉积作用又有所不同。组成变质岩的矿物，一部分是与岩浆岩或沉积岩所共有的，如石英、长石、云母、角闪石、辉石、方解石等；另一部分是变质作用所特有的变质矿物，如红柱石、矽线石、蓝晶石、硅灰石、刚玉、绿泥石、绿帘石、绢云母、滑石、叶蜡石、蛇纹石、石榴子石等。这些矿物具有变质分带指示作用，如绿泥石、绢云母、蛇纹石多出现在浅变质带，白云母、黑云母、蓝晶石代表中变质带，而矽线石、硅灰石则存在于深变质带中。这类矿物称为标准变质矿物。

四、变质岩的结构和构造

（一）变质岩的结构

变质岩的结构是指构成岩石的各矿物颗粒的大小、形状以及它们之间的相互关系。变质岩的结构有变余结构、变晶结构和碎裂结构3种。

（二）变质岩的构造

变质岩的构造是鉴定变质岩的主要特征，也是区别于其他岩石的特有标志。按成因变质岩的构造可分为片麻状构造、片状构造、板状构造、块状构造、千枚状构造五种。

五、变质岩的分类

变质岩具有特殊的构造、结构和变质矿物，其分类命名较复杂，一般可采用以下原则来确定：区域变质岩主要根据岩石的构造，块状构造的变质岩主要根据矿物成分，动力变质岩主要根据反映破碎程度的结构来分类定名。

六、三大类岩石的相互转化

沉积岩、岩浆岩（火成岩）和变质岩是地球上组成岩石圈的三大类岩石，它们都是各种地质作用的产物。然而，当原先形成的岩石，一旦改变其所处的环境，它们将随之发生改造，转化为其他类型的岩石。

三大类岩石具有不同的形成条件和环境，而岩石形成所需的环境条件又会随着地质作用的进行不断地发生变化。沉积岩和岩浆岩可以通过变质作用形成变质岩。在地表常温、常压条件下，岩浆岩和变质岩又可以通过母岩的风化、剥蚀和一系列的沉积作用而形成沉积岩。当变质岩和沉积岩进入地下深处后，在高温高压条件下又会发生熔融形成岩浆，经结晶作用而变成岩浆岩。因此，在地球的岩石圈内，三大岩类处于不断演化过程之中。

总之，岩石圈内的三大类岩石是完全可以互相转化的，它们之所以不断地运动、变化，完全是岩石圈自身动力作用以及岩石圈与大气圈、水圈、生物圈和地幔等圈层相互作用的缘故。在这个不断运动、变化的岩石圈内，三大类岩石不断地转化，使岩石呈现出复杂多样的变化。尽管在短时间内和在某一种环境中，岩石表现出相对的稳定性，但是从长时间来看，岩石圈里的岩石都是在不断地变化着的。任何岩石都不是永恒不变的，而只是在一定时期和一定的地质环境条件下的产物。

第六节 岩石的基本物理力学性质

一、岩石的物理性质

描述岩石某种物理性质的数值或物理量称为岩石物理性质指标。在岩体力学研究中经常应用的岩石基本物理性质指标有岩石的重度、相对密度及孔隙率等。

（一）岩石重度（γ）

岩石重度（也称容重）是单位体积岩石的重量，即：

$$\gamma = \frac{W}{V}$$

式中

W—岩石试件重量，kN；

V—岩石试件的体积（包括孔隙体积），m³。

按岩石的含水状况不同，重度可分为天然重度、干重度和饱和重度；天然的饱和重度又可称湿重度。但由于一般岩石的孔隙很少，其干重度与湿重度数值上差别不大，与岩石的相对密度也比较接近。通常可用干重度来表示岩石的天然重度。

干重度是岩石在完全干燥状态下单位体积中固体部分的重量。其表达式为：

$$\gamma_d = \frac{W_s}{V}$$

式中

W_s—岩石试件烘干后的重量，kN；

V—岩石试件的体积包括孔隙体积，m³。

岩石的天然重度决定于组成岩石的矿物成分、孔隙大小及其含水情况。

（二）岩石相对密度（d）

岩石相对密度是单位体积岩石固体部分的重量与同体积水的重量之比，即：

$$d = \frac{W_s}{V_s \gamma_w}$$

式中

W_s—体积为岩石固体部分的重量，kN；

V_s—岩石固体部分（不包括孔隙）的体积，m³；

γ_w—单位体积水（4℃）的重量，kN/m³。

岩石相对密度取决于组成岩石的矿物相对密度及其在岩石中的相对含量，如基性、超基性岩含相对密度大的矿物多，其相对密度一般较大，酸性岩石相反，其相对密度较小。

测定岩石相对密度，需将岩石研磨成粉末烘干后，再用比重瓶法测定之。常见岩石相对密度多为 2.50 ~ 3.30。

二、岩石的水理性质

岩石水理性质系指岩石与水相互作用时所表现的性质，通常包括岩石吸水性、透水性、软化性和抗冻性等。

（一）岩石吸水性

岩石在一定试验条件下的吸水性能称为岩石吸水性。它取决于岩石孔隙体积大小、开闭程度和分布情况。表征岩石吸水性的指标有吸水率、饱水率和饱水系数。

岩石饱水率反映孔隙发育程度，可用来间接判定岩石抗冻性和抗风化能力。一般情况下，岩石的饱水系数为 0.5 ~ 0.8。岩石的饱水系数越大，其抗冻性便越差。当岩石的饱水系数小于 0.8 时，说明在常温常压条件下岩石吸水后尚有余留孔隙没被水充满，所以在冻结过程中岩石内的水有膨胀和挤入孔隙的余地，岩石将不被冻坏。当岩石的饱水系数大于 0.8 时，说明在常温常压条件下岩石吸水后的余留孔隙相当小，几乎没有余留孔隙，所以在冻结过程中所形成的冰将在岩石内产生十分强大的冻胀力，致使岩石被冻裂。

（二）岩石透水性

岩石的透水性是指土或岩石允许水透过本身的能力。透水性的强弱取决于土或岩石中孔隙和裂隙的大小，透水性的强弱以渗透系数来表示。在透水性强的岩层中钻进，易发生渗透漏失或涌水。通常近似假定水在节理岩中渗流服从达西定律。

（三）岩石软化性

岩石浸水后强度降低的特性称为岩石的软化性。岩石软化性与岩石孔隙、矿物成分、胶结物质等有关。

（四）岩石抗冻性

岩石抵抗冻融破坏的性能称为岩石的抗冻性。岩石浸水后，当温度降到0℃及以下时，其孔隙中的水将冻结，体积增大9%，产生较大的膨胀压力，使岩石的结构和连结发生改变，直至破坏。反复冻融，将使岩石强度降低。岩石的抗冻性通常采用抗冻系数及质量损失率来表示。

测定岩石的处和如时，要求先将岩石试样浸水饱和，然后在 −20 T 温度下冷冻，冻后融化，融后再冻，如此反复冻融 25 次或更多次。具体冻融次数可以依据工程地区的气候条件而定。岩石的抗冻性主要取决于岩石中大开孔隙数量、亲水性和可溶性矿物含量，以及矿物间连结力大小等。一般认为，Rp > 75%，如 < 2% 的岩石抗冻性好。

三、岩石的力学性质

在岩体上进行工程建筑，直接影响建筑物的变形与稳定性的，是岩石的力学性质，其中又主要是变形特性和强度特性。前者是在外力作用下岩石中的应力与应变的关系特性，后者则为岩石抵抗应力破坏作用的性能。

（一）岩石的应力与应变特性

1. 单向无侧限岩石抗压试验的应力与应变关系

岩石在外力作用下会产生变形，其变形性质可分为弹性变形和塑性变形，破坏方式有塑性和脆性破坏之分。岩石抗压变形的试验方法一般有单向逐级维持荷载法、单向单循环荷载法、单向多循环荷载法。

单向逐级维持荷载法应力－应变关系根据广曲率的变化，可将岩石变形过程划分为 4 阶段。

（1）孔隙裂隙压密阶段

岩石中原有的微裂隙在荷重作用下逐渐被压密，曲线呈上凹形，曲线斜率随应力增大而逐渐增加，表示微裂隙的变化开始较快，随后逐渐减慢。对于微裂隙发育的岩石，本阶段比较明显，但致密坚硬的岩石很难划出这个阶段。

（2）弹性变形至微破裂稳定发展阶段

岩石中的微裂隙进一步闭合，孔隙被压缩，原有裂隙基本上没有新的发展，也没有产生新的裂隙，应力与应变基本上成正比关系，曲线近于直线，岩石变形以弹性为主。

（3）塑性变形阶段至破坏峰值阶段

当应力超过弹性极限强度后，岩石中产生新的裂隙，同时已有裂隙也有新的发展，应变的增加速率超过应力的增加速率，应力－应变曲线的斜率逐渐降低，并呈曲线关系，体积变形由压缩转变为膨胀。应力增加，裂隙进一步扩展，岩石局部破损，且破损范围逐渐扩大形成贯通的破裂面，导致岩石破坏。

（4）破坏后峰值跌落阶段至残余强度阶段

岩石破坏后，经过较大的变形，应力下降到一定程度开始保持常数，点对应的应力称为残余强度。

2. 岩石在三向压力（围压）作用下的应力应变关系

岩石单元体的三向受力状态可以有两种方式：一种是三向不等压试验，也称真三轴状态；另一种则是假三轴状态。目前常用的岩石三向压力试验是后一种方式，因此，通常所说的三轴试验是指假三轴试验。

岩石在三向受力状态下的应力－应变关系与单向无侧限受力状态下的应力－应变关系有很大的区别。最典型的特征可以用大理岩在三向围压压缩条件下的应力－应变曲线来表示。

3. 岩石的蠕变

岩石的蠕变是指岩石在恒定应力不变的情况下，岩石的变形随时间而增长的现象。岩石的蠕变实质上是岩石恒定加荷后，岩石内部裂隙孔隙逐渐压密的过程。岩石的蠕变特性可以通过蠕变试验，即在岩石试件上加一恒定荷载，观测其变形随时间的发展状况来研究。

4. 岩石的松弛

岩石的松弛是指当岩石保持应变恒定时，应力随着时间的延长而降低的现象。如岩石中的挖孔桩施工会使得挖孔桩周边岩石松弛。松弛试验的条件就是使试件的变形保持一恒定值，借此来观察荷载随时间的变化特性。

5. 岩石的变形指标

岩石的变形性能一般用弹性模量、变形模量和泊松比 3 个指标来表示。

（二）岩石的强度

岩石抵抗外力破坏的能力，称为岩石的强度。岩石的强度与受力形式有关。受压变形破坏的为抗压强度；受拉变形破坏的为抗拉强度；受剪应力作用剪切破坏的为抗剪强度。

1. 单向无侧限岩石的抗压强度

岩石抗压强度也就是岩石在单轴受压力作用下抵抗压碎破坏的能力，相当于岩石受压破坏时的最大压应力。

2. 抗剪强度

抗剪强度是岩石抵抗剪切破坏的能力。相当于岩石受剪切破坏时，沿剪切破坏面的最大剪应力。由于岩石的组成成分和结构、构造比较复杂，在应力作用下剪切破坏的形式有多种。

室内的岩石抗剪强度测定，最常用的是测定岩石的抗剪断强度。岩石的抗剪断强度，是岩石在外部剪切力作用下，抵抗剪切破坏的能力。

3. 岩石的抗拉强度

抗拉强度是岩石力学性质的重要指标之一。由于岩石的抗拉强度远小于其抗压强度，故在受载时，岩石往往首先发生拉伸破坏，这一点在地下工程中有着重要意义。

岩石试件在单轴拉伸荷载作用下所能承受的最大拉应力就是岩石的抗拉强度，以此表示。

岩石的抗拉强度很小，不少岩石小于 20 MPa。

由于直接拉伸试验受夹持条件等限制，岩石的抗拉强度一般均由间接试验得出。在此采用国际岩石学会实验室委员会推荐并为普遍采用的间接拉伸法（劈裂法）测定岩样的抗拉强度。

（三）岩石的物理力学参数及强度之间的相互关系

试验资料表明，同一种岩石，由于受力状态不同，强度值相差悬殊。各种强度间有如下的统计关系：同一种岩石一般情况下单轴抗压强度最大，抗剪强度次之，抗拉强度最小。

岩石的单轴抗拉强度为单轴抗压强度的 1/38 ~ 1/5；

岩石的抗剪强度为单轴抗压强度的 1/15 ~ 1/2。

此外，岩石在长期荷载作用下的抗破坏能力，要比短时间加载下的抗破坏能力小。对于坚固岩石，长期强度为短时强度的 70% ~ 80%；对于软质与中等坚固岩石，长期强度为短时强度的40% ~ 60%。

岩石的物理性质、水理性质及力学性质参数（指标）是工程设计重要的基本参数。

第七节　岩石的工程性状及影响因素

一、决定岩石工程性状的主要因素

岩石作为建筑物地基和建筑材料，在应用时，必须注意影响其物理性质变化的因素。影响的因素是多方面的，主要的有两方面；一是岩石的矿物成分、结构与构造及成因等；二是风化和水等外部因素的影响。

（一）矿物成分

组成岩石的矿物是直接影响岩石基本性质的主要因素。对于岩浆岩来说，其由结晶良好、晶粒较粗的岩基和侵入体组成，具有较高的强度特性，而细粗晶或非晶质喷发岩类强度较低；由基性矿物组成的岩石比酸性矿物的相对密度大，其强度也比酸性矿物的高；含白云母、黑云母、角闪石等成分的岩石，容易风化，强度相对较低。沉积岩则与组成岩石的颗粒成分及其胶结物的强度有关，由石英和硅胶结的砂岩，远比细颗粒黏土矿物和泥质胶结的页岩的强度大。变质岩的强度则与原岩的成分有关。

（二）结构

岩石的结构特征大致可分为两类：一类是结晶联结的岩石，包括结晶联结的部分岩浆岩、沉积岩和变质岩；另一类是胶结联结的岩石，如沉积岩中的碎屑岩和部分喷发岩等。前者晶体间的联结力强，孔隙率小，结构致密，密度大，吸水率变化范围小，具有较高的强度，且细晶粒结构的岩石比粗晶粒结构的强度大。例如粗晶粒花岗岩的抗压强度一般为 118 ~ 137 MPa，而细晶粒花岗岩的抗压强度可达 196 ~ 245 MPa。后者由矿物岩石碎屑和胶结物联结，岩石的强度相对较低，变化较大，其强度的大小主要决定于胶结物的成分和胶结的形式，同时也受碎屑成分的影响。硅质胶结的强度与稳定性较高，泥质胶结的较低，钙质和铁质胶结的介于两者之间。例如泥质砂岩的抗压强度一般只有 59 ~ 79 MPa，钙质和铁质胶结的可达 118 MPa，而硅质胶结的可达 137 ~ 206 MPa。

（三）构造

构造对岩石的物理力学性质的影响主要在于岩石本身的结构构造及岩石的裂隙发育程度。由于矿物成分在岩石中分布的不均匀性和结构的不连续性，使岩石强度具有各向异性性质。例如具有千枚状、板状、片状、片麻状构造的岩石，在片理面、层理面上往往强度较低，受剪切时，常沿该结构面剪切破坏，往往是垂直于层理面、片理面的抗压强度大于平行该层面的抗压强度。岩石（体）的节理越发育则岩石的强度越低。

（四）水

岩石饱水后强度降低，已为大量的试验资料所证实。当岩石受到水的作用时，水就沿着岩石中的孔隙、裂隙侵入，浸湿岩石自由表面上的矿物颗粒，并继续沿着矿物颗粒间的接触面向深部侵入，削弱矿物颗粒间的联结，使岩石的强度受到影响。其降低程度在很大程度上取决于岩石的孔隙率。当其他条件相同时，孔隙率大的岩石，被水饱和后岩石的强度降低的幅度也大。

（五）风化作用

自岩石形成后，地表岩石就受到风化作用的影响。经物理、化学和生物的风化作用后，可以使岩石强度逐渐降低，严重影响岩石的物理力学性质。

二、影响岩浆岩工程性状的主要因素

由于不同的生成条件，各种岩浆岩的结构、构造和矿物成分亦不相同，因而岩石的工程地质及水文地质性质也各有所异。所以，具体是什么种类的岩浆岩及其力学性质是影响岩浆岩工程性状的最主要因素。

（一）岩浆岩的种类对工程性状的影响

深成岩具结晶联结，晶粒粗大均匀，力学强度高，裂隙率小，裂隙较不发育，一般透水性弱、抗水性强。深成岩岩体大、整体稳定性好，故一般是良好的建筑物地基和天然建筑石材。值得注意的是这类岩石往往由多种矿物结晶组成，抗风化能力较差，特别是含铁镁质较多的基性岩，则更易风化破碎，故应注意对其风化程度和深度的调查研究。

浅成岩中细晶质和隐晶质结构的岩石透水性小，力学强度高，抗风化性能较深成岩强，通常也是较好的建筑地基。但斑状结构岩石的透水性和力学强度变化较大，特别是脉岩类，岩体小，且穿插于不同的岩石中，易蚀变风化，使强度降低、透水性增大。

喷出岩多为隐晶质或玻璃质结构，其力学强度也高，一般可以作为建筑物的地基。应注意的是其中常常具有气孔构造、流纹构造及发育有原生裂隙，透水性较大。此外，喷出岩多呈岩流状产出，岩体厚度小，岩相变化大，对地基的均一性和整体稳定性影响较大。

（二）岩浆岩的结构构造对工程性状的影响

岩浆岩的结构越致密，工程性状越好，反之岩浆岩的构造裂隙越发育，工程性状相对越差。

（三）岩浆岩的风化程度对工程性状的影响

岩浆岩的风化程度越高，工程性状越差，同一场地的同一种岩石，一般来说工程性状（岩石抗压强度）从好到坏的次序依次为：未风化岩石 > 微风化岩石 > 中风化岩石 > 强风化岩石 > 全风化岩石。

（四）岩浆岩饱水率对工程性状的影响

同一场地同种岩石裂隙和节理越发育，一般越富含水，其强度也就越低，对工程性状是不利的，但裂隙发育的玄武岩地区往往存在具有供水意义的地下水资源。

三、影响沉积岩工程性状的主要因素

沉积岩按其结构特征可分为碎屑岩、泥质岩及生物化学岩等，不同的沉积岩的工程地质及水文地质性质也各有所异。所以，具体是什么种类的沉积岩及其力学性质是影响沉积岩工程性状的最主要因素。

（一）沉积岩的种类对工程性状的影响

火山碎屑岩的类型复杂，岩体结构变化较大，其中粗粒碎屑岩的工程地质性质较好，接近于岩浆岩。细粒的如凝灰岩，由细小火山灰组成，质软，水理性质甚差，为软弱岩层。

沉积碎屑岩的工程地质性质一般较好，但其胶结物成分和胶结类型的影响显著，如硅质基底式胶结的岩石比泥质接触式胶结的岩石强度高、裂隙率小、透水性低等。此外，碎屑的成分、粒度、级配对工程性质也有一定的影响，如石英质的砂岩和砾岩比长石质的砂岩为好。

黏土岩和页岩的性质相近，抗压强度和抗剪强度低，受力后变形量大，浸水后易软化和泥化。若含蒙脱石成分，还具有较大的膨胀性。这两种岩石对水工建筑物地基和建筑场地边坡的稳定都极为不利，但其透水性小，可作为隔水层和防渗层。

化学岩和生物化学岩抗水性弱，常具不同程度的可溶性。硅质成分化学岩的强度较高，但性脆易裂，整体性差。碳酸盐类岩石如石灰岩、白云岩等具中等强度，一般能满足结构设计要求，但存在于其中的各种不同形态的喀斯特，往往成为集中渗漏的通道，在坝址和水库的地质勘察中，应查清喀斯特的发育及分布规律。易溶的石膏、石盐等化学岩，往往以夹层或透镜体存在于其他沉积岩中，质软，浸水易溶解，常常导致地基和边坡的失稳。

（二）沉积岩的结构构造对工程性状的影响

沉积岩的结构越致密，工程性状越好，反之沉积岩的构造裂隙越发育，工程性状相对越差。

（三）风化程度对工程性状的影响

沉积岩的风化程度越高，工程性状越差，同一场地的同一种岩石，一般来说工程性状（岩石抗压强度）从好到坏的次序依次为：未风化岩石 > 微风化岩石 > 中风化岩石 > 强风化岩石 > 全风化岩石。

（四）沉积岩饱水率对工程性状的影响

同一场地同种岩石裂隙和节理越发育，一般越富含水，其强度也就越低，对工程性状是不利的，但裂隙发育的砂岩、砾岩和石灰岩地区，往往储存有较丰富的地下水资源，一些水量较大的泉流，大多位于石灰岩分布区或其边缘部位，是重要的水源地。

四、影响变质岩工程性状的主要因素

变质岩是由岩浆岩或沉积岩受温度、压力或化学性质活泼的溶液的作用，在固态下变质而成的，故其工程性质与原岩密切相关。所以，具体是什么种类的变质岩及其力学性质，是影响变质岩工程性状的最主要因素。

（一）变质岩的种类对工程性状的影响

原岩为岩浆岩的变质岩其性质与岩浆岩相似（如花岗片麻岩与花岗岩）；原岩为沉积岩的变质岩其性质与沉积岩相近（如各种片岩、千枚岩、板岩与页岩和黏土岩相近；石英岩、大理岩分别与石英砂岩和石灰岩相近）。一般情况下，由于原岩矿物成分在高温高压下重结晶的结果，岩石的力学强度较变质前相对增高。但是，如果在变质过程中形成某些变质矿物，如滑石、绿泥石、绢云母等，则其力学强度（特别是抗剪强度）会相对降低，抗风化能力变差。动力变质作用形成的变质岩（包括碎裂岩、断层角砾岩、糜棱岩等）的力学强度和抗水性均甚差。

变质岩的片理构造（包括板状、千枚状、片状及片麻状构造）会使岩石具有各向异性特征，工程建筑中应注意研究其在垂直及平行于片理构造方向上工程性质的变化。

（二）变质岩的结构构造对工程性状的影响

变质岩的结构越致密，工程性状越好，反之变质岩的构造裂隙越发育，工程性状相对越差。

（三）风化程度对工程性状的影响

变质岩的风化程度越高，工程性状越差，同一场地的同一种岩石，一般来说工程性状（岩石抗压强度）从好到坏的次序依次为：未风化岩石 > 微风化岩石 > 中风化岩石 > 强风化岩石 > 全风化岩石。

（四）变质岩饱水率对工程性状的影响

同一场地同种岩石裂隙和节理越发育，一般越富含水，其强度也就越低，对工程性状是不利的。变质岩中往往裂隙发育，在裂隙发育部位或较大断裂部位，常常形成裂隙含水带，这样的地区可作为小规模的地下水源地。

第三章 地形地貌与地质构造

第一节 地质作用与地质年代

一、地质作用

由于内、外力地质作用的长期影响，在地壳表面形成的各种不同成因、不同类型、不同规模的起伏形态，称为地貌。地貌学是专门研究地壳表面各种起伏形态的形成、发展和空间分布规律的学科。地貌条件与公路、桥梁、隧道等工程建设有着密切的关系。公路是建筑在地壳表面的线形构筑物，它常常穿越不同的地貌单元，在公路勘察设计、桥隧位置选择等方面，经常会遇到各种不同的地貌问题。因此，地貌条件便成为评价公路工程地质条件的重要内容之一。为处理好各类工程与地貌条件之间的关系，提高工程的设计质量，就必须学习和掌握一定的地貌知识。

现代地质学认为，地壳被划分成许多刚性的板块，而这些板块在不停地彼此相对运动。正是这些地壳运动，引起海陆变迁，产生各种地质构造，形成山脉、高原、平原、丘陵、盆地等基本构造形态。地质构造的规模，有大有小，但都是地壳运动的产物，是地壳运动在地层和岩体中所造成的变形。这些地质构造，经历了长期复杂的地质过程，都是地质历史的产物。地质构造大大改变了岩层和岩体原来的工程地质性质，影响岩体稳定，增大岩石的渗透性，为地下水的活动和富集创造了条件。因此，研究地质构造不但有阐明和探讨地壳运动发生、发展规律的理论意义，而且有指导工程地质、水文地质、地震预测预报工作和地下水资源的开发利用等生产实践的重要意义。

地球处在太阳系中，除了绕太阳公转外还在自转。随着地球的演变，地壳的内部结构、物质成分和表面形态不断发生着变化。一些变化速度快，易为人们感觉到，如地震和火山喷发等；另一些变化则进行得很慢，不易被人们发现，如地壳的缓慢上升、下降以及某些地块的水平移动等。虽然这些活动缓慢，但经过漫长的地质年代，可能导致地球面貌的巨大变化。地质学中将自然动力促使地壳物质成分、结构及地表形态变化发展的作用叫作地质作用。根据地质作用的动力来源可将地质作用分为外动力地质作用和内动力地质作用。

（一）外动力地质作用

外动力地质作用是由地球外部的能量引起的。主要来自宇宙中太阳的辐射热能和月球的引力作用，它引起大气圈、水圈、生物圈的物质循环运动，形成了河流、地下水、海洋、湖泊、冰川、风等地质营力，从而产生了各种地质作用。在太阳辐射能的作用下，水从海洋表面蒸发，被气流带到陆地上空，通过大气降水落到地面，其中一部分渗入地下，然后以地表水或地下水的形式流回海洋。月球引力引起潮涨潮落，造成海平面的上升与下降。

按地质营力不同，外动力地质作用可分为风化作用、剥蚀作用、搬运作用、沉积作用和成岩作用。外动力地质作用主要发生在地表，它使地表原有的形态和物质组成不断遭受破坏，又不断形成新的地表形态和物质组成。外动力作用的方式，一般按风化—剥蚀—搬运—沉积—硬结成岩的程序进行。

外动力地质作用，一方面通过风化和剥蚀作用不断地破坏露出地面的岩石，另一方面又把高处剥蚀下来的风化产物通过流水等介质，搬运到低洼的地方沉积下来重新形成新的岩石。外动力地质作用总的趋势是切削地壳表面隆起的部分，填平地壳表面低洼的部分，不断使地壳的面貌发生变化。

外动力地质作用主要影响因素是气候和地形。潮湿气候区由于水量充足，风化作用进行得很彻底，河流、湖泊、地下水的地质作用均十分发育。干旱气候区则以物理风化和风的地质作用为主。冰冻气候区占统治地位的是冰川的地质作用。即使是同一种地质营力，在不同的气候区所起的作用也有所不同，例如湖泊的地质营力，在干旱气候区和潮湿气候区作用的特点就有明显差异。地形条件对外动力地质作用的方式和强度具有影响，相对而言，大陆以剥蚀作用为主，而海洋则以沉积作用为主。山区地形陡，地面流水的流速大，剥蚀作用强烈，而在平原区则以沉积作用为主。

（二）内动力地质作用

内动力地质作用是由地球内部的能量，如地球的旋转能、重力能和放射性元素蜕变产生的热能所引起的。内动力地质作用包括地壳运动、岩浆作用、变质作用和地震作用。

1. 地壳运动

地壳运动也叫地质运动，是指由地球内动力所引起的地壳岩石发生变形、变位（如弯曲、错断等）的机械运动。残留在岩层中的这些变形、变位现象叫作地质构造或构造形迹。地壳运动产生各种地质构造，因此，在一定意义上又把地壳运动称为构造运动。地壳运动按其运动方向可以分为水平运动和垂直运动两种形式。

（1）水平运动

指地壳或岩石圈块体沿水平方向移动，如相邻块体分离、相聚和剪切、错开，它使岩层产生褶皱、断裂，形成裂谷、盆地及褶皱山系，如我国的横断山脉、喜马拉雅山、天山、祁连山等均为褶皱山系。

（2）垂直运动

指地壳或岩石圈相邻块体或同一块体的不同部分作差异性上升或下降，使某些地区上升形成山岳、高原，另一些地区下降形成湖、海、盆地。所谓"沧海桑田"即是古人对地壳垂直运动的直观表述。

同一地区地壳运动的方向随着时间推移而不断变化，某一时期以水平运动为主，另一时期则以垂直运动为主，且水平运动的方向和垂直运动的方向也会发生更替。不同地区的构造运动常有因果关系，一个地区块体的水平挤压可引起另一地区的上升或下降，反之亦然。

2. 岩浆作用

地壳内部的岩浆，在地壳运动的影响下，向外部压力减小的方向移动，上升侵入地壳或喷出地面，冷却凝固成为岩石的全过程，称为岩浆作用。岩浆作用形成岩浆岩，并使围岩发生变质现象，同时引起地形改变。

3. 地震作用

地震一般是由于地壳运动引起地球内部能量的长期积累，达到一定的限度而突然释放时，导致地壳一定范围的快速颤动。按地震产生的原因，可分为构造地震、火山地震和陷落地震、激发地震等。

4. 变质作用

由原先存在的固体岩石（火成岩、沉积岩或早期变质岩）在岩浆作用（高温、高压、化学活动性气体）或构造作用下，使得原岩在成分、结构构造方面发生改变而形成新的岩石的改造过程称为变质作用。母岩经变质作用产生的新的岩石称为变质岩。

各种内动力地质作用相互关联，地壳运动可以在地壳中形成断裂，引发地震，并为岩浆活动创造通道。而地壳运动和岩浆活动都可能引起变质作用。由此可见，地壳运动在内动力地质作用中常起主导作用。

内动力地质作用与外动力地质作用紧密关联、相互影响，内动力地质作用总的趋势是形成地壳表层的基本构造形态和地壳表面大型的高低起伏，而外动力地质作用则是破坏内动力地质作用形成的地形和产物，总是"削高填低"，形成新的沉积物，同时又进一步塑造了地表形态。地壳上升时，遭受剥蚀。地壳下降时，接受沉积。内、外动力地质作用始终处于对立统一的发展过程中，成为促使地壳不断运动、变化和发展的基本力量。

二、地质年代

（一）地质年代的确定方法

地壳发展演变的历史叫作地质历史，简称地史。根据科学推算，地球的存在至少已有46亿年。在漫长的地质历史中，地壳经历了许多次强烈的构造运动、岩浆活动、海陆变迁、剥蚀和沉积作用等各种地质事件，形成了不同的地质体。查明地质事件发生和地质体形成的年代及先后顺序是十分重要的。

1.地质年代的定义

地层的地质年代有绝对地质年代和相对地质年代之分。

绝对地质年代是指地层形成到现在的实际年数，是用距今多少年以前来表示，目前，主要是根据岩石中所含放射性元素的蜕变来确定的。绝对地质年代，能说明岩层形成的确切时间，但不能反映岩层形成的地质过程。

相对地质年代是指地层形成的先后顺序和地层的相对新老关系，是由该岩石地层单位与相邻已知岩石地层单位的相对层位的关系来决定的。相对地质年代，不包含用"年"表示的时间概念，但能说明岩层形成的先后顺序及其相对的新老关系。在地质工作中，用得较多的是相对地质年代。

划分地质年代和地层单位的主要依据，是地壳运动和生物演变。地壳发生大的构造变动之后，自然地理条件将发生显著变化，各种生物也将随之演变，以适应新的生存环境，这样就形成了地壳发展历史的阶段性。一般把地壳形成后的发展历史过程分成五个称为"代"的大阶段，每个代又分成若干个"纪"，纪内因生物发展及地质情况的不同，又细分为若干个"世"及"期"，以及一些更细的段落，这些统称地质年代。每一个地质年代都有相应的地层。

2.绝对地质年代的确定

绝对地质年代一般是根据放射性同位素的蜕变规律测定岩石和矿物年龄来确定的。其原理是基于放射性元素都具有固定的衰变常数，即每年每克母体同位素能产生的子体同位素的克数是一定的，且矿物中放射性同位素蜕变后剩下的母体同位素含量与蜕变而成的子体同位素含量可以测出，再根据式便可计算出该放射性同位素的年龄，此匕亦即该放射性同位素所存在地质体的年龄。

3.相对地质年代的确定

确定相对地质年代的常用方法有地层层序法、生物层序法、岩性对比法和地层接触关系法等。

（1）地层层序法

地层是指在一定地质年代内形成的层状岩石。地层层序法是确定地层相对年代的基本方法。未经过构造运动改造的层状岩层大多是水平岩层。原始产出的地层具有下老上新的规律，因此可以利用地层层序法来确定其相对地质年代。但有时，因发生构造运动，地层层序逆转，老岩层会覆盖在新岩层之上，这就须利用沉积岩的泥裂、波痕、递变层理、交错层等原生构造来判别岩层的顶、底面，以便确定其新老关系。

（2）生物层序法

地质历史上的生物称为古生物。其遗体和遗迹可保存在沉积岩层中，一般被钙质、硅质充填或交代，形成化石。长期生产实践积累的大量化石资料证明，地球上的生命在大约32亿年前即已出现，以后由于内因和外因的作用，生命一直在不断地运动、变化，不断地由简单到复杂，由低级到高级向前发展，直到形成今天的生物界。生物的进化是不可逆的又是有阶段性的，同一时代的地层具有相同的化石组合特点，不同时代的地层则具有不同的化石组合。因此，我们就可以根据地层中的化石确定该地层的地质年代。

（3）岩性对比法

一般在同一时期，同样环境下形成的岩石，它的成分、结构和构造应该是相似的。因此，可根据岩性及层序特征对比来确定某一地区岩层的年代。

（4）地层接触关系法

沉积岩间的接触，基本上可分为整合接触与不整合接触两大类型。

①整合接触

一个地区在持续稳定的沉积环境下，地层依次沉积的地质年代连续，各地层之间彼此平行，地层间的这种连续、平行的接触关系称为整合接触。其特点是沉积时间与地质年代连续，上、下岩层产状基本一致。

②不整合接触

当沉积岩的两套地层之间有明显的沉积间断时，即沉积的地质年代明显不连续，两套地层之间缺失某一时代的地层，称为不整合接触。因为在很多沉积岩序列里，不是所有的原始沉积物都能保存下来。地壳上升可以被风化剥蚀掉，然后下降时又被新的沉积物所覆盖，这种时代缺失的剥蚀面称为不整合面。不整合接触又可以分为平行不整合接触和角度不整合接触。

平行不整合接触：又叫假整合接触。指相邻上下两套新、老地层产状基本相同，但出现地质年代不连续（两套地层之间发生了较长期的沉积间断，其间缺失了部分年代的地层）的接触关系。

角度不整合接触：相邻上下两套新、老地层之间地质年代不连续，同时两套地层产状呈一定的角度接触的接触关系。

（二）地质年代表

划分地质年代单位和地层单位的主要依据是地壳运动和生物的演变。地壳发生大的构造变动之后，自然地理条件将发生显著变化。因而，各种生物也将发生演变，适者生存，不适者淘汰，这样就形成了地壳发展历史的阶段性。在不同地质时代相应地形成不同的地层，故地层是地壳在各种地质时代里变化的真实记录。地质学家们根据几次大的地壳运动和生物界大的演变，把地质历史分为隐生宙和显生宙两个大阶段；宙以下分为代，隐生宙分为太古代、元古代；显生宙分为早古生代、晚古生代、中生代和新生代；代以下分纪，纪以下分世，依此类推，小的地质年代为期。以上宙、代、纪、世等均为国际上统一规定的相对地质年代单位。在地质历史上每个地质年代都有相应的地层形成，称之为年代地层单位。与宙、代、纪、世、期一一对应的年代地层单位分别是宇、界、系、统、阶。

19 世纪以来，地质学家在实践中逐步进行了地层的划分和对比工作，并按照时代早晚顺序把地质年代进行编年，列制成表。地质年代表反映了地壳历史阶段的划分和生物演化的发展阶段。

第二节 地貌单元的类型与特征

一、地貌的概念

地貌是地壳表面各种不同成因、不同类型、不同规模的起伏形态。地貌形态由地貌基本要素所构成。地貌基本要素包括：地形面、地形线和地形点，它们是地貌形态的最简单的几何组分，决定了地貌形态的几何特征。

（一）地形面

地形面可能是平面、曲面或波状面。例如山坡面、阶地面、山顶面和平原面等。

（二）地形线

两个地形面相交组成地形线（或一个地带），或者是直线，或者是弯曲起伏线，例如分水线、谷底线、坡折线等。

（三）地形点

地形点是两条（或几条）地形线的交点，孤立的微地形体也属于地形点。因此地形点实际上是大小不同的一个区域，例如山脊线相交构成山峰点或山鞍点、山坡转折点和河谷裂点等。

不同地貌有着不同的成因，但概括地讲，地貌是由两种原因造成的。一是地球的内力作用，二是外力作用。地貌是内外营力共同作用的结果，内力作用造就地表的起伏，外力作用使地表原有的起伏不断平缓，因此地貌形成过程中的内外营力是一对矛盾。地貌的形成不仅取决于内外营力作用类型的差异，而且还取决于内外营力作用过程的对比。

二、地貌单元分类

地貌单元主要包括剥蚀地貌、山麓斜坡堆积地貌、河流地貌、湖积与海岸地貌、冰川地貌、风成地貌。

（一）剥蚀地貌

剥蚀地貌包括山地、丘陵、剥蚀残山、剥蚀平原。

（二）山麓斜坡堆积地貌

山麓斜坡堆积地貌包括：洪积扇、坡积裙、山前平原、山间凹地。

（三）河流地貌

河流所流经的槽状地形称为河谷，它是在流域地质构造的基础上，经河流的长期侵蚀、搬运和堆积作用逐渐形成和发展起来的一种地貌，凡由河流作用形成的地貌，称河流地貌。河流地貌包括河床、河漫滩和阶地。

1.河流的地质作用

河水在流动时，对河床进行冲刷破坏，并将所侵蚀的物质带到适当的地方沉积下来，故河流的地质作用可分为侵蚀作用、搬运作用和沉积作用。

河流水流有破坏地表并掀起地表物质的作用。水流破坏地表有三种方式，即冲蚀作用、磨蚀作用和溶蚀作用，总称为河流的侵蚀作用。

河流在其自身流动过程中，将地面流水及其他地质营力破坏所产生的大量碎屑物质和化学溶解物质不停地输送到洼地、湖泊和海洋的作用称为河流的搬运作用。河流的搬运作用按其搬运方式可分为机械搬运和化学搬运两类。

河流的沉积作用是指当河流的水动力状态改变时，河水的搬运能力下降，致使搬运物堆积下来的过程。河流的沉积作用一般以机械沉积作用为主。

2. 河床

河谷中枯水期水流所占据的谷底部分称为河床。河床横剖面呈一低凹的槽形。从源头到河口的河床最低点连线称为河床纵剖面，它呈一不规则的曲线。山区河床较狭窄，两岸常有许多山嘴突出，使河床岸线犬牙交错，纵剖面较陡，浅滩和深槽彼此交替，且多跌水和瀑布。平原地区河床较宽浅，纵剖面坡度较缓，有微微起伏。

河床发展过程中，由于不同因素的影响，在河床中形成各种地貌，如河床中的浅滩与深槽、沙波，山地基岩河床中的壶穴和岩槛等。

3. 河漫滩

河流洪水期淹没河床以外的谷底部分，称为河漫滩。平原河流河漫滩发育宽广，常在河床两侧分布，或只分布在河流的凸岸。山地河谷比较狭窄，洪水期水位较高，河漫滩的宽度较小，相对高度比平原河流的河漫滩要高。

4. 河流阶地

河流阶地是在地壳的构造运动与河流侵蚀、堆积的综合作用下形成的。由于构造运动和河流地质过程的复杂性，河流阶地的类型是多种多样的，一般可分为下列 3 种主要类漫型：侵蚀阶地、堆积阶地、基座阶地。

（四）湖积地貌

湖积地貌包括湖积平原和沼泽地。

（五）海岸地貌

海岸是具有一定宽度的陆地与海洋相互作用的地带，其上界是风暴浪作用的最高位置，下界为波浪作用开始扰动海底泥沙处。现代海岸带由陆地向海洋可划分为滨海陆地、海滩和水下岸坡3部分。海岸地貌包括海岸侵蚀地貌和堆积地貌。

（六）冰川地貌

在高山和高纬度地区，气候严寒，年平均温度在 0℃以下，常年积雪，当降雪的积累大于消融时，地表积雪逐年增厚，经一系列物理过程，积雪就逐渐变成淡蓝色的透明的冰川冰。冰川冰是多晶固体，具有塑性，受自身重力作用或冰层压力作用沿斜坡缓慢运动，就形成冰川。冰川进退或积消引起海面升降和地壳均衡运动，从而使海陆轮廓发生较大的变化。此外，冰川对地表塑造是很强烈的，仅次于河流的作用，所以冰川也是塑造地形的强大外营力之一。因此凡是经冰川作用过的地区，都能形成一系列冰川地貌。

（七）风成地貌

风成地貌是指由风力作用而形成的地貌。在风力作用地区，在同一时间内，一个地区是风蚀区，另一个地区则是风积区，其间的过渡性地段为风蚀—风积区，各地区将相应发育不同数量的风蚀地貌和风积地貌。

三、不同地貌地区工程建设时应注意的问题

（一）剥蚀地貌地区工程建设时应注意的问题

1. 在山地地区进行大型水电站、大型构筑物、隧道工程施工时，需要注意高边坡稳定性、地质构造稳定性及地质灾害（崩塌、滑坡、泥石流等）评价。在海拔较高的山上进行施工时要注意工程的抗冻性和岩土中水的膨胀性。

2. 在丘陵地带建设时，工程选址可行性论证阶段应避开地质灾害高发地段和地质构造不稳定地段。在工程施工时，要密切注意恶劣气象条件带来的地质灾害，同时注意保护丘陵的原生态环境，做到人与自然环境和谐相处。

3. 剥蚀残山和剥蚀平原由于剥蚀程度的不同和原始地形的不同，岩土体残积的厚度也不同，岩土体的性状也不同。因此，在工程建设时必须进行详细的工程地质勘察。

（二）山麓斜坡堆积地貌地区工程建设时应注意的问题

1. 在洪积扇堆积的多是分选性较差的洪积土，多为碎石土。一般是上游堆积的颗粒较大，呈角砾状；下游堆积的颗粒相对较细，呈圆砾状，一般工程性状较好；但其间也有可能夹有黏性土或淤质土，造成软夹层。所以工程建设时必须注意地层的均匀性。

2. 坡积裙和山前堆积平原堆积较多的是分选性很差的坡积土、残积土和冲积土，颗粒大小不一，一般孔隙大，厚度受地形影响，所以在工程建设时应注意堆积斜坡的稳定性、堆积颗粒的密实度及地下水的冲刷性。

3. 山前堆积平原其颗粒多为砾石、砂、粉土或黏性土，而且堆积的厚度不一致，工程建设时必须注意沉降的均匀性，必须进行详细的工程地质勘察。

（三）河流地貌地区工程建设时应注意的问题

1. 在工程选址论证阶段，必须注意该地河流的最高洪水位、河流的冲刷规律、河岸的稳定性和地基发生管涌的可能性。一般不得在谷地、谷边及河岸冲刷岸建筑。

2. 在河流阶地建筑时，必须详细了解阶地的稳定性和地层情况，及上游发生滑坡、泥石流等地质灾害的可能性，以确保工程安全。

3. 河流阶地的冲积土层往往具有不均匀性和丰富的储水性，要注意建筑物的不均匀沉降。

4. 古代河流和现代河流的流向往往不一致，所以在建设时要注意了解古河道的走向，以减少

建筑物的差异沉降。

（四）湖积与海积地貌地区工程建设时应注意的问题

1.湖积地貌往往堆积的是湖积土，海积地貌往往堆积的是海积土，这两类土统称淤积土，其工程性状往往较差，一般是压缩层。

2.湖积土和海积土在其他条件一定时，一般堆积年代越古老，固结程度越好，工程性状要好一些；堆积年代越年轻，固结程度越差，工程性状相对也差一些。

3.湖积土、海积土在同一地区堆积的厚度也不一样，均匀性也不一样，所以工程建设时必须考虑建筑物沉降的稳定性和均匀性。

（五）冰川地貌地区工程建设时应注意的问题

1.冰川地貌形成的冰水堆积物是冰积岩土，在常年冻土地区建设时应注意冰积岩土的分选性、稳定性和发生冰川雪崩地质灾害的可能性。

2.季节性冻土地区要注意冰积岩土的冻胀性和冻融性。

3.冻土及寒冷地区施工混凝土要注意热胀冷缩问题。

（六）风成地貌地区工程建设时应注意的问题

1.工程建设中要注意风成地貌岩土的干缩性和浸水后的湿陷性。

2.风沙地区选址时要注意沙尘暴的地质灾害和风成地貌的滑坡崩塌的地质灾害。

3.风沙地区选址和建设中要了解地下水的分布规律和水土保持工作。

第三节 地壳地质构造运动的类型

地壳在地质历史中，受地球内、外动力地质作用的影响，不停地运动和演变。地壳运动的结果，形成地壳表面各种不同的地质构造形态，因此，又把地壳运动称为构造运动。地壳运动影响各种地质作用的发生和发展，不仅改变着地表形态，同时，也改变着岩层的原始产状，形成各种各样的地质构造现象。地壳运动基本类型有两种：升降运动和水平运动。

一、垂直升降运动

地壳物质沿着地球半径方向移动，它表现为地壳的上拱和下拗，并形成大型的构造隆起和凹陷。地壳的垂直升降运动，使海陆发生变迁，当陆地上升时可出现海退的地层组合现象。当陆地下降时可出现海侵的地层组合现象。

（一）海侵

海侵表现为陆地不断下降，海岸线不断向大陆内部移动。当海侵时，粗颗粒的沉积物就不断向陆地方向移动，其上沉积较细—细—很细的沉积层序。根据浅海沉积的分布规律，从陆地向浅海方向依次沉积砾岩—砂岩—页岩—石灰岩。结果在任何一浅海垂直剖面内，自下而上可看到砾岩—砂岩—页岩—石灰岩的沉积次序，即由粗到细的变化过程。

（二）海退

表现为陆地不断上升，海岸线不断向海洋方向移动。当海退时，先沉积较细的颗粒，接下来由陆地河流洪水带来沉积较粗的颗粒。结果在任何一浅海垂直剖面内，自下而上可看到石灰岩—页岩—砂岩—砾岩，即由细到粗的变化过程。

二、水平运动

水平运动是地壳沿着大地水准球面的切线方向的运动，即大致平行于地球表面的运动。它表现为岩层的水平移动，水平运动的结果导致巨大的褶皱构造及平移断层的形成。

第四节 水平岩层与倾斜岩层及其在地质图上的表现

由地壳运动形成的地质构造，无论其形态多么复杂，它们总是由一定数量和一定空间位置的岩层或岩层中的破裂面构成的。因此，研究地质构造的一个基本内容就是确定这些岩层、岩层破裂面的空间位置以及它们在地面上的表现特点。

一、岩层产状要素及测定方法

（一）岩层产状要素

岩层是指由两个平行或近于平行的界面所限制的、同一岩性组成的层状岩石。岩层的产状是指岩层在空间的展布状态。地质学上用走向、倾向、倾角三个要素来确定岩层的产状。

1. 走向

岩层走向代表岩层的水平延伸方向。岩层层面和假想水平面的交线称为走向线，走向线两端所指的方向即岩层的走向，岩层的走向用方位角（由正北方向沿顺时针旋转与该方向所成的夹角）表示。显然，岩层的走向有两个，它们的方位角值相差180°。

2. 倾向

岩层面上垂直走向线向下所引的直线叫倾斜线，它在水平面的投影线（倾向线）所指岩层向下倾斜的方向，就是岩层的倾向。岩层的倾向也用方位角表示。倾向方位角与走向方位角相差90°。

3. 倾角

岩层面与水平面之间的夹角叫岩层的倾角，也就是图3.7中倾斜线与其水平投影线间的夹角。

（二）岩层产状测定方法

若岩层面在野外出露清晰，可用地质罗盘直接测量其产状要素。另外，也可采用一些间接的方法来求产状要素，如在大比例地形地质图上求产状要素。由于岩层的走向与倾向相垂直，一般不直接测量岩层走向，而是求得倾向方位角后，再加与减90°，即得两走向方位角。

二、岩层倾向与地面坡向的关系

露头是指一些暴露在地表的岩石。它们通常在山谷、河谷、陡崖以及山腰和山顶这些位置经常出现。若地面平坦，岩层露头沿走向呈直线状延伸。一般情况下，岩层的出露线与地形等高线是相交的。在岩层走向与沟谷和坡脊的延伸方向垂直或大角度斜交的情况下，岩层在穿过沟谷或坡脊时，露头线均呈近似的 V 字形态，并表现出一定的规律。

V 字形法则也适用于断层面、不整合面等地质界面的露头线的分布特征，它有助于人们在野外和地形地质图上判断地质界面的倾斜方向，分析地质构造。

V 字形法则在测制和分析大比例尺地质图时有很大的实用意义，在野外填图工作中，根据一个地质点上岩层的产状，根据该地质点附近地形的影响，根据 V 字形法则，就可以向该点两端送线，勾画出一段地质界线来。在分析地质图时，根据图上地质界线和等高线之间的关系，根据 V 字形法则，可以合理地推测出岩层的产状，帮助进行地质图的分析。随着地质图的比例尺减小，V 字形法则的使用意义也相应减小，因为比例尺较小，地形起伏所造成地质界线的局部弯曲不能明显地表现出来。在小比例尺的地质图上，可以把地面看作相对地平坦，倾斜岩层大多沿走向成条带状分布，但成条带分布的还有直立岩层、岩脉等，要注意区别。

三、水平岩层及其在地质图上的表现

水平岩层指的是岩层平行水平面或大致平行水平面的岩层，即岩层和水平面之间的夹角为 0° 或接近 0° （ < 5° ）。

水平岩层发育地区，常具有下列特征：①水平岩层的地质界线（岩层分界面和地表面的交线）和地形等高线平行或重合，随等高线的弯曲而弯曲。②在岩层没有发生倒转的情况下，新岩层位于老岩层之上，新岩层出露的位置也比老岩层要高。当地形平缓，地面切割不剧烈时，则地面只出露较新的、位于上部的一个岩层；在地形切割强烈，山高沟深地区，在河谷或沟底较低地区出露较老岩层；而在山顶、分水岭上则出露较沟底为新的岩层，也就是新岩层位于高处，老岩层位于低处。③水平岩层的分布和出露形态，受地形的控制。在地形较平坦地区，同一岩层可以分布很大的面积。在山顶等较高地区，水平岩层形成孤岛状，投影在地质图上成为云朵状、花朵状；而在沟谷等较低地区，形成转折尖端指向沟谷上游的狭窄的锯齿状条带，平行等高线分水平岩层的厚度通常可以用岩层上下层面之间的垂直距离，即顶、底面的高程差代表。在带有地形的地质图上，可从图上根据顶、底面界线出露的高程直接求出其厚度。

水平岩层的露头高度取决于岩层的厚度和地面的坡度。在地面坡度相同地区，厚度大的岩层出露宽度大，反之亦然；在岩层厚度相同时，坡度平缓处岩层出露宽，陡处出露窄；在坡度近 90° 的陡崖处，岩层顶底面在水平面上的垂直投影重合，这时在地形图上见到的岩层露头宽度等于零，在地质图上造成岩层尖灭的假象，在野外填图和分析利用已有地质图时，要注意这种情况。

大范围内水平岩层的出露，表明该地区自这些岩层形成以来，构造变动不剧烈，主要经历缓慢的垂直升降运动，因此岩层的产状基本不变。

四、倾斜岩层在地质图上的表现

（一）露头宽度

岩层露头的宽度主要受岩层厚度、岩层面与地面间夹角大小以及地面陡缓3方面因素控制。显然，若后两者不变，则岩层的厚度越大，露头宽度就越大。在岩层厚度不变、层面与地面保持相同夹角的情况下，则地形越陡，露头宽度越窄。在笔直陡崖处，露头宽度为零。

（二）厚度

通常所说的倾斜岩层的厚度，包括真厚度、铅直厚度和视厚度三种。

1. 真厚度

即岩层的真正厚度，为岩层顶、底面之间的垂直距离。如求岩层的厚度，只有在与岩层走向相垂直的剖面上，量出岩层顶底界线间的垂直距离，才是岩层的真厚度。因为这种剖面既为铅垂面，又与岩层面相垂直。

2. 视厚度

指与岩层走向不相垂直的剖面上，岩层顶、底界线之间的垂直距离。这种剖面与岩层面是斜交的，故在此剖面中求不到岩层的真厚度。

3. 铅直厚度

指沿铅直方向岩层顶、底面之间的距离。铅直厚度在各方向剖面上都可获得。

（三）倾斜岩层在地质图上的表现

1. 相反相同

若岩层倾向与地面坡向相反，则岩层露头线与地形等高线朝相同的方向弯曲。V字形的尖端在沟谷处指向沟谷上游，在坡脊处指向下坡方向。但岩层露头线的弯曲程度比地形等高线弯曲程度要小。

2. 相同相反

若岩层倾向与地面坡向相同，且岩层倾角大于地面坡角，则岩层露头线与地形等高线呈相反方向弯曲。V字形的尖端在沟谷处指向下游方向，在坡脊处指向上坡方向。

3. 相同相同

若岩层倾向与地面坡向相同，但岩层倾角小于地面坡角时，则岩层露头线与地形等高线朝相同方向弯曲。与上面第一种情况的区别是，岩层露头线的弯曲程度比地形等高线的弯曲程度要大。

（三）褶皱构造的成因

褶皱构造的成因主要包括水平挤压作用、水平扭动作用和垂直运动。

第五节 褶皱构造、节理构造与断层

一、褶皱构造

（一）褶皱的概念及成因

1.褶皱的概念

褶皱指岩石在主要由地壳运动所引起的地应力长期作用下所发生的永久性弯曲变形，它是地壳中广泛发育的一类地质构造，尤以在层状岩石中表现最为明显。褶皱的基本单位是褶曲。褶曲是发生了褶皱变形岩层中的一个弯曲。褶曲的规模相差很大，单个褶皱大者可延伸几十至几百千米，小者在显微镜下才能见到。

2.褶皱的基本形式

背斜表现为岩层向上弯曲，且褶曲岩层核部的时代较老，而褶曲岩层两翼时代较新。造成背斜地段岩层在地面的出露特征是：从褶曲中心核部到两翼，岩层从老到新对称性重复出现。

向斜表现为岩层向下弯曲，且褶曲岩层核部的时代较新，而褶曲岩层两翼时代较老。由于风化剥蚀，向斜的出露特征恰好与背斜相反，从褶曲中心核部到两翼岩层从新到老对称性重复出现。

（二）褶曲的要素

褶曲是褶皱构造中的弯曲，是褶皱构造的组成单位。对褶曲各个组成部分给予一定的名称，称为褶曲要素。

（三）褶曲的分类

褶曲的形态多种多样，不同形态的褶曲反映了褶曲形成时不同的力学条件及成因。为了更好地描述褶曲在空间的分布，研究其成因，常以褶曲的形态为基础，对褶曲进行分类。褶曲主要可划分为背斜和向斜两种形式；其次还可以根据其他方面特征对褶曲进行多种形态分类。这些分类便于准确描述褶曲的形态，并在一定程度上反映了褶曲的成因，对于岩土工程许多方面都有意义。

（四）褶皱的野外识别

褶皱的野外识别方法主要有穿越法、追索法两种。野外观察时，首先判断岩层是否存在褶皱并区别是背斜还是向斜，然后确定它的形态特征。依据岩石地层和生物地层特征，查明和确立调查区地质年代自老至新的地层层序是首要的工作。岩层受力挤压弯曲后，形成向上隆起的背斜和向下凹陷的向斜，但经地表营力的长期改造，或地壳运动的重新作用，原有的隆起和凹陷在地表面有时可能看不出来。为对褶曲形态做出正确鉴定，主要根据地表面出露岩层的分布特征进行判别。对于大型褶皱构造，在野外就需要采用穿越的方法和追索的方法进行观察。

1.穿越法

穿越法就是沿着选定的调查路线，垂直岩层走向进行观察。穿越法有利于了解岩层的产状、层序及其新老关系。如果在路线通过地带的岩层呈有规律的重复出现，且对称分布，则必为褶皱构造；再根据岩层出露的层序及其新老关系，判断是背斜还是向斜，然后进一步分析两翼岩层的产状和两翼与轴面之间的关系，这样就可判断褶皱的形态类型。背斜核部岩层较两侧岩层时代老，向斜则核部岩层较两侧岩层时代新。

2. 追索法

追索法就是平行岩层走向进行观察，以便于查明褶皱延伸的方向及其构造变化的情况。

沿同一时代岩层走向进行追索，如果两翼岩层走向相互平行，表明枢纽水平；如果两翼岩层走向呈弧形圈闭合，表明其枢纽倾伏。根据弧形尖端指向或弧形开口方向，以及转折部位的实际测量即可确定枢纽倾伏方向。从地形上看，岩石变形之初，背斜相对地势高成山，向斜地势低成谷，这时地形是地质构造的直接反映。然而经过较长时间的剥蚀后，背斜核部因裂隙发育易遭受风化剥蚀，往往成沟谷或低地，向斜核部紧闭，不易遭受风化剥蚀，最后相对成山。背斜成谷，向斜成山称为地形倒置现象。

二、节理构造与玫瑰花图

（一）节理的概念

节理或称裂隙，是岩层裂开有破裂面但两侧岩石没有显著位移的小型断裂构造。

节理是岩体在地应力作用下发生的一种小型裂隙。节理规模大小不一，细微的节理肉眼不能识别，一般常见的为几十厘米至几米，长的可延伸达几百米。节理张开程度不一，有的是闭合的。节理面可以是平坦光滑的，也可以是十分粗糙的。

岩石中节理的发育是不均匀的。影响节理发育的因素很多，主要取决于构造变形的强度、岩石形成时代、力学性质、岩层的厚度及所处的构造部位。同一个地区，形成时代较老的岩石中节理发育较强，而形成时代新的岩石中节理发育较弱。岩石具有较大的脆性而厚度又较小时，节理易发育。在断层带附近以及褶皱轴部，往往节理较发育。

节理的空间位置依节理面的走向、倾向及倾角而定。节理常常有规律地成群出现，相同成因且相互平行的节理称为一个节理组，在成因上有联系的几个节理组构成节理系。

（二）节理的分类

节理分类主要是按其成因、力学性质、与岩层产状关系等分类。

1. 按成因分类

节理按其成因分为原生节理、构造节理和表生节理。

（1）原生节理

原生节理是成岩过程中形成的节理。例如，沉积岩中的泥裂，玄武岩中由于冷凝形成的柱状张节理等。

（2）构造节理

构造节理是指在由地壳运动所产生的地应力作用下形成的节理。构造节理在岩石中成组成群地出现。由同一时期、相同应力作用产生的产状大体一致的许多条节理组成一个节理组，而由同一时期相同应力作用下产生的两个或两个以上的节理组则构成一个节理系。不同时期的节理相互错开。

（3）表生节理

表生节理是由卸荷、风化、爆破等形成的节理，分别称为卸荷节理、风化节理、爆破节理等，这种节理常称为裂隙，属于非构造次生节理。表生节理一般分布在地表浅层，大多无一定方向性。

2. 按力学性质分类

节理按其力学性质可分为张节理和剪节理。

（1）张节理

张节理为岩石在拉张应力作用下形成的节理。张节理的节理面粗糙不平，张开度较大但延伸不远，透水性较好。张节理发育较稀疏，同组相邻两条张节理的间距较大。张节理可以是构造节理，也可以是表生节理、原生节理等。当张节理发生在粗砂岩或砾岩中时，节理面常环绕砾石或粗砂粒而裂开，形成节理的一个壁凸出，另一个壁凹进的裂口，擦痕不发育，它是地下水的良好通道和储存场所，也可能被岩脉或矿脉充填。

（2）剪节理

剪节理为岩石在剪应力作用下形成的节理，节理面与最大主应力方向斜交，交角一般小于45°。一般为构造节理，由构造应力形成的剪切破裂面组成。粗碎屑岩中的粗砂和砾石等颗粒常被切断。剪节理发育较为密集，即节理间距小、频度高。剪节理常同时出现两组，彼此互相交叉切割，两组共轭剪节理的夹角接近90°时构成共轭"X"形剪节理系。

3. 按与岩层产状的关系分类

节理按其与岩层产状的关系可分为走向节理、倾向节理、斜向节理和顺层节理4种。

走向节理：节理走向大致平行于岩层走向。

倾向节理：节理走向大致垂直于岩层走向。

斜交节理：节理走向与岩层走向斜交。

层节理：节理面与岩层的层面大致平行。

4. 节理按其走向与所在褶曲的轴向的关系分类

节理按其走向与所在褶曲的轴向关系分为纵节理、横节理和斜节理。

纵节理：节理走向与褶曲轴向大致平行。

横节理：节理走向与褶曲轴向近于垂直。

斜节理：节理走向与褶曲轴向斜交。

（三）节理的发育程度分级

按节理的组数、密度、长度、张开度及充填情况，可对节理发育情况分级。

（四）节理的统计方法与玫瑰花图

1. 节理的统计方法

为反映节理分布规律及对岩体稳定性的影响，需要进行节理的野外调查和室内资料整理工作，并利用统计图式，把岩体节理的分布情况表示出来。

调查时应先在工作地点选择一具代表性的基岩露头，对一定面积内的节理进行调查，调查应包括以下内容：①节理的成因类型、力学性质。②节理的组数、密度和产状。节理的密度一般采用线密度或体积节理数表示，线密度以"条 /m"为单位计算，体积节理数用单位体积内的节理数表示。③节理的张开度、长度和节理壁面的粗糙度。④节理的充填物质及厚度、含水情况。⑤节理发育程度分级。

2. 节理玫瑰花图

节理玫瑰花图可分为节理走向玫瑰花图、节理倾向玫瑰花图和节理倾角玫瑰花图三种。

节理倾向、倾角玫瑰花图的绘制方法与节理走向玫瑰花图大同小异，只不过因为每条节理的倾向、倾角只有一个数值，因此作图时要用整个圆。倾角玫瑰花图可和倾向玫瑰花图绘在一个图内，用不同的颜色分别代表倾向和倾角玫瑰花图。这样的图可同时了解节理的倾向和倾角。

三、断层

（一）断层的概念

断层是指岩体在构造应力的作用下发生断裂，且断裂面两侧岩石有显著相对位移的断裂构造。断层的规模有大有小，大的可达上千千米。断层不仅对岩体的稳定性和渗透性、地震活动和区域稳定有重大的影响，而且是地下水运动的良好通道和汇聚的场所。在规模较大的断层附近或断层发育地区，常赋存有丰富的地下水资源，同时也是地层不稳定的地带以及地震多发的地带。

（二）断层要素

断层通常由以下几个要素组成。

1. 断层面和破碎带

两侧岩块发生显著位移的破裂面称为断层面。断层面可以是一个平面，也可以是曲面。断层面产状的测定和岩层层面的产状测定方法一样。断裂面往往形成一定宽度的断层破碎带，而且断层面上往往有擦痕。断层破碎带中常形成糜棱岩、断层角砾、断层泥及富水等特征。

2. 断层线

断层线是指断层面（或带）与地面的交线。断层线表示断层的延伸方向，它的长短反映了断层所影响的范围，断层线常是一条平直的线，但也有不少是曲线或波状线。断层线的形状取决于断层面的形态、产状以及地形条件。对于比较平直的断层面，在较大比例尺的地质图中，可用"V"字形法则来追索和分析断层线的形状。

3. 断盘

断盘是指断层面两侧发生显著位移的岩块。当断层面是倾斜的，位于断层面上边的岩块称为上盘，下边的这一盘称为下盘。如平移断层南北走向，则位于断层线东边的岩块称为东盘，西边的称为西盘。还可按断层两盘相对位移的关系，把相对上升的岩块称为上升盘，相对下降的岩块称为下降盘。

4.断距

断距是指断层两盘相对位移离开的距离。两盘相对位移离开的实际距离又称为真断距或总断距。总断距的水平分量称为水平断距，总断距的垂直分量称为垂直断距。

（三）断层的分类

断层的分类方法很多，可根据断层两盘相对错动，断层面产状与两盘岩层的产状关系，断层面产状与褶皱轴线（或区域构造线）的关系，以及断层的力学性质来进行分类。

（四）断层的野外识别

断层的存在，在大多数情况下对工程建筑是不利的。为了采取措施防止断层的不良影响，首先必须识别断层的存在。凡发生过断层的地带，往往其周围会形成各种伴生构造，并形成有关的地貌现象及水文现象。由于断层面两侧岩体产生了相对位移，在地表形态和地层构造上，反映出一定的特征和规律性，这便给在野外识别断层提供了依据。

1.是否存在断层的识别

有无断层最有说服力的证据是：断层最主要的特点是岩石断开并发生移动。而认识断层的存在一是要找到断层面或断层破碎带的存在，二是要找到两盘岩石被移动的证据。

对于因风化剥蚀而成为低凹的地形，其上又覆盖了后期松散沉积物，不能直接看到断层，但可根据断层的野外特征及一些异常现象来判定它的存在。

2.断层的野外特征

（1）地形地貌上的特征

陡峭的断层崖、沟谷和峡谷地貌，以及山脊错断、断开，河谷跌水瀑布，河谷方向发生突然转折等，很有可能是断裂错动在地貌上的反映。

（2）地层特征

若岩层发生不对称的重复或缺失，岩脉被错断，或者岩层沿走向突然中断，与不同性质的岩层突然接触等地层方面的特征，则进一步说明断层存在的可能。

（3）断层面特征

断层的伴生构造是断层在发生、发展过程中遗留下来的痕迹。常见的有牵引弯曲、断层角砾、糜棱岩、断层泥和断层擦痕。这些伴生构造现象是野外识别断层存在的可靠标志。另外，有泉水、温泉呈线状出露的地方有可能存在断层，而且可能是逆断层。

（4）其他标志

断层的存在常常控制水系的发育，并可引起河流急剧改向，甚至发生河谷错断现象。湖泊、洼地呈串珠状排列，往往意味着大断裂的存在；温泉和冷泉呈带状分布，往往也是断层存在的标志；线状分布的小型侵入体也常反映断层的存在。

3.活动性断裂的判别标志

活动性断裂的判别标志主要有：①全新世以来的第四系地层中发现有断裂（错动）或与断裂有关的伴生褶曲。②断裂带中的侵入岩浆其绝对年龄小，或者对现场新地层有扰动或接触烘烤剧烈。③沿断层带的断层泥及破碎带多未胶结，断层崖壁可见擦痕和错碎岩粉。④在断层带附近地区有现代地震、地面位移、地形变化以及微震发生。⑤沿断裂带地热、地磁及各种气体数值一般偏高。

在实际工作中遇到上列几条有充分依据来判断活动性断裂的情况是不多的。为此，必须在谨慎、小心、细致的工作中，寻找一些间接地质现象来作为判断活动性断裂的佐证。比如，活动性断裂常常表现在山区和平原有长距离的平滑分界线，沿分界线常有沼泽地、芦苇地呈串珠状分布，泉水呈线状分布；泉水有温度升高和矿化度明显增大的现象；有一定规律、形态完整的地表构造地裂缝；在断层面上有一种新的擦痕叠加在有不同矿化现象的老擦痕之上。另外，由断层新活动引起河流横向迁移、阶地发育不对称、河流袭夺、河流一侧出现大规模的滑坡、文化遗迹的变位、植被被不正常干扰等，都是活动性断裂带来的特征。

第六节 地质构造对工程的影响

一、褶皱构造对工程的影响

褶皱构造对工程建筑有以下几方面的影响：①褶曲核部岩层由于受水平挤压作用，产生许多裂隙，直接影响到岩体完整性和强度，在石灰岩地区还往往使岩溶较为发育，所以在核部布置各种建筑工程，如路桥、坝址、隧道等，必须注意防治岩层的坍落、漏水及涌水问题。②在褶曲翼部布置建筑工程时，如果开挖边坡的走向近于平行岩层走向，且边坡倾向与岩层倾向一致，边坡坡角大于岩层倾角，则容易造成顺层滑动现象。如果开挖边坡的走向与岩层走向的夹角在40°以上，两者走向一致，且边坡倾向与岩层倾向相反或者两者倾向相同，但岩层倾角更大，则对开挖边坡的稳定较有利。因此，在褶曲翼部布置建筑工程时，应重点注意岩层的倾向及倾角的大小。③对于隧道等深埋地下工程，一般应布置在褶皱的翼部，因为隧道通过均一岩层有利稳定，而背斜顶部岩层受张力作用可能塌落，向斜核部则是储水较丰富的地段。

二、节理构造对工程的影响

节理与地面和地下工程的关系都很密切，主要表现在以下几个方面：①节理破坏了岩石的整体性，增大了地下硐室和坑道顶板岩石垮塌的可能性，同时也增加了施工的难度。因此，设计和施工中应考虑避开节理特别发育的地段。对地表岩石来说，大气和水容易进入节理裂隙中，从而加剧岩石的风化。故当主要节理面与坡面倾向近相一致，且节理倾角小于坡角时，常引起边坡失稳。②节理可能成为地下水运移的通道，导致矿井、地下建筑施工过程中发生突水事故。同时，节理裂隙还可能作为煤矿中瓦斯运移的重要通道。③若节理缝隙被黏土等物质所充填润滑，节理面成为软弱结构面，从而使斜坡体易沿节理面产生滑动，工程施工中对此须予以高度的重视。④在挖方和采石时，可以利用节理面，以提高工效。⑤在节理发育的岩石中，有可能找到裂隙地下水作为供水资源。⑥直接坐落在岩石上的高层建筑的浅基础需要凿除裂隙发育面。⑦高荷载水平的桩基持力层入岩深度，宜选在裂隙相对不发育的中风化或微风化基岩中。

三、断层构造对工程的影响

岩层（岩体）被不同方向、不同性质、不同时代的断裂构造切割，如果发育有层理、片理，则情况更复杂。所以，岩体被认为是不连续体。不连续面是断层、节理、层面等，又称结构面。

作为不连续面的断层是影响岩体稳定性的重要因素，这是因为断层带岩层破碎强度低，另一方面它对地下水、风力作用等外力地质作用往往起控制作用。断层对工程建设十分不利。特别是道路工程建设中，选择线路、桥址和隧道位置时，应尽可能避开断层破碎带。

断层发育地区修建隧道最为不利。当隧道轴线与断层走向平行时，应尽可能避开断层破碎带；而当隧道轴线与断层走向垂直时，为避免和减少危害，应预先考虑支护和加固措施。由于开挖隧道代价较高，为缩短其长度，往往将隧道选在山体比较狭窄的鞍部通过。从地质角度考虑，这种部位往往是断层破碎带或软弱岩层发育部位，岩体稳定性较差，属于地质条件不利地段。此外，沿河各段进行公路选址时也要特别注意与断层构造的关系。当线路与断层走向平行或交角较小时，路基开挖易引起边坡发生坍塌，影响公路施工和使用。

选择桥址时要注意查明桥基部位有无断层存在。一般当临山侧边坡发育有倾向基坑的断层时，易发生严重坍塌，甚至危及邻近工程基础的稳定。

第四章 工程地质问题

第一节 坝的工程地质问题

人类为了开发资源，兴建了各种类型的工程建筑物，如拦河坝、溢洪道、隧洞、桥涵等。而所有这些建筑物都修筑在地壳表层，由于各处地质条件的差异，在自然界很难找到完全适合工程建筑要求的地质条件，总会不同程度地存在着影响建筑物安全稳定与正常运行等方面的地质问题。

所谓工程地质问题，是指建筑区的工程地质条件在某些方面不能满足工程建筑物的要求而存在的地质缺陷和问题。在工程建设中，常遇到的工程地质问题主要有以下几个方面：①坝的工程地质问题。主要包括坝（闸）基的沉降稳定、坝基（肩）的抗滑稳定、坝区渗漏及坝基（肩）渗透稳定等问题。②水库的工程地质问题。主要包括水库的渗漏、浸没、塌岸及边岸再造和淤积，以及水库诱发地震等问题。③输水及泄水建筑物的工程地质问题。主要包括渠系建筑物的线路选择、渗漏、稳定问题；岩质边坡稳定问题；隧洞及地下硐室的渗漏、围岩稳定，设计及施工地质问题等。④道路工程地质问题。主要包括路基边坡、路基基地稳定问题，道路冻害问题，天然建筑材料问题。⑤桥梁工程地质问题，主要包括桥墩台地基稳定性问题，桥墩台的冲刷问题，桥址选择问题。

水工建筑物主要由挡水建筑物（拦河坝、闸、堤防工程）、取水和输水建筑物（进水闸、引水隧洞、引水渠系建筑物）以及泄水建筑物（溢洪道、泄洪洞）等三大部分组成。

拦河大坝作为水利枢纽的主体建筑物，它拦蓄河水，抬高水位，承受巨大的水平推力和其他各种荷载，为了维持平衡稳定，坝体又将水压力和其他荷载以及本身的重力传递到地基或两岸的岩体上，因而岩体所承受的压力是很大的，另外，水还可渗入岩体，使某些岩体产生溶解、软化、泥化，以及不利于坝体稳定的扬压力。因此，大坝建筑对地基岩体的稳定条件有着很高的要求。由于坝区岩体中存在的某些地质缺陷，可能导致产生的工程地质问题主要有坝基稳定问题（包括沉降稳定、抗滑稳定和渗透稳定）和坝区渗漏问题（包括坝基渗漏和绕坝渗漏）。所以，在大坝的设计和施工中，对坝基或坝肩的岩体进行工程地质条件的分析研究是非常重要的，它的安全稳定常是决定水利水电工程成功的关键。

一、不同坝型对工程地质条件的要求

坝的种类很多，如土石坝、重力坝、拱坝、支墩坝等。由于不同类型坝的结构与工作特点不同，故对地质条件的适应性和要求也不同。

（一）土石坝对工程地质条件的要求

土石坝是土坝和堆石坝的总称，主要是用各种土料和石料堆筑而成的一种坝型，因而也称为当地材料坝。这类坝的坝体断面较宽，呈梯形，对地基的压应力较小，加上坝体是柔性的，能适应地基一定程度的变形，故对地质条件要求较低。除有活动性断层、顺河向大断层、淤泥质土、软黏土及巨厚强透水层等不良地质条件的地区不宜建坝外，在其他地区均可修建。堆石坝对地基要求比土坝要高些，在中等风化和微风化的基岩或受荷载作用无明显沉降的砂砾石层上均可建堆石坝。土石坝适合于 U 形宽谷，由于坝顶不能溢流，因此要选择合适的地形地质条件设置溢洪道或泄洪洞。

土石坝存在的主要工程地质问题是渗漏、地下潜蚀等问题。因此，地基最好由不透水岩层组成，否则应进行清基和防渗处理，如设置防渗墙、帷幕灌浆或黏土铺盖等，以保证坝基的稳定性。此外，这种坝型土石方需要量大，要求坝址附近有能满足工程需要的天然建筑材料。

（二）重力坝对工程地质条件的要求

重力坝通常采用的有混凝土重力坝和浆砌石重力坝。它的基本剖析面呈三角形，该类型坝的特点是依靠坝本身的重力来保持坝体稳定，重力愈大，稳定性愈高。这就要求地基具有较高的强度以支持坝体的重力。同时，坝基岩体应具有较大的抗剪强度以加强抗滑稳定性。这是重力坝对工程地质的两个重要要求。显然，软土地基对建造重力坝是不合适的。此外，坝下若存在软弱结构面、节理密集带和断层破碎带，则重力坝的稳定将受到很大影响。

另外，重力坝要求岩体透水性小，不产生坝基渗漏或绕坝渗漏。否则，要求进行防渗处理。

由于这种坝的体积巨大，所需的天然建筑材料数量也很大且质量要求高，所以天然建筑材料的质量，常是确定这种坝型的重要依据之一。

（三）拱坝对工程地质条件的要求

拱坝是一种平面上呈拱形凸向上游的坝型。坝体承受的水压力主要通过拱的作用传递给两岸岩体，依靠岸边岩体的支撑力保持它的平衡。少部分荷载则依靠悬臂梁的作用传递到地基。拱的作用越显著，坝的厚度越小，所以拱坝是一个超静定空间壳体结构，其超载能力大。

拱坝对坝基和两岸接头部分的岩体变形极为敏感，故拱坝对地形地质条件的要求更高，除与重力坝的要求相同外，尚需注意以下几点：①拱坝对两岸岩体的稳定性要求最高。首先要求两岸地形完整，不能有冲沟切割，要求有足够厚的山体以保证坝肩的稳定。②由于拱坝应力集中，要求两岸及河床岩石新鲜完整，两岸岩体的弹性模量均一，并尽量使岩体与混凝土的弹性模量相近。③要特别重视两岸坝肩发育的与河流大致平行的陡倾断层、裂隙等软弱结构面，以及与其他缓倾角软弱结构面的组合，它们往往构成坝肩最危险的滑动边界条件。

除上述三种坝型外，还有一种由一些支墩和挡水盖板互相组合构成的支墩坝，其类型随组合形式的不同而各异。支墩坝适合修建于宽而浅的河谷地形，它对工程地质条件的要求比拱坝要低，但一般也应修建在岩基上，因为各支墩不允许有不均匀沉降。对工程地质条件其他方面的要求，与拱坝和混凝土重力坝相似

二、坝（闸）基沉降稳定分析

（一）沉降稳定的概念

坝（闸）基的沉降稳定问题是指坝（闸）基岩体在建筑物自重及其他荷载的作用下，所产生的压缩变形（沉降量）及不均匀变形（沉降差）的问题一般均匀的小量沉降变形不致对坝体的安全稳定构成威胁，但当地基沉降量特别是不均匀沉降量超过允许限度时，将影响建筑物的正常运用，甚至发生倾斜、开裂或破坏。

1. 土石坝的沉降稳定问题

土石坝对地基的压缩变形要求不高，容易得到满足。当这类坝建立在岩基上时，一般说沉降稳定问题不大。当建在土基上时，要查清坝基中（包括影响范围）有无高压缩性土层（如淤泥质土、软黏土等）存在。

2. 砌石及混凝土坝的沉降稳定问题

砌石及混凝土坝自重较大，往往对地基的要求较高，一般都建在岩基上。当坝基岩体中存在软弱夹层、断层破碎带、厚的风化层或深风化槽时，或者因为坝基岩石本身性质软弱，都可能在坝体重力作用下发生超过允许的压缩变形或不均匀沉降，甚至导致地基的破坏。

（二）影响坝基岩体压缩变形的地质因素

坝基岩体的压缩变形量除与建筑物类型和规模有关外，主要受坝基地质条件的影响：

1. 岩性软硬不一

坝基或两岸岩体的岩性软硬程度不相同，变形模量相差悬殊。

2. 存在着软弱结构面

坝基或两岸岩体中存在软弱夹层、强风化层或较大的断层破碎带、节理密集带、松弛张裂带等软弱结构面，尤其当张开性裂隙发育且裂隙面大致垂直于压力方向时，易产生较大的沉降变形。

3. 存在着溶蚀溶洞

坝基或两岸岩体内存在潜蚀淘空或溶蚀洞穴现象，产生塌陷而导致不均匀变形。

此外，上述软弱岩层和软弱结构面的产状及其在坝基下的分布位置对岩体变形也有显著影响。当软弱岩层产状平缓且位于坝基表层，就易产生较大的沉降变形；当软弱岩层位于坝址附近，受压易引起坝址产生沉降变形，并导致坝身向下游歪斜倾覆；当软弱岩层位于坝踵附近时，则容易导致岩体的拉裂。

（三）坝基容许承载力的确定方法

为了保证建筑物的安全和正常运行，应将坝基的沉降变形限制在一定范围，在工程中研究坝

基沉降稳定性时，常采用地基容许承载力指标去评价岩基的稳定性。所谓容许承载力，是指在保证建筑物安全和正常使用的前提下，地基所能承载的最大荷载压力。岩石地基承载力的确定主要有现场载荷试验法、经验类比法以及折减系数法

1. 现场载荷试验法

指按岩体实际承受工程作用力的大小和方向进行的原位测试，这种方法比较接近实际、准确可靠，试验测试指标如岩体弹性模量、变形模量及泊松比等，可用于计算坝基沉降量。但试验较复杂、费用较高，多用于大中型工程。

2. 经验类比法

指根据坝基的工程地质条件，参考条件相似、已建成的工程经验数据进行比较选取。

3. 折减系数法

折减系数法是根据单块饱和岩石的极限抗压强度乘以折减系数确定岩体容许承载力。

三、坝基的抗滑稳定问题

坝基岩体的受力状态是复杂的，既承受着垂直方向的作用力，还承受各种侧向推力及渗透压力和地震力等。坝基岩体的抗滑稳定性，除取决于上述各种力的综合作用外，还取决于岩体本身的地质条件。

（一）坝基岩体滑动破坏的类型

坝基岩体滑动破坏往往发生在坝体与基岩接触面附近或坝下内部，按滑动面发生位置的不同，坝基岩体滑动的形式可分为三种类型。

1. 表层滑动（接触滑动）

表层滑动（接触滑动）是指发生在坝体沿坝底与坝基岩体的接触面之间的剪切滑动形式。当坝基岩体坚硬完整，不具备可能沿之滑动的软弱结构面，但因施工质量差，比如基础处理或清基工作质量差或坝体混凝土强度远低于岩体强度时，也可能发生这种类型的滑动。

2. 浅层滑动

浅层滑动是指发生在坝基岩体中浅层部位的滑动形式。造成这种滑动的原因是：坝基表层岩体较软或风化破碎，清基不彻底，以致岩体强度低于坝体混凝土强度时则剪切破坏可能沿坝基岩体浅部发生，滑动面往往参差不齐。国内大型的混凝土坝对地基处理要求严格，故极少发生这种滑动，而有些中小型水利工程因清基不彻底，容易发生这类滑动。

3. 深层滑动

深层滑动是指发生在坝基岩体内较深部位，沿软弱结构面产生的滑动破坏形式。因此，只有当坝基内部存在软弱夹层，且按一定组合形成分离体时才有可能发生深层滑动，有时虽未形成分离体，也可局部剪断岩石而产生滑动破坏。大型工程应注意这个问题。

此外，由于坝基应力的不均匀分布、地质条件的复杂性，以及施工质量的差异，有时会出现上述三种类型组合成的混合滑动。

（二）坝基岩体滑动的边界条件

坝基岩体的深层滑动，除必须存在可能成为滑动面的软弱结构面外，还需具备将岩体切割分离成不稳定滑移体的其他结构面，同时下游应有可供滑出的自由空间，这样才能形成滑动破坏即岩体滑动的边界条件应具有滑动面、切割面、临空面。

1. 滑动面

滑动面指坝基岩体发生滑动破坏时，滑移体沿之滑动并产生较大剪应力及摩阻力的结构面。坝基抗滑能力主要取决于滑动面的工程地质特性，因此，应重视选定滑动面的抗剪强度参数。

2. 切割面

切割面是指使滑移体与周围岩体分离的结构面，可分为沿滑移方向的纵向（或侧向）切割面和垂直滑移方向的横向切割面，它们是由倾角较陡甚至直立的结构面构成的。纵向切割面因其走向大致平行于向下游的推力方向，其上一般法向应力很小或没有，故在分析和计算中，通常不考虑它的侧向阻滑作用。但是在侧向切割面不发育或延伸不长或与滑动方向有一定的交角时，则侧向阻滑作用相当明显。如陕西石门拱坝抗滑稳定计算中，考虑了侧向切割面的阻滑作用，对减少坝体工程量起了一定的作用。当滑动面向一岸倾斜时，侧向切割面的阻滑作用更为明显，如云峰水电站就是这种情况。横向切割面走向大致垂直于水平推力，当岩体下滑时，它承受拉应力将岩体拉裂。

3. 临空面

临空面是指岩体与变形空间相临的面。变形空间一般指滑移体向之滑动不受阻力或阻力很小的自由空间。临空面可分为两类：一类是水平临空面，多为下游河床地面；另一类是陡立临空面，如下游河床的深潭、深槽、冲刷坑等构成的临空面。

另外，在滑移体的下方有与滑移方向近于正交的断裂破碎带、节理密集带、较厚的软弱夹层等存在时，因可以发生较大的压缩变形，所以也能起到临空面的作用。

上述岩体滑动的边界条件，随着结构面的组合不同，可将不稳定岩体切割包围成各种形状的滑移体。常见的滑移体形态有楔形、棱柱形、锥形、方块形及板状体等。

对坝基岩体滑动的边界条件及滑移体类型的分析，实质上就是对坝基岩体抗滑稳定性的定性评价，也是进行力学分析计算的基础。显然这些工作都是建立在对坝基工程地质条件调查研究的基础上进行的。若经过分析证明，坝基岩体不具备可能滑动的边界条件，则岩体是稳定的。这三种边界面的特性条件，是岩体滑动必备的边界条件，三者缺一，则岩体不能滑动或不易滑动。

应该指出，上述分析无论对坝基岩体，还是对边坡及隧洞围岩的稳定分析都是适用的。

坝肩岩体滑动的边界条件分析：坝肩岩体的稳定是拱坝坝体稳定的关键。一般情况下，拱坝坝肩下游支撑拱座岩体的失稳破坏，除沿风化破碎的单薄岩体外，主要是沿顺河方向的软弱结构面向下游河床方向滑动。尤其应注意岸坡可构成横向临空面的地形条件，它们的存在对坝肩岩体稳定性很不利。

（三）坝基岩体抗滑稳定性计算中主要参数的选择

目前国内对抗剪强度指标的选择与确定，一般用三种方法：验数据法、工程地质类比法、试验法。

总之，在实际工作中，计算参数的选定是较复杂的问题，往往需要工程地质人员与试验人员、水工设计人员共同研究协商，综合考虑各种影响因素而确定。

四、坝区渗漏问题

（一）渗漏类型与危害

水库蓄水后，在大坝上、下游水位差的作用下，当坝基（肩）岩体中有渗透水通道（如连通的孔隙、裂隙、断层、溶洞等）时，库水将通过坝基岩体向下游渗漏，称坝基渗漏；当坝肩岩体中有渗透水通道时，库水通过两岸坝肩岩体向下游渗漏，称绕坝渗漏。二者统称坝区渗漏坝区渗漏不但减少水库蓄水量，严重的渗漏会导致水库不能蓄水，直接影响工程的效益，而且因强大的渗透水流作用，会降低坝基（肩）岩体的稳定性，使坝基产生渗漏变形，危及大坝安全。

（二）坝区渗漏的工程地质条件分析

坝区渗漏形式可分为均匀渗漏和集中渗漏两种均匀渗漏是通过透水层（松散的砂砾石层、基岩中存在的均匀分布的密集裂隙）产生的渗漏；而集中渗漏是通过透水带（如较大的断层破碎带和岩溶通道）的渗漏。对坝区渗漏的研究主要是查明有无渗漏通道的存在，再根据具体情况采取相应的防渗措施。

1. 松散岩层的渗漏分析

坝区的渗漏内常见的松散岩层有冲积层、洪积层等。坝基渗漏主要通过古河道、河床和阶地内的砂砾石及卵石层。其颗粒粗细在纵向和横向变化较大，出露条件也各式各样，这些都影响渗漏量的大小如果砂砾石层上有足够厚度、分布稳定的黏土隔水层，就等于天然铺盖，可起到防渗作用在山区、半山区河谷两岸常有一些坡积物和洪积物，当其颗粒较粗时，常构成良好的渗漏通道。因此，在研究松散层坝区渗漏问题时，应查清土层在垂直方向和水平方向的变化。

2. 坚硬岩体的渗漏分析

在基岩坝址区，主要是查明透水层和透水带的分布、产状及出露情况等。在岩浆岩和由岩浆岩变质而成的变质岩分布区，坝区渗漏的主要通道是断层破碎带、连通的节理密集带及表层风化带等；喷出岩中串通的气孔、原生节理、间歇面等也都是漏水通道。沉积岩和由其变质而成的变质岩分布区，除断层破碎带、节理密集带外，尤其要注意透水层（如砂砾岩层、古风化壳等）的岩性及产状，如在倾斜构造或褶皱构造发育的沉积岩地区，常见的河谷构造有纵谷、横谷和斜谷三种形式。

（1）纵谷

指河流流向与岩层走向平行的河谷，因坝轴线与不同岩层的走向垂直，如有渗漏岩层或顺河向断层，坝轴线很难向上游或下游调整避免产生渗漏特别是坝肩上下游有沟谷地形时，则更易造成水库的大量渗漏。

（2）横谷

指河流流向与岩层走向垂直的河谷。因坝轴线与岩层的走向平行，故可用调整坝轴线位置的方法来避开渗漏通道。但如有沟谷地形，倾向下游的透水岩层仍可形成绕坝渗漏。

（3）斜谷

指河流流向与岩层走向斜交的河谷。它是上述纵谷和横谷的过渡类型。一般河流流向与岩层走向夹角越小，且岩层倾向下游时，产生坝基或坝肩渗漏的可能性越大。

在岩溶地区，一定要查清岩溶的发育程度及分布规律，因为岩溶区一旦发生渗漏，就会影响水库蓄水，严重的岩溶渗漏，将使水库完全不能蓄水。

（三）渗透水流对坝基（肩）岩体稳定性的影响

坝区渗漏不仅损失库水，而且渗透水流还可能对坝基（肩）岩体造成渗透破坏。渗透水流对岩体稳定的不利影响主要有：对坝基（肩）岩体产生渗透压力，恶化岩土体的工程地质性质，导致坝基（肩）岩土体产生渗透变形等。

1. 作用在坝基岩土体上的渗透压力

坝基渗流与绕坝渗流具有渗透压力和动水压力，渗透压力是指渗透到坝基下的水流在上、下游水头差的作用下对岩体产生的水压力，其大小等于该作用点的水头高度乘以水的重度。在滑动面上渗透压力是扬压力的主要组成部分（扬压力包括浮托力和渗透压力）。它抵消一部分坝体重力（尤其是重力坝），从而降低了坝基的抗滑稳定性。

2. 恶化岩土体的工程地质性质

渗透水流可导致某些抗水性较差的岩层，特别是软弱岩层（如页岩、泥岩、风化带、软弱夹层及断层破碎带等）产生软化或泥化现象，从而造成岩石的强度降低。

3. 导致坝基（肩）岩土体产生渗透变形

坝基岩土在渗透压力作用下，引起土体颗粒或裂缝充填物颗粒移动、结构变形或破坏的现象，称为渗透变形。其形式主要有潜蚀（管涌）和流土。在松散土基或岩体软弱结构面中，由于渗透水流的作用，可将其中一些细小颗粒带走，使岩土体中形成一些空洞，这种现象叫机械潜蚀（或称机械管涌）。如四川陈食水库，坝基为侏罗系的砂岩和泥岩，有一部分坝基位于节理发育且已风化的泥岩上，由于未采取必要的防渗措施，基础清基又不彻底，蓄水后在拱的背后出现浑水现象。结果潜蚀形成高 15 m、宽 8 m 的冲蚀洞，造成库水迅猛下泄成灾。岩土中可溶成分被渗透水流溶蚀带走形成空洞的现象，叫化学潜蚀（或称化学管涌）。如葛洲坝闸基岩体泥化夹层的渗透试验证明，由于渗透溶蚀，泥化夹层部位的碳酸钙成分比上下层位都低，但游离的铁、铝氧化物含量却比上下层位高，表明可溶的碳酸盐类物质已被溶解带走。

当穴居动物（如各种狸、田鼠、蚂蚁、蚯蚓等）破坏土体结构，在大堤内外构成通路时，也可形成管涌，称为生物潜蚀。如我国的黄河大堤曾出现过这种现象。发生在坝下游松散土基表层，在动水压力作用下发生成片土体浮动，甚至被冲走的现象，称为流土。

上述这些渗透变形现象，其结果将改变坝基（肩）岩土体的组成结构，使其强度降低，甚至丧失承载力，引起沉降变形而危及坝体的安全。

（四）常见的防渗措施

为了保证坝区不产生渗透变形和控制渗流量，可采用截水墙、帷幕灌浆、铺盖法、防渗井、堵塞法、围井或隔离法等措施。

1. 截水墙

截水墙通常包括黏土截水墙和混凝土截水墙。

（1）黏土截水墙

一般用于透水性很强、抗管涌能力差、厚度不大的砂砾石层。砾石层的厚度以不超过10～15 m为宜，开挖施工方便，防渗效果好。这种截水墙填筑时须穿过砂砾石，嵌入坝基、坝肩不透水层，使土坝心墙或斜墙通过截水墙与不透水层相连。截水墙的底宽，一般不小于坝上、下游水位差的1/5～1/10，太窄会影响防渗效果，也不便于施工。

（2）混凝土截水墙

对于透水性很强的砂砾石坝基的防渗，多采用混凝土截水墙、常用的施工方法是槽孔法，用钻机造孔。截水墙的顶部应深入坝身截水体内，其深度一般为1/6水头。截水墙的底部应嵌入岩基0.5～1.0 m。若两坝端分布有透水层，应将截水墙嵌入两岸，截断透水层，防止绕坝渗漏。

2. 帷幕灌浆

当坝基砂砾石层较厚，修筑截水墙施工较困难时，可采用灌浆法。此方法是将水泥黏土浆或水泥浆液灌入砂砾石层的孔隙中，形成帷幕式防渗体，一般防渗效果较好。对于较薄的砂砾石透水层，由于不能承受高压，不宜采用灌浆防渗。

3. 铺盖法

当坝基由深层的砂砾石层构成，做截水墙或帷幕灌浆很困难时，可在坝上游设置黏土铺盖。铺盖长度取决于材料的透水性、坝基透水层的厚度及水头的高低等因素，可根据透水层的厚度丁与作用水头的比值确定。

铺盖厚度主要取决于土料和地基的透水性质。其首端厚度通常采用1 m，末端厚度可采用2.5～3.0 m，铺盖能满足一定的防渗要求，但效果不如截水墙和帷幕灌浆防渗措施好，往往还需要在下游结合其他防渗措施进行排水减压。

4. 防渗井

防渗井适用于处理断层破碎带，断层破碎带虽然岩石极为破碎，但是，有时含泥较多，可灌性很差，采用灌浆处理起不到良好效果，故常采用防渗井。防渗井就是将断层破碎带的物质挖出，回填混凝土。有时防渗井和帷幕灌浆结合使用，效果更好。

5. 堵塞法

坝基在岩溶地区，存在有单个分布的直径较大或深层较大的洞穴、宽缝带破坏了地基岩体的均一性，如果洞穴、宽缝带有充填时，也会导致局部地基承载力降低，在荷载作用下使洞顶塌陷造成不均匀沉降；如果洞穴、宽缝带无充填或半充填时，会形成地下通道或落水洞，使库水产生严重渗漏，损失水量或产生机械管涌。此时可采用堵塞法进行防渗。

在查明坝基的直径较大或深层较大的洞穴、宽缝带的位置之后，在其进口或通道的咽喉部位加以堵塞。堵塞材料可采用块石、砂、黏土和混凝土等。当采用当地材料堵塞时，堵体应设置反滤层，上部用黏土夯实封盖，但是，对于受地下水位升降影响产生巨大气压和水压的洞口，在进行堵塞时，必须同时采取排水措施，防止气、水冲破堵体。

6. 围井或隔离法

坝基在岩溶地区，由于存在着反复泉或直径较大的落水洞。前者由于雨季时地下水冒出，枯水季消失，在冒水时有一定的压力，采用铺盖和堵塞防渗效果不好。后者由于洞的宽度或深度较大。堵塞困难或工程量大，采用围井法处理较为合适。其方法是在反复泉或落水洞的周围，修筑围井。当水头不高时，围井可用黏土砌筑；当水头较高时，围井则需要用混凝土或浆砌条石砌筑。围井的高度应高出水库最高水位。如广西香梅水库在反复泉出口处修一烟筒状围井，井口略高出库水位，起到了良好的隔水作用。

当库内个别地段落水洞集中分布，或溶洞较多，分布范围较大。采用铺、堵、截、围的方法处理均较困难，则可采用隔离法，用隔堤把渗漏地带与水库隔开。

五、坝基处理措施

在生产实践中能够通过综合比较选择最优的坝址，但是任何一个选定的坝址，都是天然存在的岩体，是自然历史的产物，它长期经历了各种地质作用的侵袭与变化，其工程地质条件都不会完全符合建筑设计的要求，总会存在着这样或那样的不良工程地质问题。

为了保证建筑物的稳定和正常使用，就需要采取一定的工程处理措施，以消除不利地质因素对建筑物的影响。因此，坝基处理是水利水电工程建筑中一项非常重要、必不可少的环节。对于不良工程地质问题，常用的处理措施主要包括清基开挖、陡倾断层及破碎带的处理、岩层裂隙的处理、缓倾软弱夹层及破碎带处理等。

（一）清基开挖

清基开挖就是将坝基表部节理发育的岩层、松散软弱夹层、断层破碎带、风化破碎的岩层及浅部的软弱夹层等开挖清除掉，使坝体放在比较新鲜完整的岩体上。清除的深度应根据建筑物的等级、规模和坝的形式、要求以及岩层性质和构造特点而定。

对于混凝土重力坝来说，按规范要求，高于 70 m 的坝，坝基应开挖到微风化或新鲜岩层；当坝高为 30 ~ 70 m 时，应开挖到微风化或弱风化岩层的下部；而小于 30 m 的低坝，则可适当降低要求。对于风化速度较快的岩层，当基坑暴露时间较长时，应预留保护层或采取其他保护措施。清基时，应使基岩表面略有起伏，并尽可能向上游倾斜，以提高抗滑能力。如果岩层向下游倾斜，则应开挖出反向的台阶。在边岸附近开挖时，应注意坡脚被挖后是否会危及边岸稳定。此外，还应注意爆破对岩石的影响。

（二）陡倾断层及破碎带的处理

在水工坝基（肩）下存在倾角大于30°的断层破碎带、节理密集带、软弱夹层时，坝基（肩）会产生局部不均匀沉降或应力集中，使建筑物变形，产生集中渗漏、渗透变形，甚至可导致沿此面产生滑移，危及建筑物的安全。其处理方法可按断层缺陷对坝体、坝基构成的主要问题采取混凝土塞、混凝土梁、混凝土拱等。

混凝土塞是将断层破碎带挖除至一定深度后，回填混凝土，以提高地基的强度，一般沿破碎带并挖成倒梯形断面的槽子。开挖深度应根据坝基应力大小、破碎带宽度等因素计算确定，一般情况下可取宽度的 1 ~ 1.5 倍。此方法适用于宽度为 0.6 ~ 2.0 m 的断层。

当断层破碎带宽度较大时，如采用混凝土塞的办法，开挖及回填方量很大，则可采用混凝土梁或拱的结构型式，将荷载传至两侧坚硬完整岩体上。此方法适用于断层宽度为 2.0 ~ 4.0 m。

（三）岩层裂隙的处理

在岩体中裂隙是广泛存在的，一般靠近表部裂隙较多，既影响抗滑稳定，又易造成渗漏。而愈向深处，裂隙愈少，主要是影响渗漏。对于裂隙的处理，目前广泛采用灌浆的方法，按其在水工建筑物中所起作用可分为固结灌浆、接触灌浆以及帷幕灌浆三种类型。其灌入材料主要是水泥灌浆，此外还有黏土灌浆、化学灌浆（灌入丙凝、丙强、割凝环氧树脂等）。

1. 固结灌浆与接触灌浆

固结灌浆是通过在基岩中的钻孔，将适宜的具有胶结性的浆液（大多为水泥浆）压入基岩的裂隙或孔隙中，使破碎岩体胶结成整体以增加基岩的密实性、强度，我国几乎所有的混凝土坝基都采取这种措施，甚至有的土坝、堆石坝也采用固结灌浆加固坝基，都取得了良好效果。但当裂隙中有泥质充填时，则会出现"不吃浆"的现象，因而达不到固结的目的为此在灌浆以前，往往需要用一定的压力压入清水进行冲洗。

根据实践经验，灌浆孔一般布置成梅花形，孔距 1.5 ~ 3.0 m，视浆液扩散的有效范围而定孔深根据加固岩体的要求而定，浅孔固结灌浆一般为 5 ~ 8 m，最深不大于 15 m 目前大多采用风钻钻孔，这样比用钻机钻孔简便得多。在特殊情况下，如裂隙分布较深，也可进行深孔固结灌浆。

灌浆孔一般为直孔，有时为提高效果，也可布置成大致垂直于主要裂隙或其他软弱面的斜孔。

接触灌浆是专门针对基础与地基的竖直或高倾角接触部位的灌浆其目的是为了充填由于混凝土收缩而产生的空隙，加强其结合强度，改善其受力条件。施工中当坝体混凝土浇筑到一定高度后与固结灌浆同时进行。

2. 帷幕灌浆

帷幕灌浆是在受灌体内建造防渗帷幕的灌浆，是防止坝基渗漏的重要措施。防渗帷幕是在坝的迎水面附近打钻孔，将防渗材料配制的液体，以适当的压力灌入岩层的裂隙中，凝固后形成一道类似的阻水帷幕。其所使用的材料绝大多数是水泥浆，但当裂缝宽度小于 0.15 mm 时，水泥浆不易灌进；而地下水流速超过 120 m/d 时，则水泥浆易被冲走，以及地下水对水泥有侵蚀性时，均不宜用水泥浆灌注，可采用丙凝等其他化学材料灌浆，但价格昂贵。

帷幕灌浆孔的排数主要根据坝基地质条件和帷幕体的允许水力坡降而定。一般在坚硬致密、裂隙少、透水性弱的岩层中设置一排灌浆孔即可。在岩石破碎、节理裂隙发育、透水性强的地区应设置两排灌浆孔。如有大的断裂破碎带、裂隙密集带、强烈透水，则需设置两排以上的宽厚帷幕。

灌浆孔的孔距以使帷幕有连续性为原则，通常根据灌浆试验确定。当缺少灌浆试验资料时，一般可在 1.5 ~ 4.0 m 选用。

（四）缓倾软弱夹层及破碎带处理

当坝基（肩）下存在有规模较大的软弱破碎带时，如断层破碎带、软弱夹层、泥化层、囊状风化带、裂隙密集带等，且倾角小于 30°，则需要进行特殊的处理。

1. 明挖

当缓倾的软弱破碎带埋藏较浅时，可全部挖除，回填混凝土或钢筋混凝土，这样做安全可靠。

2. 洞挖回填

若缓倾的软弱破碎带埋藏较深则采用洞挖，深部开挖可配以竖井，挖除后回填，再进行固结灌浆和接触灌浆。为了减少工程量，在能满足工程条件的情况下，也可部分开挖。例如，当软弱破碎带倾向下游或上游时，可沿其走向每隔一定距离挖一平硐，硐的顶部和底部均嵌入坚硬完整岩石的岩层中，然后回填混凝土，形成混凝土键。如果当软弱破碎带倾向两岸时，则可沿其倾向每隔一定距离挖一斜井并回填混凝土，以提高其抗滑能力。

3. 锚固

由于地质条件等原因开挖软弱破碎带有困难时，还可以采用预应力锚固的方法，即用钻孔穿过软弱破碎面深入完整岩体一定深度，插入预应力钢筋或钢缆，使岩体承受反向压力，提高其抗滑强度。钢筋或钢缆周围（钻孔中）回填以水泥浆封闭。

此外，还有在坝的基础前部设置齿墙，用以切断软弱夹层的结构措施。总之，上述处理措施的选用，需要根据工程的具体要求和地质条件的特征而定，但大部分是综合采取各种措施，很少单独依靠某一种措施。

第二节 水库的工程地质问题

水库蓄水以后，水文条件发生了剧烈的变化，库区及邻近地区的地质环境也必然会受到影响，如果库区存在某些不利的地质因素，就会产生各种工程地质问题。水库的工程地质问题主要有水库渗漏、库区浸没、水库塌岸、水库淤积和水库诱发地震等几个方面。这是关系到水库工程达到预期效益、兴利还是遗害的大问题，应予以高度重视。所以，在进行坝址选择时，必须注意库区的工程地质条件，选择一个良好的库址。

一、水库的渗漏问题

（一）水库渗漏方式

水库渗漏按其性质可分为暂时性渗漏和永久性渗漏两种。

1. 暂时性渗漏

水库蓄水过程中，因浸润、饱和库盆内岩层而导致库水量的减少，称为暂时性渗漏。当库水位下降时，这部分水量可从地下流入库内，除因蒸发、蒸腾和土壤吸附作用的消耗外，它不会漏向库外。一般情况下，它只在一定程度上延缓了水库蓄满的时间，不影响水库的总库容，更不影响工程效益。暂时性渗漏量取决于被饱和岩（土）体的总体积及其空隙率和天然含水量。

2. 永久性渗漏

库水通过渗漏通道（库岸的分水岭）向库外邻谷或洼地的渗漏称为永久性渗漏。永久性渗漏直接导致库水量的损失。如云南水槽子水库，向远离水库 15 km、比水库低 1 000 m 的金沙江边的龙潭沟排泄。永久性渗漏量的大小关系着水库能否正常运行，严重者使水库只能起滞洪作用。工程地质工作的任务在于查清库区周围一切可能的渗漏通道，并估算其渗漏量。

（二）水库渗漏的地质条件分析

1. 地形地貌条件

一般来说，由透水岩层组成的单薄河间地块、邻谷或洼地地面高程低于水库正常高水位时，库水就产生渗漏；反之，若河间地块山体宽厚，邻谷下切较浅，甚至邻谷或洼地的地面高程高于水库正常高水位时，则库水很少或不会产生渗漏。

在基岩山区河谷应注意河谷急转弯处或分水岭上的低矮垭口，垭口底部高程必须高于水库正常高水位。坝口两侧或一侧山坡若发育有冲沟而使山体变薄，库水就很有可能沿冲沟取捷径向外渗漏，平原水库一般不会发生严重库水外渗，但应注意库水有可能通过河曲地段或古河床中的砂砾石层产生严重渗漏。

实践表明，水库内大的集中渗漏通道主要受库区地形、岩性、地质构造与水文地质条件所控制，在地形上常有反映，因此找出不利地形地段，就可缩小工作范围，加快勘察进程。

2. 岩性和地质构造条件

分析岩性和地质构造条件，目的在于判断库区有无库水向外渗漏的通道。如有渗漏通道沟通库区内、外，且在库区和邻谷（或洼地）的出露高程又都低于水库正常高水位，可能产生永久性渗漏。

（1）岩性条件

一般构成水库渗漏通道的岩性条件有：①河间地块分布有强透水岩层，如第四纪松散沉积层，特别是河流冲积—洪积层中的卵砾土和砂土。②可溶性岩层中存在岩溶通道。③存在贯通库内外的未胶结或胶结不良的古风化壳、断层破碎带、不整合面，以及多气孔构造的火山岩或裂隙发育的其他岩层。

（2）地质构造条件

水库渗漏除与库区分布的岩石性质有关以外，还与地质构造有如下密切关系：①背斜构造的河谷地带，若存在透水弱层，且其倾斜平缓，又被邻谷切割出露，即可引起向邻谷的渗漏；若岩层倾角较大，又未在邻谷中出露，则不会导致库水向邻谷的渗漏。②向斜构造的河谷，若有隔水地层阻水，则不会引起向邻谷的渗漏。在没有隔水层阻水，且与邻谷相通的情况下，则会导致库水向邻谷的渗漏。③断层也是如此，有的会引起库水向邻谷的渗漏，由于断层效应，反而可起阻水作用。

3. 水库渗漏的水文地质条件

当水库具备可能引起渗漏的地形、岩性、地质构造条件后，库水是否产生渗漏还要结合库区地下水埋藏与运动的特点进行分析才能确定：

（1）分水岭地带的地下水为潜水

分水岭地带的地下水为潜水时，根据地下水分水岭的位置或泉水在地表出露的高程与水库正常水位的关系，可以判断库水是否会向邻谷渗漏。它们的关系大致有以下几种情况：①建库前，地下水分水岭高于水库正常水位时，不会产生渗漏。如那岸水电站，建库前河水位为 180 m，水库正常蓄水位为 227 m，而库岸泉水出露高程最低 230 m，因而水库运行多年并未发生渗漏问题。②水库蓄水前，地下水分水岭的水位低于水库正常水位，水库蓄水后是否产生渗漏则取决于下列条件：地下水分水岭低于库水位不多，而河间地块宽厚，正常库水位以下没有强烈的渗漏通道存在，蓄水后，由于库水的顶托作用，地下水分水岭可能升高，并高于库水位，库水将不会产生渗漏；另一种情况是，地下水分水岭如低于库水位甚多，水库蓄水后，由于库岸岩性透水性强，地下水分水岭可能消失，库水将产生渗漏。③水库蓄水前，无地下水分水岭存在或邻谷谷底及河间地块中的地下水分水岭低于建库河流的原河水位，且建库前就有向邻谷的渗透，水库蓄水后，必然加剧渗漏。

如云南水槽子水库，建库前河水已通过层间裂隙向那姑盆地渗漏，水库蓄水后，水位增高，水压力增大，渗漏加剧，致使那姑盆地东北部一带四处冒水，并造成部分民房倒塌，农作物浸水受灾。

（2）分水岭地区有承压水存在

当分水岭地区有承压水存在时，如果承压水透水层在邻谷出露的高程低于库水位，则库水就有可能沿承压含水层渗向邻谷。建库前库岸有上升泉时，如果泉水出露高程超过水库正常蓄水位，库水就不会沿承压含水层渗向邻谷。

上述条件是水库向邻谷或相邻洼地渗漏所必需的。因此，在判断水库是否会发生渗漏时，除了要查明一切可能产生渗漏的地下通道，还应把地层、岩性、地貌、地质构造与水文地质条件联系起来，综合分析，才能得出正确的结论。

二、水库浸没问题

（一）水库浸没概念

水库蓄水后，库区周围地区地下水位，受库水顶托作用而相应抬高（称为地下水壅水）。当水库边岸比较平缓，地面高程接近正常高水位时，壅水后的地下水位可能接近或高出地表，造成水库周边地区的沼泽化或土壤盐渍化，建筑物地基软化，矿坑充水坍塌，这种现象称为水库浸没。

由于浸没可能造成地下建筑物的破坏，公路、铁路的翻浆和冻胀（在气候较冷地区），房屋倒塌及农田土壤盐渍化，所以浸没问题往往影响正常高水位的选择，甚至影响到坝址的选择。

（二）水库浸没的地质条件

水库周边地区是否会发生浸没，首先取决于水库边岸正常高水位上下范围内的地形地貌、岩土性质、地质构造、水文地质条件。其次与水文气象、水库的运行管理，以及某些人为活动有关。对于山区水库，因为水库边岸地势陡峻，又多由不透水岩石组成，一般浸没问题不大。对于山间谷地和平原区水库，因周围地势平坦，且常由松散的土层组成，土层的毛细性较强，地下水埋藏又浅，最易形成浸没，影响范围也较大。

具有下列条件之一的库岸地段，应考虑发生水库浸没的可能性：

1.平原区水库的坝下游，顺河堤坝或围堤的外侧，特别是地形低于河床的库岸地段。

2.山间谷地或盆地型水库边缘与山前洪积扇连接的地段。

3.地表水或地下水排泄不畅、地下水埋藏较浅、补给量大于排泄量的库岸地带。封闭或半封闭的洼地、沼泽的边缘地带。

（三）水库浸没的防治措施

1.降低地下水位。根据回水预测结果结合地区水文地质条件，对浸没区布置排渗或疏干工程。对重要建筑物区采用切实有效的排水方法。

2.采用工程措施与农业措施相结合的综合防治方法，如改变农作物种类和耕作方法等。

三、水库塌岸问题

（一）水库塌岸概念

水库蓄水后或在蓄水过程中，由于岸边岩石或土体受库水的长期浸泡而饱和，强度降低，加之库水波浪的冲击、淘刷作用，引起库岸发生坍塌破坏的现象称为水库塌岸随着时间的延续，库岸不断地坍塌破坏，库岸线不断后退，直到达到新的平衡状态为止。这一过程称为水库岸边再造。

塌岸引起水库岸边后退，不仅对沿岸的工业建设、交通道路、居民点和耕地等造成很大威胁和破坏，而且坍塌下的土石体淤积于库中，将减少水库的有效库容。我国河北的官厅水库及河南三门峡水库就曾发生过较严重的水库塌岸。发生在近坝址区的大规模崩塌和滑坡，还将直接危及大坝的安全，如意大利瓦依昂水库的失事。此外，分水岭单薄地段，由于塌岸，使之更加单薄，容易产生渗漏。

（二）水库塌岸的过程

塌岸现象一般在平原水库表现得比较突出，在蓄水初期 2～3 年内表现得较为严重，随后慢慢形成新的稳定边坡。以官厅水库梁头区塌岸为例，其发生和发展过程大致可分为四个阶段。

1. 水库岸壁的初期破坏

水库蓄水初期，岩土受浸润饱和以及波浪的冲蚀，陡壁开始塌落。

2. 浪蚀龛及浅滩的形成

塌落后的库岸，水位以上的岩土处于干燥状态，具有较高强度，而处于库水位附近的岩土，受波浪淘蚀，逐渐被淘空形成佛龛状地形——浪蚀龛波蚀物质堆积在浪蚀龛下，形成浅滩。

3. 岸壁后退，浅滩增大

随着库岸库水位的涨落，浪蚀龛不断加深，上部岩土体在重力作用下而坍塌，岸壁不断后移，浅滩不断加厚和延长。

4. 稳定岸坡的形成

由于浅滩的形成和扩展，靠近库岸的库水也越来越浅，波浪冲击的路程相应加长，这样就削弱了库水波浪的冲蚀力，减少了沉积物质的来源，进而又限制了浅滩本身的继续发展而趋于稳定，成为岸边再造后相对稳定的库岸。

（三）水库塌岸的影响因素

水库塌岸及岸边再造过程受多种因素影响，其中地形、岩性、地质构造和水文气象条件起着决定性的作用。

1. 地形条件

岸坡愈平缓，与水库天然的稳定岸坡坡度相近时，不会发生塌岸；反之，当岸坡愈高愈陡，愈易被水冲刷，易产生塌岸。

2. 岩性和地质构造条件

由各种不同岩土组成的岸坡，具有不同的抗剪强度和抗冲蚀能力，它们决定着最终塌岸的范围、作用强度和塌岸类型。由坚硬、半坚硬岩石组成的岸坡，因抗冲刷能力强，当没有软弱结构面的不稳定组合时，一般不易发生塌岸。而由第四系黄土类、砂土、亚黏土、砾石等软弱岩层组成的岸坡最易塌岸，当岩体岸坡中存在不利的软弱结构面时，由于岸坡前缘临空，有时两侧冲沟深切，后缘又有断裂切割时，则形成岩体滑动的边界条件，可使库岸发生崩塌或滑坡。

3. 水文气象条件

库水的波浪作用、流水作用、库水位动态、大气降雨作用、浮冰冲击作用等，都对水库塌岸有一定的影响。其中以波浪的冲蚀作用对库岸破坏最为严重。波浪的大小取决于风向、风速及吹程的长短。

以上是水库塌岸主要的影响因素，水库塌岸的次要影响因素有库岸的水文地质条件、植被程度、物理地质现象（岩石的风化、冲沟、崩塌、滑坡、泥石流）等，对库岸稳定也有不同程度的影响。

据观测，在库水位初期上升和水位消落两个时段内，分别因岩土充水饱和后抗剪强度降低和地下水动水压力的作用，往往最易产生塌岸。

（四）水库塌岸的预测

水库塌岸预测的目的是根据库区的自然地理、工程地质条件和水库运行期水位变化等情况，定量地估计水库蓄水后某一期限内以及最终的塌岸宽度、塌岸速度、形成最终稳定库岸的可能期限等情况，这些都是要在建库前作出预测的。它直接关系到水库区移民的数量、新居民点的建设和库岸防护工程的兴建。

水库塌岸预测是按水利水电工程地质勘察分阶段进行的。在可行性研究勘察阶段，可依据遥感资料及地面地质测绘工作，确定可能塌岸的库段和范围。在初步设计勘察阶段，应查明塌岸地段的土层分层、级配和物理性质，确定岸坡的稳定坡角、浪击带稳定坡角和土的水卜休止角，应用经验公式，计算和预测不同库水位的塌岸范围，并提出长期观测的建议。

四、水库淤积问题

（一）水库淤积的概念与危害

水库建成后，上游河流携带的大量松散物质（砂砾石、黏土等）在库区沉积下来，堆积于库底，这种现象称为水库淤积问题。水库淤积物主要来自以下几方面：

上游河流及支流对库岸斜坡的冲刷；

水库周围冲沟的侵蚀；

库岸的坍塌；

库周围山崩和滑坡；

河流携带泥沙流入库内，这是最主要的淤积物质来源。

日积月累，库内淤积越来越多，会带来以下不良后果和危害：

影响水利枢纽及水电站的正常效益；

水库库容减少，使用寿命缩短；

回水曲线抬高，浸没范围扩大；

在库前、库尾，水深变浅，影响通航

（二）水库淤积的防治措施

水库淤积的防治主要是设法减少入库的泥沙量，设法排除库区的淤积物减少入库泥沙量的办法主要是开展水土保持工作，其中包括在较大支流上修建泥沙库，在小支沟或冲沟中修筑坝地，即沿沟道阶梯式地筑坝淤地，在山坡上修建梯田、种草、植树造林等综合治理。另外，对库岸不稳定地段，必要时可进行加固处理。

在水利枢纽的建设中，增设清淤排沙工程（如在坝身留底孔或布置大孔口排沙隧洞）等，对于控制水库进沙量，防治水库淤积是行之有效的措施。在水库调度中，科学地运行管理，旳改善淤积状况也有一定的效果，如黄河三门峡和小浪底水利枢纽均采用"蓄清排浑"运作方式，取得了较好的防淤排沙效果。

五、水库诱发地震

水库诱发地震是水库蓄水后诱发而引起的地震，是人类工程所引起的一种工程地质作用。

（一）水库诱发地震的特点

据已发生地震的水库资料分析，水库诱发地震的特点主要有以下几点：

1. 水库诱发地震震源一般与坝体地区的区域地质条件密切相关，多处于构造相对活动区，并有活动性断裂带，由于水库蓄水后断裂带活动而产生的地震。

2. 水库诱发地震，坝高或库容量有一定的相关性，据统计大于5级的水库诱发地震多发生在高于百米的大坝，库容量超过几亿立方米的大型水库中，且随着水位上升，库容量加大，地震活动性增强。

3. 较大的水库诱发地震具有明显的前震多、余震延续时间长、衰减慢的特征多数水库在蓄水后即产生地震，但主要多发生在高水位后几天到几个月且延续一段时间，然后逐渐趋于缓和

4. 水库诱发地震震源较浅，震级不大，而震中烈度偏高。但震源体积不大，影响范围较小。一般水库诱发地震的震源在 2 ~ 10 km 深度内。如新丰江水库诱发地震震源深约 5 km，丹江口水库震源深约 9 km。震中主要分布在库区断裂发育带，几组断层交会处，岩石破碎带。

（二）水库诱发地震的地质条件

世界上已建成很多大型水库，而发生水库诱发地震的只是极少数。为什么同样是高坝大库，有的发生强震，有的发生弱震，有的则没有地震活动，这主要取决于水库的地质条件。因此，分析研究水库诱发地震地质条件对预报地震有很重要的意义。

水库诱发地震的地质条件主要是库坝区的地质构造、岩石性质、水文地质及地热等在构造相对活动区，易于发生水库诱发地震，且多与断陷盆地及新构造近期活动断裂有关；特别是库坝区断层、节理发育，新构造差异性运动显著，断裂带相交地段，有利于构造应力的积累与集中如新丰江水库，坝址位于断陷盆地、断层的转折部位附近。

水库诱发地震的发生与库区的岩石性质密切相关，据统计水库诱发地震多发生在 A 灰岩、花岗岩、火山岩及变质岩类等，其中石灰岩岩溶发育地区水库诱发地震约占 50%，花岗岩及火山岩地区约占 20%。砂页岩和黏土岩分布面积大的库区或库底泥质沉积物较厚，则不易产生水库诱发地震。

第三节 输水隧洞的工程地质问题

水利水电建设中的地下建筑物，一般包括导流或引水隧洞、闸门井、地下厂房、变压器房及尾水隧洞等。它的优点是：输水线路短，裁弯取直，减少明渠开挖和填方工程量；可利用岩体围

岩介质承受压力水头和利用地形落差增加发电量；比地面渠系工程节省维修、防护工作量；抗震及国防安全性高。

随着我国水利水电建设事业的飞速发展，地下建筑物的数量越来越多，规模也越来越大。如拟建中的南水北调西线工程引水隧洞的长度将达 30 ～ 160 km。小浪底水利枢纽的发电厂房，是在砂页岩地层中修建的世界上规模最大的地下发电厂房，高度达 61.4 m，跨度达 30 m 以上。大跨度、高边墙的地下厂房及长隧洞的兴建，必然会遇到复杂的地质条件和大量的工程地质问题。其中，最受关注的是围岩的稳定性问题，它涉及地下工程能否成洞，用何种办法进行支护和衬砌，并影响到造价及工期"围岩的稳定性与岩体的地质条件、岩石性质、地质构造、硐室形状及规模、应力状态、施工方法等因素有关。

一、隧洞选线的工程地质条件

在进行水利规划或水利枢纽设计时，地下工程位置的确定是先决问题之一。地下工程位置的选择，除取决于工程目的要求外，首先要考虑区域稳定性及山体的总体稳定性。一般要求建硐地区应是区域地质构造稳定、无区域性大断裂通过、附近没有发震构造、地震基本烈度小于 8 度的地方。根据经验，具有下述特征的山体，不宜于修建地下工程：①山体单薄，受冲沟切割剧烈，风化带或卸荷裂隙带发育很深，硐室顶部或侧墙可利用的新鲜岩体厚度不够（一般要求有压隧洞的上覆岩体厚度大于 0.2 ～ 0.5 倍压力水头，无压隧洞的上覆岩体厚度大于 3 倍洞的跨度）。②山体岩性极不均一，坚硬完整岩层的厚度不够。③地质构造复杂，岩层强烈褶皱，断裂带发育规模大，山体的完整性遭受严重破坏。④物理地质作用剧烈，山坡稳定性差，或山坡已产生滑坡、塌方等早期埋藏和近期破坏的地形。可溶性岩石地区，岩溶发育。⑤地下水影响大。⑥存在严重的有害气体和异常地热。

当山体的整体稳定性不存在问题，可以利用时，地下硐室位置及方向的选择，主要受地形、岩性、地质构造、地下水及地应力等地质条件的影响。

（一）地形条件

在隧洞选线时，隧洞进出口地段最好选基岩出露比较完整或坡积层较薄的地方，地形边坡应下陡上缓，并尽量垂直于地形等高线（交角不宜小于 30°）。洞口岩层最好倾向山里以保证洞口边坡的安全。在地形陡的高边坡开挖洞口时，应不削坡或少削坡即进洞，必要时可做人工洞口先行进洞，以保证边坡的稳定性。洞口要避开滑坡、崩塌、冲沟、泥石流等不良地质现象发育地段，避开山麓残积、坡积、洪积物等第四纪松散沉积物。隧洞进出口不宜选在排水困难的低洼处，也不应选在傍河山嘴及谷口等易受流水冲刷的地段，洞口高程要高于百年一遇洪水位。如果在傍山边坡岩体中布置隧洞时，应注意边坡整体的稳定性，如隧洞要通过的边坡岩体的层理是水平的、垂直的或向内倾的，则边坡岩体比较稳定、但当边坡岩体的层理向外倾斜或岩体被各种结构面切割得比较破碎时则山坡容易失稳，从而危及隧洞的安全。

此外，傍山隧洞或地下厂房的山坡一侧围岩应有一定的厚度。隧洞不宜选在风化破碎带中，应选在新鲜岩层中并要求洞顶及两侧新鲜围岩要有一定的厚度，这样洞身才能够稳定。硐室围岩最小厚度的确定与洞径大小、岩体的完整性及岩石强度等因素有关。

（二）岩性条件

岩性是影响围岩稳定的基本因素之一在水电工程中、按岩石饱和抗压强度%将岩体分为硬质岩和软质岩。一般来说，坚硬完整的硬质岩，围岩的稳定性较好，能适应各种断面形状的地下硐室。而软质岩如黏，土岩类、破碎及风化岩体，则强度低、抗水性差，围岩往往是不稳定的。

因此，硐室位置应尽量选在坚硬完整的岩石中。一般在坚硬完整岩石中掘进，围岩稳定，日进尺快，造价低。在软弱、破碎、松散岩层中掘进，顶板易坍塌，侧壁和底板易产生鼓胀、挤出、变形，容易出现事故，进尺慢，造价高，所以需要边掘进边支护或超前支护，工期长，造价高。

岩浆岩、厚层坚硬的沉积层及变质岩，围岩的稳定性好，可以修建大型的地下工程。

软弱岩石如凝灰岩、黏土岩、页岩。胶结不好的砂砾岩、千枚岩及某些片岩等，稳定性差。松散及破碎岩石稳定性极差，选址时应尽量避开。

此外，岩层的组合特征对围岩的稳定性也有重要影响。一般软硬互层或含软弱夹层的岩体稳定性差，层状岩体的层次愈多，单层厚度愈薄，稳定性就愈差。均质厚层及块状岩体稳定性好。

（三）地质构造

地质构造条件对硐室围岩稳定有重要的影响一般在进行隧洞选线时，应尽量使轴线与地区构造线的方向相垂直或成大角度相交。尽量避开大的断层破碎带或呈小角度相交等地质构造复杂的地区。

（四）地下水

地下工程施工中的塌方或冒顶事故，常常和地下水的活动有关地下水对岩体的不良影响主要是对围岩或衬砌产生静水压力、动水压力及溶解软化作用，降低了围岩的稳定性，同时还可能给施工造成很大困难。

因此，对地下硐室沿线的水文地质条件进行预测性调查是十分重要的。这主要是在上述地形、地层岩性、地质构造调查的基础上，同时调查分析地下水的埋藏条件、类型及泉水出露情况对强透水层与相对隔水层的接触部位和其他不利的水文地质条件地带，如向斜轴部、大断层破碎带、岩脉破碎带、岩溶地下暗河等，应密切注意其分布规律和发育程度，并结合硐室设计高程，分析评价地下水涌水的可能性和涌水量，以及地下水中侵蚀性二氧化碳和硫酸盐对混凝土衬砌的影响。

另外，不同用途的地下工程，对地下水位的要求也不同一般作为硐库或工业使用的地下工程，为减少防渗防潮工作量，都尽量布置在地下水位以上。抽水蓄能工程、水下隧道及水封油库等则布置在地下水位以下。水电站地下厂房有时也要布置在地下水位以下。

在包气带中开挖地下工程，雨季可能沿裂隙滴水，旱季较干燥但是，当地表有大面积稳定的地表水体时，也可能遇到集中的渗流。地下水位变幅带、涌水量及外水压力随季节而变化。由于岩体饱水、脱水交替变化，可以加速软弱破碎岩石性质的恶化，引起塌方；在地下水位以下的地下工程，一开始施工就可能有较大的涌水和渗透压力，因此要做好防水排水设计。

（五）不良地质现象

在进行硐室位置选择时，除考虑上述各种工程地质条件的影响外，尚应对硐室施工起严重不良影响的各种地质现象作出预测，如塌方、涌水、有害气体的突入及地热异常和岩爆等。

硐室线穿越煤系地层、石油地层及火山地层，有时会冒出沼气、二氧化碳、一氧化碳和硫化氢等有害气体。特别是沼气在空气中含量达 5% ~ 6% 以上时就会发生"瓦斯爆炸"，其他气体超过一定含量（如硫化氢超过 0.1%）就能使人中毒死亡。

在高山地区的深埋隧洞（深度为 300 ~ 1 000m），易出现高温、岩爆等现象。如日本的黑部川第三发电站尾水隧洞，岩层温度达 175℃，在这种情况下不仅工人无法施工，而且高温爆破及混凝土浇灌也相当困难。在坚硬岩石地区开挖硐室，当天然地应力很大时，就会发生岩爆。岩爆发生时会因能量释放产生巨响，并弹射出岩块，如炮弹一样直接伤人。因此，在上述地区进行地下硐室选线，应特别注意这些不良地质现象。

（六）其他

隧洞选线时，线路应尽量采用直线，避免或减少曲线和弯道。如采用曲线布置，依据现行规范要求，洞线转弯角应大于 60°，曲率半径不小于 5 倍的洞径。

隧洞选线时还应注意充分利用沟谷地形，多开施工导洞，方便施工。如让洞线穿越多处山脊，除进出口两边有工作面外，还可沿沟谷打水平施工导洞，或在沟谷中打竖井作施工导洞，以增加工作面。

一般在高地应力地区布置地下硐室的轴线时，最好应该使其和最大水平主应力方向平行布置，否则，边墙将产生严重的变形和破坏 – 如二滩水电站实测的最大水平主应力方向为 NE30° 左右，两个水平主应力差很大，如果硐室的轴线平行于最大水平主应力方向布置，边墙上侧向压力小；若垂直于最大水平主应力方向布置测侧向压力将增加 1.57 ~ 3.63 倍。

二、围岩应力的重分布

（一）应力重新分布的一般特征

地下硐室开挖前，岩体内任意点上的应力都是平衡的。硐室开挖后原来的平衡状态被破坏，围岩内的应力就要重新分布，直到建立新的平衡为止。

应力重分布的影响范围一般为隧洞半径的 5 ~ 6 倍，在此范围之外，岩体仍处于原始应力状态。通常所说的围岩，就是指受应力重分布影响的那一部分岩体。

（二）围岩的松动圈和承载圈

硐室开挖后，围岩的稳定性取决于二次应力与围岩强度之间的关系工由于应力重分布，引起硐周产生应集中现象，当周边应力小于岩体的强度极限（脆性岩石）或屈服极限（塑性岩石）时，硐室围岩稳定。否则，周边岩石首先破坏或出现大的塑性变形，并向深部扩展到一定的范围形成松动圈。在松动圈形成的过程中，原来硐室周边集中的高应力逐渐向松动圈外转移，形成新的应力升高区，该区岩体挤压得紧密，宛如一圈天然加固的岩体，故称承载圈此圈之外为初始应力区。

应当指出，如果岩体非常软弱或处于塑性状态，则硐室开挖后，由于塑性松动圈的不断扩展，自然承载圈很难形成。在这种情况下，岩体始终处于不稳定状态，开挖硐室十分困难。如果岩体坚硬完整，则桐周围岩始终处于弹性状态，围岩稳定，不形成松动圈。

在生产实践中，确定硐室围岩松动圈的范围是非常重要的。因为松动圈一旦形成，围岩就会坍塌或向硐内产生大的塑性变形，如两顶坍塌、侧壁滑塌形成冒顶及硐底鼓胀隆起等，要维持围岩稳定就要进行支撑或衬砌。

三、围岩压力

在地下硐室设计中，如何确定围岩压力、围岩的弹性抗力及外水压力等数值，是涉及硐室稳定及如何进行支撑、衬砌的重要问题下面仅从工程地质观点出发，对围岩压力、弹性抗力及外水压力作些评述。

硐室开挖后，由于围岩变形破坏形成的松动岩体作用在支撑或衬砌上的压力称为围岩压力，也有人把这种压力称为山岩压力、地压或岩石压力。

围岩压力的大小与围岩的应力状态、岩石性质、硐形、支撑或衬砌的刚度、施工方法、衬砌的早晚等多种因素有关。此外，由于围岩的变形和破坏有一个逐次发展的过程，因此围岩压力也是随时间变化的根据围岩压力的形成机理，可分为松动山压、变形山压、冲击山压及膨胀山压几种类。

（一）松动山压

主要来源于硐室开挖后，由于应力重分布而引起一部分围岩松弛、滑塌，其数值一般等于塌落体的重力。

（二）变形山压

变形山压是由于围岩的弹性恢复或塑性变形所产生的围岩压力一般塑性变形主要有塑性挤入、膨胀内鼓及弯折内鼓等，变形山压具有随时间延长而增加的特点。

（三）冲击山压

冲击山压是由于岩体中积聚的弹性应变能突然释放所引起的，具有产生岩爆的条件时才能产生冲击山压。

（四）膨胀山压

膨胀山压是围岩吸水膨胀（含蒙脱石及大量伊利石矿物）所产生的山压。

由于围岩压力受很多复杂因素的制约，所以尽管人们长期以来对其进行过大量的试验研究，但至今仍未得到圆满解决。目前对变形山压和冲击山压研究得较少，在设计中主要考虑松动山压。

四、围岩承载力

（一）弹性抗力

弹性抗力又称围岩抗力，是指有压隧洞充满水后，隧洞的内水压力通过衬砌传递到围岩上，围岩为抵抗压缩变形而产生的反作用力。由于围岩具有一定弹性和强度，它在被迫压缩的同时，会对衬砌施加一反作用力，称为弹性抗力。它的大小取决于围岩的承载力和衬砌设计的类型和厚度。弹性抗力大的岩石可以承受大部分内水压力，减小衬砌厚度。

（二）外水压力

外水压力是指作用在隧洞衬砌上的地下水静水压力。其大小主要由隧洞围岩的水文地质条件（如水位的埋深、压力水头的大小、岩石的透水性等）和隧洞设计及施工情况所决定。工程实践证明，作用在衬砌上的外水压力并不都等于其全部水头值，外水压力实际作用面积也不等于全部衬砌面积。

地下工程建设，首先要选择一个工程地质条件良好的位置。对于大型的地下硐室，最好在拟建硐室的纵、横两个方向和拱座、硐室腰部等不同部位布置钻孔或探硐，查明空间的地质条件，预测可能出现的问题

五、提高围岩稳定性的措施

在工程上为了维持和提高地下硐室及围岩的稳定性，常采用光面爆破，掘进机开挖等先进的施工方法以及对围岩采取灌浆、锚固、支撑和衬砌等加固的工程措施。从工程角度出发，采取上述各种措施时，应遵循下列原则。

（一）尽量少扰动围岩

地下硐室开挖后，由于应力重新分布引起硐室周围切向应力集中，硐壁岩石由原来的三向受力状态，转变为单向应力状态。此时，如果施工方法不当，如采用常规的钻爆方法施工，则会使硐室周围岩石产生爆破裂隙，引起岩体强度的降低和岩块的松动，从而加速和扩大围岩松动圈的形成使丽室周围的岩石处于不稳定状态。而光而爆破和掘进机开挖，则对围岩扰动少尽可能全断面开挖，多次开挖会损坏岩体。因为多次开挖，前一次开挖后形成的承载圈，被下一次开挖破坏了。这样反复地对岩石作用，不断地改变围岩的应力分布状态，会加速岩石的破坏但当地下硐室断面较大，一次开挖成型困难时，可采用分部开挖逐步扩大的施工方法工此时，应根据围岩的特征，分别采用不同的开挖顺序以保护围岩的稳定性例如，当硐顶围岩不稳定而边墙围岩稳定性较好时，应先在硐顶开挖导砸并立即做好支撑当俩顶全部轮廓挖出做好永久性衬砌后再扩大开挖下部断面如整个硐室的围岩均不甚稳定，则应先开挖侧墙导硐并做好衬砌后，再开挖上部断面。

（二）用连续支护代替传统的支护

过去在地质条件不良地段开挖地下硐室施工非常困难早期采用木护的办法，把木材一层层支上去。有时整个地卜－硐室木材支护的体积要占整个体积的10%左右。后来采用钢支护，混凝土或钢筋混凝土衬砌，但这些支撑或衬砌均不能保证与围岩全面连续接触。这样，围岩一旦发生变形或失稳，山岩压力就会愈来愈大，从而导致支护的破坏。其道理主要和围岩的变形破坏机理有关。简单说来，岩石的塌落破坏并不是一下子都塌落，而是其中某一块或某几块岩石先掉落，而后才引起其他岩石的逐次破坏和塌落。如果知道哪块岩石先掉落，只要把这块岩石支护住，围

岩就稳定了，但实际上这是极难做到的。如果采用喷射混凝土的连续支护，及时把整个岩壁封闭起来，则可起到上述的作用。

喷射混凝土可以使岩石与支护间每个点都保持紧密的接触，而传统支护和刚性衬砌均做不到这一点。

喷射混凝土支护可以在硐室开挖后及时进行，因而有效地控制和协调了围岩应力的重分布，最大限度地保护了岩体结构和岩体的力学性质，因此可以防止围岩的松动和坍塌。如果用锚杆锚固围岩再配合喷射混凝土，则会更有效地提高围岩的稳定性和承载力。实践证明，对于易滑动岩块和层状结构围岩，用锚杆加固，有很好的效果。

（三）确定最佳支护时间

在硐室开挖后，由于围岩的变形和破坏有一发展过程，所以支护应有一个最适宜的时间。一般的原则是，支护不宜过早。支护过早，因岩体尚未充分变形，支护将会承受很大的压力；支护时间过迟，则围岩可能已经失稳或因岩石变形较大需要较强的支护力。经验证明，对围岩的支护用硬顶或无限制让压的办法都是不适宜的。适宜的支护时间，应该允许围岩在产生一定变形后，最小的支护强度能顶住最终变形为原则。一般这个时间应通过对硐室围岩变形的观测才能获得。

此外，支护的适宜时间也可结合前述的围岩自稳时间的评价来确定。如对于破碎、软弱自稳能力很差的围岩，硐室开挖后变形和破坏发展很快，如不及时支护，围岩的稳定就不易控制。因此，对于不良围岩，跟进支护是一个非常重要的原则。

对于块断或块状结构岩体，其岩块一旦失稳也会很快滑动或塌落。如及时锚固或喷混凝土层，则会充分发挥岩体本身的承载作用。

对于坚硬完整自稳程度良好的围岩，一般在硐室开挖后围岩的变形很快趋于稳定，这时应在变形趋于稳定后再进行衬砌才为适宜。

第四节 道路工程地质问题

道路是以线形工程的特点而展开的，道路工程地质问题主要有路基边坡的稳定性、路基基底的稳定性、道路冻害和天然建筑材料等问题。

一、路基边坡稳定性问题

路基边坡包括天然边坡、傍山路线的半填半挖路基边坡以及深路堑的人工边坡等工在修筑道路路基过程中，常需通过地形复杂地区，有大量的填方（高路堤）和挖方（路堑），形成人工边坡，人工边坡的稳定性又常成为路基工程主要的工程地质问题。

（一）路基边坡的剪切破坏

由于开挖路堑形成的人工边坡，加大了边坡的陡度和高度，使边坡的边界条件发生变化，破坏了自然边坡原有应力状态，其内部应力状态不断变化，当剪应力大于岩土体的强度时，边坡即发生不同形式的变化和破坏，其破坏形式主要表现为滑坡、崩塌等。促使路基变形产生破坏的因素很多，主要有边坡土质、水的活动和边坡的几何形状。

1. 边坡土质

土的抗剪强度首先取决于土的性质，土质不同则抗剪强度也不同。对路堑边坡来说，除与土或岩石的性质有关外，还与岩石的风化破碎程度和产状有关。

2. 水的活动

水是影响边坡稳定的主要因素之一，边坡的破坏或多或少与水的活动有关，土体的含水量增加，既降低了土的抗剪强度，又增加了土内的剪应力。在浸水情况下还有水的浮力和水压力作用。

3. 边坡的几何形状

边坡的高度、坡度等直接关系到土的稳定条件。高大、陡直的边坡，因重心高，稳定条件差，易发生滑坍。

另外，活载增加、地震及其他振动荷载等也是路基变形的重要因素。

（二）浸水路堤的稳定性

建筑在桥头引道、河滩及河流沿岸受到季节性或长期浸水的路堤，称为浸水路堤。

1. 水位降落对浸水路堤稳定性的影响

浸水路堤除承受着普通路堤所承受的外力和自重外，还要承受水的浮力和渗透动水压力的作用，当河中水位上升时，水从边坡的一侧或两侧渗入路堤内。

因此，水位上涨时，土体内的渗透浸润曲线比边坡外面的水位低，经一定时间后，才与外面水位齐平，土体除承受垂直向上的浮力外，土粒还受到指向土体内部的动水压力作用，增加了路堤的稳定性。

当水位降落时，水又从堤身向外渗出，由于水位的差异，其动水压力的方向则指向土体外侧，剧烈地破坏路堤边坡的稳定性，并可能产生边坡凸起和滑坡现象。堤外水位下降的速度越大，边坡的稳定性越低。另外，渗透水流能带走路堤内细小的土粒，从而引起路堤变形。

2. 路堤填料对边坡稳定的影响

浸水路堤的稳定性还与路堤填料的透水性质有关。以黏性土填筑的路堤达到最佳密实度后，透水性很弱，堤外水位变化对它无影响；以砂砾石土填筑的路堤，由于空隙大，透水性强，浸水后强度变化不大，堤身内水可以自由渗出，不产生渗透动水压力。这两种土对边坡稳定性影响一般都不大。

属于中等透水性的土如亚砂土、亚黏土等做路堤填料，在水位降落时，对边坡稳定性影响较大，需要考虑动水压力。因此，浸水路堤填料最好用渗水性强的材料，如石质坚硬不易风化的块石、片石、碎石、卵石及砂砾等，或采用黏性土，但必须夯实，并应严格掌握压实标准，部分黏土及浸水易崩解、溶解或风化的岩石如页岩、泥灰岩等应禁止使用。

二、路基基底稳定性问题

路堤尤其是高填路堤要求路基基底有足够的承载力，基底岩土的变形性质和变形量的大小主要取决于基底土的力学性质、基底面的倾斜程度、软土层或软弱结构面的性质与产状等。承载力不足往往使基底发生塑性变形而造成路基的破坏，如路基基底下有软弱的泥质夹层，且当其倾向与坡向一致时，或在其下方开挖取土或在其上方填土加重，都会引起路堤整个滑移；当高填路堤通过河漫滩或阶地时，若基底下分布有饱水厚层淤泥，在高填路堤的压力下，往往使基底产生挤出变形，也有因基底下岩溶洞穴的塌陷而引起路堤严重变形，路基基底若为软黏土、淤泥、泥炭、粉砂、风化泥岩或软弱夹层所组成，应结合岩土体的地质特征和水文地质条件进行稳定性分析。若不稳定，可选用下列措施进行处理：放缓路堤边坡，扩大基底面积，使基底压力小于岩土体的容许承载力；在通过淤泥软土地区时路堤两侧修筑反压护道；把基底软弱土层部分换填或在其上加垫层；采用砂井，排除软土中的水分，提高其强度；架桥通过或改线绕避等也是可选择的处理方案之一，但此时需进行有关方案的比较，选择经济上合理、技术上可行的方案实施。

三、道路冻害问题

道路冻害问题包括冬季路基土体因冻结作用而引起路面冻胀和春季因融化作用而使路基翻浆，两者都会使路基产生变形破坏，甚至形成显著的不均匀冻胀，使路基土强度发生极大改变，危害道路的安全和正常使用。

根据地下水的补给情况，道路冻胀的类型可分为表面冻胀和深源冻胀，前者是在地下水埋深较大地区，其冻胀量一般为 30 ~ 40 mm，最大可达 60 mm，其主要原因是路基结构不合理或养护不当，致使道渣排水不良。深源冻胀多发生在冻结深度大于地下水埋深或毛细管水带接近地表水的地区，地下水补给丰富，水分迁移强烈，其冻胀量较大，一般为 200 ~ 400 mm，最大可达 600 mm 公路的冻害具有季节性，冬季在低温长期作用下，使土中水分重新分布，形成平行于冻结界面的数层冻层，局部尚有冻透镜体，因而使土体积增大，而产生路基隆起现象；春季地表面冰层融化较早，而下层尚未解冻，融化层的水分难以下渗，致使上层土的含水量增大而软化，在外荷载作用下，路基出现翻浆现象。

防止公路冻害的措施有：铺设隔离层，防止水分进入路基上部；把粉黏粒含量较高的冻胀性土换为粒粗、分散的砂砾石抗冻胀性土；采用纵横盲沟和竖井，排除地表水，降低地下水位，减少路基土的含水量；提高路基标高；修筑隔热层，防止冻结路基向深处发展等。

四、天然建筑材料问题

修筑道路路基工程需要大量天然建筑材料，其来源问题不可小视，它直接影响道路工程的进度、质量和造价。道路工程上所需的建材种类较多，包括道渣、土料、片石、砂和碎石等，它不仅在数量上需要量较大，而且要求各种材料产地沿线两侧均匀分布。但在山区修筑高路堤时却常遇上建筑材料缺乏的情况，在平原地区和软岩山区，常常找不到强度符合要求的片石和道渣等，因此寻找品质好、运输距离符合需要的天然建材，有时成为选线的关键性问题。

第五节 桥梁工程地质问题

当道路跨越河流、山谷或与其他交通线路交叉时，要修建（立交）桥梁，桥梁可分为梁式桥、拱桥和悬索桥等，各种桥梁结构和传力方式不同，上部荷载一般很大，且受偏心动荷载，还要防止水流对基础岩土的冲刷，加之桥梁所处地质环境复杂，常遇到一些工程地质问题。在明挖基坑施工时常产生边坡滑动、坍塌、斜坡山体滑移；位于河床中的桥墩常遇基坑涌水，水流底蚀淘空等问题。调查、研究和处理这些问题对于保证桥梁的安全是十分重要的。归纳起来主要有以下三方面工程地质问题。

一、桥墩台地基稳定性问题

桥墩台地基稳定性主要取决于墩台地基中岩土体承载力的大小。它对选择桥梁的基础和确定桥梁的结构型式起决定作用。当桥梁为静定结构时，由于各桥孔是独立的，相互之间没有联系，对工程地质条件的适应范围较广；当桥梁为超静定结构时，对各桥墩台之间的不均匀沉降特别敏感，选用地基容许承载力时应慎重。对拱桥而言，由于拱脚处产生垂直和水平向力，故拱桥对拱脚处地基的工程地质条件要求更高。

二、桥墩台的冲刷问题

桥墩台的建造，使原来的河床过水断面减小，改变了水流的流态与流速，使得局部流速增大，这对桥梁基础产生冲刷，威胁桥梁的安全使用。合理的桥墩台基础的埋深以及良好的持力层的选择是解决桥墩台冲刷问题的重要参考因素。在确定桥墩台基础埋深时，应根据桥位河段具体情况，取河床自然演变冲刷、一般冲刷和局部冲刷的不利组合，作为确定桥墩台基础埋深的依据。对重要、特大桥梁还应进行河床冲刷模拟试验。

三、桥址选择问题

桥址的选择与很多因素有关，如河流的水力特征、地形地质条件等，城市桥址的选择与一般地区的桥址选择又有很大的不同，应考虑如下工程地质方面的原则：

（1）桥址应选在河床较窄、河道顺直、河槽变迁不大、水流平稳、两岸地势较高而稳定、施工方便的地方。避免选在有迁移性的河床以及活动性大的河湾、大沙洲或大支流交汇处，以保护桥梁不受河流强烈冲刷。

（2）选择覆盖层薄、河床基底为坚硬完整的岩体，若覆盖层太厚则尽量避开泥炭、沼泽淤泥沉积的软弱土层地区以及有岩溶或土洞的地段，以保证桥梁和引道的稳定。

（3）在山区应特别注意两岸的不良地质现象，如滑坡、崩塌、泥石流、岩溶等应查明其规模、性质和稳定性，论证其对桥梁危害的程度，以确定合理的桥址位置。

（4）选择在区域地质构造稳定、地质构造简单、断裂不发育的地段。桥线方向应与主要构造线垂直或大交角通过。桥墩和桥台尽量不置于断层破碎带上，特别在高地震烈度区，必须远离活动断裂和主断裂带。

（5）在具有繁忙交通运输的大城市，那里的建筑物安排多按平面规划进行，桥位特别应根据城市规划及便利交通的要求来决定。因此，在大城市桥梁跨越宽广的河流，多按照干道网规划的路线走向决定，而桥中线以与河流垂直为宜；如道路跨越河流非斜交不可，则桥位只好依照斜交考虑。在多跨斜交桥的中间桥墩要与河流流向一致来布置，当斜度不大时，可设置正向桥墩；桥梁在大中城市跨越小河流时。

多服从路网规则及交通运输上的需要，往往不考虑河流流向，可按斜桥或弯桥考虑。

桥址的选择是十分复杂的问题，除了从技术上考虑，还可作近似的经济分析，其结果可作为初步选择桥位的依据。

第五章 水文循环与径流形成

第一节 水文循环与水量平衡

地球上现有的水以液态、固态和气态分布于地面、地下和大气中，形成河流、湖泊、沼泽、海洋、冰川、积雪、地下水和大汽水等水体，构成一个浩瀚的水圈。水圈处于永不停息的运动状态，水圈中各种水体通过蒸发、水汽输送、降水、地面径流和地下径流等水文过程紧密联系，相互转化，不断更新，形成一个庞大的动态系统。在这个系统中，海水在太阳辐射下蒸发成水汽升入大气，被气流带至陆地上空，在一定的天气条件下，形成降水落到地面。降落的水一部分重新蒸发返回大气，另一部分在重力作用下，或沿地面形成地面径流，或渗入地下形成地下径流，通过河流汇入湖泊，或注入海洋。从海洋或陆地蒸发的水汽上升凝结，在重力作用下直接降落在海洋或陆地上。水的这种周而复始不断转化、迁移和交替的现象称水文循环。水文循环的内因，是水在自然条件下能进行液态、气态和固态三相转换的物理特性，而推动如此巨大水文循环系统的能量，是太阳的辐射能和水在地球引力场所具有的势能。

水和水的循环对于生态系统具有特别重要的意义，不仅生物体的大部分（约70%）是由水构成的，而且各种生命活动都离不开水。水在一个地方将岩石侵蚀，而在另一个地方又将侵蚀物沉降下来，久而久之就会带来明显的地理变化。水中携带着大量的多种化学物质（各种盐和气体）周而复始地循环，极大地影响着各类营养物质在地球上的分布。除此之外，水对于能量的传递和利用也有着重要影响。地球上大量的热能用于将冰融化为水使水温升高和将水化为蒸汽。因此，水有防止温度发生剧烈波动的重要生态作用。

不同纬度带的大气环流使一些地区成为蒸发大于降水的水汽源地，而使另一些地区成为降水大于蒸发的水汽富集区；不同规模的跨流域调水工程能够改变地面径流的路径，全球任何一个地区或水体都存在着各具特色的区域水文循环系统，各种时间尺度和空间尺度的水文循环系统彼此联系着、制约着，构成了全球水文循环系统。

一、自然界的水文循环

（一）含义

地球上的水在太阳辐射作用下，不断地蒸发成水汽进入大气，随气流输送到各地；输送中，遇到适当的条件，凝结成云，重力作用下降落到地面，即降水；降水直接地或以径流的形式补给地球上的海洋、河流、湖泊、土壤、地下和生态水等，如此永不停止的循环运动，称为水文循环。

水的循环过程具体可以分为以下三个步骤：

第一步是蒸发和蒸腾的水分子进入大气。吸收太阳辐射热后，水分子从海洋、河流、湖泊、潮湿土壤和其他潮湿表面蒸发到大气中去；生长在地表的植物，通过茎叶的蒸发将水扩散到大气中，植物的这种蒸发作用通常又称为蒸腾。通过蒸发和蒸腾的水，水质都得到了纯化，是清洁水。

第二步是以降水形式返回大地。水分子进入大气后，变为水汽随气流运动，在适当条件下，遇冷凝结形成降水，以雨或雪的形式降落到地面。降水不但给地球带来淡水，养育了千千万万的生命，同时，还能净化空气，把一些天然的和人为的污物从大气中洗去。降水是陆地水资源的根本来源。

第三步是重新返回蒸发点。当降水到达地面，一部分渗入地下，补给地下水；一部分从地表流掉，补给河流。地表的流水，即径流可以带走泥粒，导致侵蚀；也可以带走细菌、灰尘和化肥、农药等，因而径流常常被污染。最后流归大海，水又回到海洋以及河流、湖泊等蒸发点。这就是地球上的水分循环。

有时水循环会出现一些较特殊的情况。在高纬度和高海拔区，自大气层降下的不是水而是雪。落在极地区或山地的雪积久可成冰，水因此得到保存，即退出水文循环，退出时间一般为几十年、几百年或几千年。因此，冰雪的固结与消融，影响着参与水循环的水的总量，进而影响全球海面变化。南极冰盖和格陵兰冰盖是世界上最大的冰库。水分循环把地球上所有的水，无论是大气、海洋、地表还是生物圈中的水，都纳入了一个综合的自然系统中，水圈内所有的水都参与水的循环。像人体中，从饮水到水排出体外只要几个小时；大气中的水，从蒸发进入大气，到形成降水离开大气，平均来说，完成一次循环要 8 ~ 10 天；世界大洋中的水，如果都要蒸发进入大气，完成一次水分循环的过程，需要 3 000 ~ 4 000 年。

水循环的另一个重要特点是每年降到陆地上的雨雪大约有 35% 又以地表径流的形式流入了海洋。值得特别注意的是，这些地表径流能够溶解和携带大量的营养物质，因此它常常把各种营养物质从一个生态系统搬运到另一个生态系统，这对补充某些生态系统营养物质的不足起着重要作用。由于携带着各种营养物质的水总是从高处往低处流动，所以高地往往比较贫瘠，而低地比较肥沃，例如沼泽地和大陆架就是这种最肥沃的低地，也是地球上生产力最高的生态系统之一。

（二）分类

水分循环的过程是非常复杂的。除了这种海陆之间的水分循环外，海洋有自己的洋流等水圈内部的水循环；大气圈里有随着大气环流进行的大气内部水循环；大气圈与陆地之间，大气圈与洋面之间，有着水汽形成降水，降落的水分又被蒸发的直接循环；岩石圈上存在着地表水与地下水之间的转换与循环；生物体内也有着生物水的循环等。根据水文循环过程的整体性和局部性，可把水文循环分为大循环和小循环。大循环是指海洋蒸发的水汽降到大陆后又流归海洋，它是发生在海洋与陆地之间的水文循环，是形成陆地降水、径流的主要形式；小循环是指海洋蒸发的水汽凝结后成为降水又直接降落在海洋上，或者陆地上的降水在没有流归海洋之前，又蒸发到空中去的局部循环。

（三）与水资源的关系

水文循环供给陆地源源不断的降水、径流，某一区域多年平均的年降水量或年径流量，即该地区的水资源量，因此水文循环的变化将引起水资源的变化。水文循环是联系地球系统地圈—生物圈—大气圈的纽带，是认识地球系统自然科学规律的重要方面。国际地圈生物圈计划（IGBP）代表国际地球学科发展前沿，其中除了碳循环外，21世纪核心的科学问题就是水循环和食物问题。水资源问题直接关系到国计民生和社会经济可持续发展的基本需求，水资源时间与空间的变化又直接取决于水文循环规律的认识。因此，陆地水文水资源学科在地球地理学科占据十分重要地位。

二、地球上的水量平衡

水量平衡是水文学的基础，一般可用下式来反映：

$$径流量 = 降雨量 - 蒸发量 \pm 蓄水量的变化$$

流域的总水量平衡可以用流域内各种水源（如地表水、地下水、土壤水、河槽蓄水等）水量平衡之和来计算。不同水源的划分，根据其对流域的出口断面，径流量的影响大小，随流域而异。然而，对每一种水源都可用一个非线性水库来概化。该水库接纳各种水量输入并产生其输出，这些输入可能为正也可能为负，比如，降水对任何水源都是正的收入，蒸发则为支出。

水文循环过程中，对任一地区、任一时段进入的水量与输出的水量之差，必等于其蓄水量的变化量，这就是水量平衡原理，是水文计算中始终要遵循的一项基本原理。依此，可得任一地区、任一时段的水量平衡方程。

降水、蒸发和径流是水循环过程中的三个最重要环节，并决定着全球的水量平衡。假如将水从液态变为汽态的蒸发作用作为水的支出（E），将水从汽态转变为液态（或固态）的大气降水作为收入（P），径流是调节收支的重要参数。根据水量平衡方程全球一年中的蒸发量应等于降水量，即 $E_{全球}=P_{全球}$。对任一流域、水体或任意空间，在一定时段内，收入水量等于支出水量与时段始末蓄水变量的代数和。例如，多年平均的大洋水量平衡方程为降水量+径流量=蒸发量；陆地水量平衡方程为降水量=径流量+蒸发量。但是，无论是在海洋上或陆地上，降水量和蒸发量因纬度不同而有较大差异。赤道地区，特别是北纬0°～10°之间水分过剩；在南北纬10°～40°一带，蒸发超过降水；在40°～90°之间，南、北半球的降水均超过蒸发，又出现水分过剩；在两极地区降水和蒸发都较少，趋于平衡。降水和蒸发的相对和绝对数量以及周期性对生态系统的结构和功能有着极大影响，世界降水的一般格局与主要生态系统类型的分布密切相关。而降水分布的特定格局又主要由大气环流和地貌特点所决定的。

地球表面及其大气圈的水只有大约5%是处于自由的可循环状态，其中99%都是海水。令人惊异的是地球上95%的水不是海水，也不是淡水，而是被结合在岩石圈和沉积岩里的水，这部分水不参与彼水循环。地球上的淡水大约只占地球总水量（不包括岩石圈和沉积岩里的结合水）的3%，其中3/4被冻结在两极的冰盖和冰川里。如果地球上的冰雪全部融化，其水量可满盖地球表面50m厚。

第二节 河流与流域

一、河流

（一）河流及其分段

在陆地表面上接纳、汇集和输送水流的通道称为河槽，河槽与在其中流动的水流统称为河流。河流是地球上水分循环的重要路径，是与人类关系最密切的一种天然水体。它是自然界中脉络相通的排泄降水径流的天然输水通道，其中分为各级支流及干流。河流的干流及其全部支流，构成脉络相通的河流系统，称为河系或水系。具有同一归属的水体所构成的水网系统称水系。组成水系的水体有河流、湖泊、水库和沼泽等。河流的干流及其各级支流构成的网络系统又称河系。一般水系和河系经常通用。

一个流域的水系，由干流和各级支流组成。直接汇集水流注入海洋或内陆湖泊的河流称为干流，直接流入干流的支流称一级支流，流入一级支流的支流称二级支流，依次类推。也有把接近源头的最小的支流叫一级支流，一级支流注入的河流叫二级支流，随着汇流的增加，支流的级别增多。不同水系的支流级别多少是不同的，这和水系的发展阶段有关。

每条河流一般可分为河源、上游、中游、下游、河口五个分段，各个分段都有其不同的特点。

1. 河源

河流开始的地方，可以是溪涧、泉水、冰川、沼泽或湖泊等。

2. 上游

直接连着河源，在河流的上段，它的特点是落差大，水流急，下切力强，河谷狭，流量小，河床中经常出现急滩和瀑布。

3. 中游

中游一般特点是河道比降变缓，河床比较稳定，下切力量减弱而旁蚀力量增强，因此，河槽逐渐拓宽和曲折，两岸有滩地出现。

4. 下游

下游的特点是河床宽，纵比降小，流速慢，河道中淤积作用较显著，浅滩到处可见，河曲发育。

5. 河口

河口是河流的终点，也是河流流入海洋、湖泊或其他河流的入口，泥沙淤积比较严重。

（二）河流基本特征

1. 河长

自河源沿干流到流域出口的流程长度称为河长，是确定河流落差、比降和能量的基本参数，以千米计。河槽中沿流向各最大水深点连线，叫作溪线，也称为深泓线。河流各横断面表面最大流速点的连线为中泓线。测定河长，就要在精确的地形图上画出河道深泓线，用两脚规逐段量测。

2. 弯曲系数

弯曲系数是河流平面形状的弯曲程度，是河源至河口的河长 L 与两地间的直线长度 l 之比，用字母甲表示。

3. 平面形态

在平原河道，由于河中水流发生环流的作用，泥沙的冲刷与淤积，使平原河道具有蜿蜒曲折的形态。由于在河流横断面上存在水面横比降，使水流在向下游流动过程中，产生一种横向环流，这种横向环流与纵向水流相结合，形成河流中常见的螺旋流。在河道弯曲的地方，这种螺旋流冲刷凹岸，使其形成深槽或使凸岸淤积，形成浅滩，直接影响着水源取水口位置的选择。两反向河湾之间的河段水深相对较浅，称之为浅槽，深槽与浅槽相互交替出现。

表现出河床深度的分布与河流平面形态的密切关系。

在山区，河流一般为岩石河床，平面形态异常复杂，并无上述规律，其河岸曲折不齐，深度变化剧烈，等深线也不匀调缓和。

4. 河流断面

（1）河流的横断面

河槽中某处垂直于流向的断面称为在该处河流的横断面。它的下界为河底，上界为水面线，两侧为河槽边坡，有时还包括两岸的堤防。不同水位有不同的水面线。某一时刻的水面线与河底线包围的面积称过水断面。河槽横断面是决定河道输水能力、流速分布等的重要特征，也是计算流量的重要参数。过水断面面积（F）随水位（H）的变化而变。过水断面上，河槽被水流浸湿部分的周长称为湿周（F），过水断面面积与湿周之比值称为水力半径（Fr）。河槽上的泥沙、岩石、植物等对水流阻碍作用的程度称为河槽的糙度，其大小对河流流速有很大影响。

（2）河流的纵断面

河流的纵断面是指河底或水面高程沿河长的变化。河底高程沿河长的变化称河槽纵断面；水面高程沿河长的变化称水面纵断面。沿河流中线（也有取沿程各横断面上的河床最低点）的剖面，测出中线以上（或河床最低点）地形变化转折的高程，以河长为横坐标，高程为纵坐标，即可绘出河流的纵断面图。纵断面图可以表示河流的纵坡及落差的沿程分布。

5. 河道坡度（河道纵比降）

河槽或水面的纵向坡度变化可用比降表示，河槽纵比降是指河段上下游河槽上两点的高差（又称落差）与河段长度的比值。水面纵比降是指河段上下游两点同时间的水位差与河段长度的比值。

6. 河流侵蚀基准面

河流在冲刷下切过程中其侵蚀深度并非无限度，往往受某一基面所控制，河流下切到这一基面后侵蚀下切即停止，此平面成为河流侵蚀基准面。它可以是能控制河流出水口水面高程的各种水面，如海面、湖面、河面等，也可以是能限制河流向纵深方向发展的抗冲岩层的相应水面。这些水面与河流水面的交点成为河流的侵蚀基点。河流的冲刷下切幅度受制于侵蚀基点。所谓的侵蚀基点并不是说在此点之上的床面不可能侵蚀到低于此点，而只是说在此点之上的水面线和床面线都要受到此点高程的制约，在特定的来水来沙条件下，侵蚀基点的情况不同，河流总剖面的形态、高程及其变化过程，也可能有明显的差异。

（三）河流的水情要素

1. 水位

水位是指河流某处的水面高程。它以一定的零点作为起算的标准，该标准称为基面，我国目前统一采用青岛基面。在生产和研究中，常用的特征水位有：①平均水位：指研究时段内水位的平均值。如月平均水位、年平均水位、多年平均水位。②最高水位和最低水位：指研究时段内水位的最大值和最小值。如月最高和最低水位，年最高和最低水位，多年最高和最低水位等。

2. 流速

（1）流速的脉动现象

流速是指河流中水质点在单位时间内移动的距离。

河水的流动属紊流运动。紊流的特性之一是水流各质点的瞬时流速的大小和方向都随时间不断变化，称其为流速脉动。

（2）河道中流速的分布

天然河道中流速的分布十分复杂，在垂线上（水深方向），从河底至水面，流速随着糙度影响的减小而增大，最小流速在河底，最大流速在水面下某一深度。河流横断面上各点流速，随着在深度和宽度上的位置以及水力条件变化而不同，一般都由河底向水面，由两岸向河心逐渐增大，最大流速出现在水流中部。

3. 流量

单位时间内通过某一过水断面水的体积称流量，单位为 m^3/s。

因此，测定某断面的流量就要进行流速和断面的测定。在河流断面上，流量增大，水位升高；流量减小，水位降低。因此，水位和流量具有一定的关系。这种关系可用一条曲线表示，即水位流量关系曲线。流量代表着河流的水资源，应用很广泛，故有多种特征值，如瞬时流量、日平均流量、月平均流量、年平均流量等。

4.径流总量

年径流总量是指在一个水文年内通过河流该断面水流总量之和，以 $10^4 m^3$ 或 $10^8 m^3$ 表示。以时间为横坐标，以流量为纵坐标点绘出来的流量随时间的变化过程就是流量过程线。流量过程线和横坐标所包围的面积即为径流量。

5.径流深

指计算时段内的径流总量平铺在整个流域面积上所得到的水层深度。它的常用单位为毫米（mm）。

6.径流的年内变化

我国河流径流的年内变化可分为四个阶段：①春季春汛或平水、枯水，北方河流由于冰雪融解，河流水位上涨、水量增加形成春汛，其中以东北的河流显著。此时南方的河流由于雨季开始早，径流迅速增加，径流量亦大。但华北、西北地区春旱严重，河流大都处于枯水期。②夏季洪水，夏季是我国河流径流最丰富的季节，大多数河流都出现夏季洪水期。③秋季平水，秋季是我国河川径流普遍减退的季节，是由夏季洪水过渡到冬季枯水之间的平水期。④冬季枯水，冬季是我国大部分河流最枯竭的季节。在干旱和半干旱地区小河常断流。

二、流域

（一）流域及其分类

流域：河流某一断面来水的集水区域，即该断面（称流域出口断面）以上地面、地下分水线包围的区域，地面分水线包围区域为地面集水区，地下分水线包围区域为地下集水区。分隔两个相邻流域的山岭或河间高地叫分水岭。分水岭上最高点的连线叫分水线，是流域的边界线。分水线所包围的面积称为流域面积或集水面积。

流域分为闭合流域和非闭合流域两类。

闭合流域：河床切割较深，在垂直方向地面、地下分水线重合，地面集水区上降水形成的地面、地下径流正好由流域出口断面流出，一般的大中流域均属此类。

非闭合流域：地面、地下分水线不重合的流域，非闭合流域与相邻流域发生水量交换，如岩溶地区的河流和一些很小的流域。

实际上，很少有严格意义上的闭合流域，对一般流域面积较大、河床下切较深的流域，因地面和地下集水区不一致而产生的两相邻流域的水量交换量比流域总水量小得多，常可忽略不计。因此，可用地面集水区代表流域。但是对于小流域或者流域内有岩溶的石灰岩地区，有时交换水量站流域总水量的比重相当大，把地面集水区看作流域，会造成很大的误差。这就必须通过地质、水文地质调查及枯水报告、泉水调查等来确定地面及地下集水区范围，估算相邻流域水量交换的大小。

（二）流域基本特征

流域面积 F：在地形图上绘出流域的分水线，用求积仪量出分水线包围的面积，即流域面积，以 km² 计。

流域长度 LF：从流域出口到流域最远点的流域轴线长度，以 km 计。

平均宽度流域面积与流域长度之比，以 km 计。

流域形状系数 K：流域平均宽度除以流域长度，为无量纲数。

流域的平均高度和平均坡度：将流域地形图划分为 100 个以上的正方格，依次定出每个方格交叉点上的高程以及等高线正交方向的坡度，取其平均值即为流域的平均高度和平均坡度。

河网密度：河系中河道的密集程度可用河网密度表示。河网密度等于河系干、支流的长度之和与流域面积之比。反映流域的自然地理条件，河网密度越大，排水能力越强。我国东南部的水乡，河网密度远高于北方地区。

流域的地理特征：流域的地理位置、气候、地形、地质、地貌等，都是与流域水文特性密切相关的地理特征。

地理位置：该流域的经纬度范围，以及与其他流域的相对位置关系等。

气候条件：该流域上的气候条件，包括降水、风、气温、湿度、日照、气压等。

下垫面特征：包括地形地貌以及地质构造等，下垫面对径流产生重要影响。

三、我国的主要河流

我国是一个河流众多，径流资源十分丰富的国家。如此众多的河流，丰富的径流资源，为灌溉、航运、发电、城市供水等提供了有利条件。

我国虽然河流众多，径流量十分丰富，但空间分布却呈现出东多西少、南丰北欠的不平衡性。我国的河流按其径流的循环形式，可分为注入海洋的外流河和不与海洋沟通的内流河两大区域。

（一）主要外流河

我国主要外流河的上游几乎都在民族地区，流向除东北和西南地区的部分河流外，受我国地形图西高东低的总趋势控制，干流大都自西向东流。外流河的干流，大部分发源于三大阶梯隆起带上：第一带是青藏高原的东部、南部边缘。这里发育的都是源远流长的巨川，如长江、黄河、澜沧江、怒江、雅鲁藏布江等。这些河流不仅是我国著名的长川大河，而且也是世界上的大河，许多国际性河流，如流经缅甸入海的萨尔温江（上源怒江）；流经老挝、缅甸、泰国、柬埔寨、越南而入海的湄公河（上源澜沧江）；流经印度的布拉马普特拉河（上源雅鲁藏布江）和印度河（上源狮泉河）也都发源于此。第二带是发源于第二阶梯边缘的隆起带，即大兴安岭、冀晋山地和云贵高原一带，如黑龙江、辽河、海河、西江等，也都是重要的大河。第三带是长白山地，主要有图们江和鸭绿江，它们邻近海洋，流程短，落差大，水力资源丰富。

长江是中国第一大河，仅次于非洲的尼罗河和南美洲的亚马孙河，为世界第三大河。其上游穿行于高山深谷之间，蕴藏着丰富的水力资源。长江从河源到河口，可分为上游、中游和下游，宜昌以上为上游，宜昌至湖口为中游，湖口以下为下游。上游河段又可分为沱沱河、通天河、金沙江和川江四部分，其中沱沱河、通天河和金沙江位于民族地区，流域面积 50 多万 km²。长江也是中国东西水上运输的大动脉，天然河道优越，有"黄金水道"之称。长江中下游地区气候温暖湿润、雨量充沛、土地肥沃，是中国重要的农业区。黄河为中国第二长河，发源于青海省巴颜喀拉山北麓各恣各雅山下的卡日曲，流经青海、四川、甘肃、宁夏、内蒙古、陕西、山西、河南、山东 9 个省区，黄河流域牧场丰美、农业发达、矿藏富饶，是中国古代文明的发祥地之一，黄河含沙量居世界大河之冠。黄河泥沙主要来自黄土高原，这个地区年输沙量占整个干流的 90%。在黄河上游，龙羊峡以上水流很清，到了贵德以下流域内渐渐有黄土分布，黄河出青铜峡到河口镇段，水流平稳，泥沙有所沉积，宁夏平原和河套平原就是黄河泥沙冲积而成的。黑龙江是中国北部的大河，是一条国际河流，由于水中溶解了大量的腐殖质，水色黝黑，犹如蛟龙奔腾，故此得名—黑龙江，满语称萨哈连乌拉，即黑水之意。

（二）主要内流河

内流河往往源出冰峰雪岭的山区，以冰雪融水为主要的补给来源。河流上游位于山区，支流多，流域面积广，水量充足，流量随干旱程度的增减而增减。河流下游流入荒漠地区，支流很少或没有，由于雨水补给小，加之沿途蒸发渗漏，流量渐减，有的河流多流入内陆湖泊，有的甚至消失在荒漠之中。塔里木河、伊犁河、格尔木河是内流区域的主要河流，对民族地区经济发展有着十分重要的作用。

1. 塔里木河

塔里木河是我国最长的内流河，上源接纳昆仑山、帕米尔高原、天山的冰雪融水，流量较大支流很多。"塔里木"，维吾尔语就是河流汇集的意思。塔里木河的主源叶尔羌河发源于喀喇昆仑山主峰乔戈里峰附近的冰川地区，若从叶尔羌河上源起算，至大西海子，全长约 2 000 km，流域面积为 19.8 万 km，塔里木河上游支流很多，几乎包括塔里木盆地中的大部分河流，主要有阿克苏河、和田河和叶尔羌河，长度分别是 110 km、1 090 km 和 1 037 km。塔里木河干流水量全部依赖支流供给，近年由于上中游灌溉用水增多，加之渗漏和蒸发，使下游水量锐减，逐渐消失在沙漠中。

2. 伊犁河

伊犁河上游有特克斯河、巩乃斯河和喀什河三大支流，主源特克斯河源于汗腾格里峰北侧，东流与巩乃斯河汇合后称为伊犁河；西流至雅马渡有喀什河注入，以下进入宽大的河谷平原，在接纳霍尔果斯河后进入俄罗斯，流入巴尔喀什湖。伊犁河在我国境内长 441 km，流域面积约 5.7 万 km²，是我国西北地区水量最丰富的河流，年径流量达 123 亿 m³，占新疆径流总量的 1/5，其中特克斯河占 63%。伊犁河最大流量多出现在 7 月、8 月，最小流量出现在冬季，这和冰雪融水和雨水补给有密切关系。

除天然河流外，中国还有一条著名的人工河，那就是贯穿南北的大运河。它始凿于公元前 5

世纪，北起北京，南抵浙江杭州，沟通海河、黄河、淮河、长江、钱塘江五大水系，全长 1 801 km，是世界上开凿最早、最长的人工河。

第三节　降水与蒸发

一、降水的形成

降水是云中的水分以液态或固态的形式降落到地面的现象，它包括雨、雪、雨夹雪、米雪、霜、冰雹、冰粒和冰针等降水形式。形成降水的条件有三个：一是要有充足的水汽；二是要使气块能够抬升并冷却凝结；三是要有较多的凝结核。当大量的暖湿空气源源不断地输入雨区，如果这里存在使地面空气强烈上升的机制，如暴雨天气系统，使暖湿空气迅速抬升，上升的空气因膨胀做功消耗内能而冷却，当温度低于露点后，水汽凝结为愈来愈大的云滴，云滴凝结，合并碰撞增大，相互吸引，上升气流不能浮托时，便造成降水。即：

地面暖湿空气—抬升冷却—凝结为大量的云滴—降落成雨

降雨的强度可划分为小雨、中雨、大雨、暴雨、大暴雨和特大暴雨等。同样，降雪的强度也可按每 12 小时或 24 小时的降水量划分为小雪（包括阵雪）、中雪、大雪和暴雪几个等级。

二、降水的种类

降水根据其不同的物理特征可分为液态降水和固态降水。液态降水有毛毛雨、雨、雷阵雨、冻雨、阵雨等；固态降水有雪、雹、霰等；还有液态固态混合型降水，如雨夹雪等。

（一）雨

降落到地面的液态水称为雨，按其性质可分为：

1.连续性降水

持续时间较长、强度变化较小的降水。通常降自雨层云或低而厚的高层云。

2.阵性降水

时间短，强度大，降雨时大时小，或雨水下降和停止都很突然，一日内降水时间不超过 3 小时。

3.毛毛雨

指水滴随空气微弱运动飘浮下降，肉眼几乎不能分辨其下降情况，形如牛毛。

根据其强度可分为：小雨、中雨、大雨、暴雨、大暴雨、特大暴雨，小雪、中雪、大雪和暴雪等，具体通过降水量来区分。

小雨：雨点清晰可见，没漂浮现象，下地不四溅，洼地积水很慢，屋上雨声微弱，屋檐只有滴水，12 h 内降水量小于 5 mm 或 24 h 内降水量小于 10 mm 的降雨过程。

中雨：雨落如线，雨滴不易分辨，落硬地四溅，洼地积水较快，屋顶有沙沙雨声，12 h 内降水量 5 ~ 15 mm 或 24 h 内降水量 10 ~ 25 mm 的降雨过程。

大雨：雨降如倾盆，模糊成片，洼地积水极快，屋顶有哗哗雨声，12 h 内降水量 15 ~ 30

mm 或 24 h 内降水量 25 ~ 50 mm 的降雨过程。

暴雨：凡 24 h 内降水量超过 50 mm 的降雨过程统称为暴雨。根据暴雨的强度可分为：暴雨、大暴雨、特大暴雨三种。暴雨：12 h 内降水量 30 ~ 70 mm 或 24 h 内降水量 50 ~ 100 mm 的降雨过程；大暴雨：12 h 内降水量 70 ~ 140 nun 或 24 h 内降水量 100 ~ 250 mm 的降雨过程；特大暴雨：12 h 内降水量大于 140 mm 或 24 h 内降水量大于 250 mm 的降雨过程。

大气中气流上升的方式不同，导致降水的成因亦不同。按照气流上升的特点，降水可分为三个基本类型。

（1）对流雨

由于近地面气层强烈受热，造成不稳定的对流运动，使气块强烈上升，气温急剧下降，水汽迅速达到过饱和而产生降水，称其为对流雨。对流雨常以暴雨形式出现，并伴随雷电现象，故又称热雷雨。从全球范围来说，赤道地区全年以对流雨为主，我国通常只见于夏季。

（2）地形雨

暖湿气流运动中受到较高的山地阻碍被迫抬升而绝热冷却，当达到凝结高度时，便产生凝结降水，也就是地形雨。地形雨多发生在山地的迎风坡。在背风的一侧，因越过山顶的气流中水汽含量已大为减少，加之气流越山下沉而绝热增温，以致气温增高，所以背风一侧降水很少，形成雨影区。

（3）锋面雨

当两种物理性质不同的气团相接触时，暖湿气流交界面上升而绝热冷却，达到凝结高度时便产生降水，称其为锋面雨。锋面雨一般具有雨区广、持续时间长的特点。在温带地区，包括我国绝大部分地区，锋面雨占有重要地位。

2.雪

小雪：12 h 内降雪量小于 1.0 mm（折合为融化后的雨水量，下同）或 24 h 内降雪量小于 2.5 mm 的降雪过程。

中雪：12 h 内降雪量 1.0 ~ 3.0 mm 或 24 h 内降雪量 2.5 ~ 5.0 mm 或积雪深度达 3 cm 的降雪过程。

大雪：12 h 内降雪量 3.0 ~ 6.0 mm 或 24 h 内降雪量 5.0 ~ 10.0 mm 或积雪深度达 5 cm 的降雪过程。

暴雪：12 h 内降雪量大于 6.0 mm 或 24 h 内降雪量大于 10.0 mm 或积雪深度达 8 cm 的降雪过程。

3.霰

白色不透明的小冰球，其径小于 1mm 称霰，大于 1 mm 称"雪子"或"米雪"。

三、降水的特性

（一）降水量

指单位时间降落到单位面积上未蒸发渗透的水层厚度，以 mm 表示，称降水量。广义降水包括水平方向上的露、霜、雾。

（二）降水强度

单位时间内的降水量以 mm/d 表示。小雨 0.0 ~ 10.0 mm/d，中雨 10.1 ~ 25.0 mm/d，大雨 25.1 ~ 50.0 mm/d，暴雨 50.1 ~ 100.0 mm/d，大暴雨 100.1 ~ 200.0 mm/d。

（三）降水变率

表示降水量年际之间变化程度的统计量称变率。

1. 绝对变率

绝对变率＝某地某年或某月实际降水量—历年平均降水量。有正负值，用绝对值相加，求平均，得出平均绝对变率。

2. 相对变率

相对变率＝绝对变率/历年平均降水量×100%。相对变率 > 25%，干旱或洪涝采取预防措施；相对变率 > 50%，特大干旱或洪涝，什么措施都不用采取，徒劳无功。

（四）降水保证率

某一界限的降水量在某一段时间内出现的次数与该时段内降水总次数的百分比，叫作降水频率，降水量高于（或低于）某一界限值的累计频率，叫作降水保证率，保证率是表示某一界限降水量出现可靠程度的大小。为防旱防涝提供了依据，要求资料在 25 ~ 35 年以上。

四、降水量的分布

降水量的空间分布受多种因素的制约，如地理纬度、海陆位置、大气环流、天气系统和地形等。根据降水量的纬度分布，可将全球划分为四个降水带。

（一）赤道多雨带

赤道及其两侧地带是全球降水最多的地带，年降水量一般为 2 000 ~ 3 000 mm。在一年内，春分和秋分附近降水量最多，夏至和冬至附近降水量较少。

（二）副热带少雨带

地处南北纬 15° ~ 30° 之间。这个地带因受副热带高压带控制，以下沉气流占优势，是全球降水量稀少带。大陆两岸和大陆内部降水最少，年雨量一般不足 500 mm，不少地方仅为 100 ~ 300 mm，是全球荒漠相对集中分布的地带。不过，该降水带并非到处都少雨，因受地理位置、季风环流和地形等因素影响，某些地区降水很丰富。例如，喜马拉雅山南坡印度的乞拉朋齐年均降水量高达 12 665 mm。我国大部分属于该纬度带，因受季风和台风的影响，东南沿海一带年降水量在 1 500 mm 左右。

（三）中纬多雨带

本带锋面、气旋活动频繁，所以年降水量多于副热带，一般在 500 ~ 1 000 mm。大陆东岸还受到季风影响，夏季风来自海洋，使局部地区降水特别丰富。例如，智利西海岸年降水量达 3 000 ~ 5 000 mm。

（四）高纬少雨带

本带因纬度高、气温低，使蒸发极小，故降水量偏少，全年降水量一般不超过 300 mm。

第四节 河川径流形成过程及影响径流的因素

一、径流的形成

由流域上降水所形成的、沿着流域地面和地下向河川、湖泊、水库、洼地流动的水流称为径流，其中被流域出口断面截获的部分称为河川径流。从降雨到达地面至水流汇集，流经流域出口断面的整个过程，称为径流形成过程。径流形成过程可概括为如下的形式：

降雨过程—扣除损失—净雨过程—流域汇流—流量过程

径流的形成是一个极为复杂的过程，为了在概念上有一定的认识，可把它概化为两个阶段，即产流阶段和汇流阶段。其中降雨转化为净雨的过程称产流过程；净雨转化为河川流量的过程称汇流过程。

（一）产流阶段

这是降水开始以后发生在流域坡地上的水文过程，最初一段时间内的降水，除河槽、湖泊、水库水面等不透水面积上的那部分直接参与径流形成外，大部分流域面积上将不产生径流，而是消耗于植物截留、下渗、填洼和蒸散发。当降雨满足了植物截留、洼地蓄水和表层土壤储存后，后续降雨强度又超过下渗强度，其超过下渗强度的雨量，降到地面以后，开始沿地表坡面流动称为坡面漫流，是产流的开始。如果雨量继续增大，漫流的范围也就增大，形成全面漫流，这种超渗雨沿坡面流动注入河槽，称为坡面径流。地面漫流的过程，即为产流阶段。

在流域产流过程中，不能产生河川径流的那部分降雨量称为损失量，它包括蒸散发量、植物截留量、填洼及土层中的持水量。降雨过程减去损失过程，即得净雨过程。净雨又可分为地面净雨、表层流净雨和地下净雨，前两项分别形成从地面汇入河流的地面径流和从地表相对不透水层汇入河流的表层流，为简化计算，还常常将前两项合在一起，仍称地面净雨；后者从地下潜水层汇入江河，形成地下径流。

（二）汇流阶段

降雨产生的径流，汇集到附近河网后，又从上游流向下游，最后全部流经流域出口断面，叫作河网汇流，这种河网汇流过程，即为汇流阶段。

净雨沿坡地汇入河网，称坡地汇流，然后沿河网汇集到流域出口，称河网汇流。

1.坡地汇流

地面净雨从坡地表面汇入河网，速度快、历时短，是形成洪水的主体，一般由坡面漫流、壤中径流汇流和地下径流汇流组成。坡面漫流开始于地面产生积水时，并随地面径流的增加而发展，属于明渠水流。壤中径流和地下径流的汇流分别开始于相对不透水层和地下水面以上土层含水量达到田间持水量之时，它们是不同土深处的渗流现象，地下净雨沿地下潜水层流入河网，流速很小，形成比较稳定的地下径流，是无雨期的基本径流，称基流。

2. 河网汇流

降雨形成的径流，经过坡地汇流即注入河网，开始河网汇流过程。进入河网的坡地径流，首先汇入附近的小河或溪沟，再汇入较大的支流，最后汇集至流域出口断面，形成了流域出口断面的流量过程线。

二、影响径流的因素

进行年径流分析计算的时候，要分析和掌握影响年径流的因素，以及各因素对年径流的影响状况。

径流是自然界水循环的组成环节，影响年径流的因素实际上就是影响流域产流和汇流的因素，主要包括：

（一）气象因素

包括降水特性、太阳辐射、气温、风速等。

（二）自然地理因素

包括流域面积、地质、地貌特征、植被及土壤条件、河槽特性等。

（三）人类活动影响

包括土地利用、农业措施和兴修水利工程等。

就气象因素来说，影响径流的气候因素主要是降水和蒸发。在湿润地区，降雨量大，蒸发量相对较小，降雨对年径流起决定性作用。在干旱地区，降水量小，蒸发量大，降水中的大部分消耗于蒸发，所以降水和蒸发均对年径流有相当大的影响。

流域的下垫面也是影响年径流的一个重要因素之一。流域的下垫面因素包括地形、地质、土壤、植被，流域中的湖泊、沼泽、湿地等。下垫面因素可能直接对径流产生影响，也可能通过影响气候因素间接地影响流域的径流。

在下垫面因素中，流域地形主要通过影响气候因素对年径流发生影响。比如，山地对于水气运动有阻滞和抬升作用，使山脉的迎风坡降水量和径流量大于背风坡。

植物覆被（如树木、森林、草地、农作物等）能阻滞地表水流，同时植物根系使地表土壤更容易透水，加大了水的下渗。植物还能截留降水，加大陆面蒸发。植被增加会使年际和年内径流差别减少，使径流变化趋于平缓，使枯水径流量增加。

流域的土壤岩石状况和地质构造对径流下渗具有直接影响。如流域土壤岩石透水性强，降水下渗容易，会使地下水补给量加大，地面径流减少。同时因为土壤和透水层起到地下水库的作用，会使径流变化趋于平缓。当地质构造裂隙发育，甚至有溶洞的时候，除了会使下渗量增大，还可能形成不闭合流域，并影响流域的年径流量和年内分配。

流域大小和形状也会影响年径流。流域面积大，地面和地下径流的调蓄作用强，而且由于大河的河槽下切深，地下水补给量大，加上流域内部各部分径流状况不容易同步，使得大流域径流年际和年内差别比较小，径流变化比较平缓。流域的形状会影响汇流状况，比如流域形状狭长时，汇流时间长，相应径流过程线较为平缓，而支流呈扇形分布的河流，汇流时间短，相应径流过程线则比较陡峻。

流域内的湖泊和沼泽相当于天然水库，具有调节径流的作用，会使径流过程的变化趋于平缓。在干旱地区，会使蒸发量增大，径流量减少。

第五节 水位与流量关系曲线

天然河道中的水流经常是不恒定的，流量一般随时间而变化。第一次的流量实测成果只能代表当时的情况，不能说明其变化过程及规律，在水文资料的整理中，通常是根据实测水位、流量资料建立水位流量的关系曲线。通过水位流量关系曲线，可把水位变化过程转换成相应的流量变化过程，并进一步求得各种统计特征值，以供国民经济各部门及工程规划设计应用。天然河流的水位流量关系由于非恒定流等各种水力要素的变化和泥沙运动的影响，在不同时期的同一水位，有时可能有若干不同的流量值，形成各种不同的水位流量关系曲线，不同的水位流量关系曲线有其不同的形成机理。

一、水位流量关系曲线

一个测站的水位流量关系是指基本水尺断面处的水位与通过该断面的流量之间的关系。根据实测流量成果，便可点绘水位与流量之间的关系。水位与流量之间的关系，有的表现为稳定的关系，有的则为不稳定的关系。

（一）稳定的水位流量关系曲线

稳定的水位流量关系，是指一个水位对应的流量变化不大，它们之间呈现单一关系。

（二）不稳定的水位流量关系

不稳定的水位流量关系，是指先后测得的水位虽然相同，但流量差别很大。在同一水位时，引起流量变化的原因很多，如断面冲刷或淤积、洪水涨落、变动回水等。

不稳定的水位流量关系曲线的处理方法很多，经常使用的有以下两种。

1.临时曲线法

若水位流量关系受到冲淤影响或比较稳定的结冰影响，在一定时期内关系点子密集成一带状，能符合定单一线的要求时，可以分期定出临时曲线法。

2.连时序法

当测流次数较多，能控制水位流量关系变化的转折点时，一般多用连时序法。

二、水位流量关系曲线的延长

当进行测站测流时，由于施测条件限制或其他种种原因，致使最高水位或最低水位的流量缺测或漏测，在这种情况下，须将水位流量关系曲线作高、低水部分的外延，才能得到完整的流量过程。

（一）根据水位面积、水位流速关系外延

河床稳定的测站，水位面积、水位流速关系点常较密集，曲线趋势较明确，可根据这两根线来延长水位流量关系曲线。实测断面延长水位面积曲线，顺趋势延长水位流速关系曲线，再以二者乘积延长水位流量关系曲线。

（二）根据水力学公式外延

此法实质上与上法相同，只是在延长 Z-V 曲线时，利用水力学公式计算出需要延长部分的 V 值。最常见的是用曼宁公式计算出需要延长部分的 V 值。

（三）水位流量关系曲线的低水延长

低水延长常采用断流水位法。所谓断流水位，是指流量为零时的水位，一般情况下断流水位的水深为零。此法关键在于如何确定断流水位，最好的办法是根据测点纵横断面资料确定。如测站下游有浅滩或石梁，则以其高程作为断流水位；如测站下游很长距离内河底平坦，则取基本水尺断面河底最低点高程作为断流水位，这样求得的断流水位比较可靠。

三、水位流量关系曲线的移用

规划设计工作中，常常遇到设计断面处缺乏实测数据，这时就需要将邻近水文站的水位流量关系移用到设计断面上。

当设计断面与水文站相距不远且两断面间的区间流域面积不大，河段内无明显的出流与入流的情况下，在设计断面设立临时水尺，与水文站同步观测水位。因两断面中、低水时同一时刻的流量大致相等，所以可用设计断面的水位与水文站断面同时刻水位所得的流量点绘关系曲线，再将高水部分进行延长，即得设计断面的水位流量关系曲线。

当设计断面与水文站的河道有出流或入流时，则主要依靠水力学的办法来推算设计断面的水位流量关系。

第六章 地下水运动

第一节 地下水运动的分类、特点以及规律

地下水运动主要讨论地下水在人为因素的影响下引起的运动，如水位、流速、流量等的变化。本节主要介绍有关地下水运动的基本概念及运算方法。

一、地下水运动的分类

（一）层流与湍流

渗流的运动状态有两种类型，即层流与湍流。在岩石空隙中，渗流的水质点有秩序地呈相互平行而不混杂的运动，称为层流；湍流则不然，在运动中水质点运动无秩序，且相互混杂，其流线杂乱无章。

层流和湍流两种状态，取决于岩石空隙大小、形状和渗流的速度。由于地下水在岩石中的渗流速度缓慢，绝大多数情况下地下水的运动属于层流。一般认为，地下水通过大溶洞、大裂隙时，才可能出现湍流状态。在人工开采地下水的条件下，取水构筑物附近由于过水断面减小使地下水流动速度增加很大，常常成为湍流区。

（二）稳定流与非稳定流

根据地下水运动要素随时间变化程度的不同，渗流分为稳定流与非稳定流两种。在渗流场内各运动要素（流速、流量、水位）不随时间变化的地下运动，称为稳定流；若地下水运动要素随时间发生变化，称为非稳定流。严格地讲，自然界中地下水呈非稳定流运动是普遍的，而稳定流是非稳定流的一种特殊情况。

（三）缓变运动与急变运动

大多数天然地下水运动属于缓变运动，这种运动具有如下特征：

流线的弯曲很小或流线的曲率半径很大，近似于一条直线；

相邻路线之间的夹角很小，或流线近乎平行。

不具备上述条件的称为急变运动。

在缓变运动中，各过水断面可以看成是一个水平面，在同一过水断面上各点的水头都相等。

这样假设的结果，就可以把本来属于空间流动（三维流运动）的地下水流，简化为平面流（二维流运动），以便用解平面流的方法去解决复杂的三维流问题。

二、地下水运动的特点

（一）曲折复杂的水流通道

由于储存地下水的空隙的形状、大小和连通程度等的变化，地下水的运动通道是十分曲折而复杂的。但在实际研究地下水运动规律时，并不是（也不可能）去研究每个实际通道中具体的水流特征，而是只能研究岩石内平均直线水流通道中的水流运动特征。这种方法实际上是用充满含水层（包括全部空隙和岩石颗粒本身所占的空间）的假想水流来代替仅仅在岩石空隙中运动的真正水流，其假想的条件主要有：假想水流通过任意断面的流量必须等于真正水流通过同一断面的流量；假想水流在任意断面的水头必须等于真正水流在同一断面的水头；假想水流通过岩石所受到的阻力必须等于真正水流所受到的阻力。

（二）迟缓的流速

河道或管网中水的流速通常都在 1 m/s 左右，有时也会每秒几米以上。但地下水由于通道曲折复杂，水流受到很大的阻力，因而流速一般很缓慢，常常用米每天来衡量。自然界一般地下水在孔隙或裂隙中的流速是几米每天，甚至小于 1 m。地下水在曲折的通道中缓慢地流动称为渗流，或称渗透水流，渗透水流通过的含水层横断面称为过水断面。渗流按地下水饱和程度的不同，可分为饱和渗流和非饱和渗流，前者包括潜水和承压水，主要在重力作用下运动；后者是指包气带中的毛管水和结合水运动，主要受毛管力和骨架吸引力的控制，本节主要讲述前者的运动规律。

（三）非稳定、缓变流运动

地下水在自然界的绝大多数情况下是非稳定、缓变流运动。地下水非稳定运动是指地下水流的运动要素（渗透流速、流量、水头等）都随时间而变化。地下水主要来源于大气降水、地表水体及凝结水渗入补给，受气候因素影响较大，有明显的季节性，而且消耗（蒸发、排泄和人工开采等）又是在地下水的运动中不断进行的，这就决定了地下水在绝大多数情况下都是非稳定流运动。不过地下水流速、流量及水头变化不仅幅度小，而且变化的速度较慢，一般情况下地下水全年的变化幅度是几米，甚至仅 1～2 m，这是地下水非稳定流的主要特点。因此，人们常常把地下水运动要素变化不大的时段近似地当作稳定流处理，这样研究地下水的运动规律就变得方便了很多。但是如果是人工开采，使区域地下水位逐年持续下降，那么地下水的非稳定流运动就不可忽视。

在天然条件下地下水流一般都呈缓变流动，流线弯曲度很小，近似于一条直线；相邻流线之间夹角较小，近似于平行。在这样的缓变流动中，地下水的各过水断面可当作一个直面，同一过水断面上各点的水头亦可当作是相等的，这样假设的结果就可把本来属于空间流动的地下水流，简化成为平面流，这样就可使计算简单化。

三、地下水运动的基本规律

（一）线性渗透定律

地下水运动的基本规律又称渗透的基本定律，为线性渗透定律。

线性渗透定律反映了地下水作层流运动时的基本规律，最早是由法国水力学家达西通过均质砂粒的渗流实验得出的，所以也称为达西定律。

（二）渗透系数

渗透系数是反映岩石渗透性能的指标，它是表征含水介质透水性能的重要参数，其物理意义为：当水力坡度为1时的地下水流速。它不仅取决于岩石的性质（如空隙的大小和多少、粒度成分、颗粒排列等），而且和水的物理性质（如相对密度和黏滞性）有关。但在一般的情况下地下水的温度变化不大，故往往假设其相对密度和黏滞系数是常数，所以，渗透系数 K 值只看成与岩石的性质有关，如果岩石的空隙性好，透水性就好，渗透系数值就大。

（三）非线性渗透定律

达西定律实际上并不是适用于所有的地下水层流运动，只是在流速比较小时地下水运动才服从达西公式。

但当地下水在岩石的大孔隙、大裂隙、大溶洞中及取水构筑物附近流动时，此时水流常常呈紊流状态，或即使是层流，但雷诺数已超过达西定律适用范围时，渗流速度与水力坡度就不再是一次方的关系，紊流运动的规律是渗流速度与水力坡度的平方根成正比，为地下水运动的非线性渗透定律，也称为哲才公式。

由于事先确定地下水流动的流态属性在生产实践中是很困难的，因此上述两式在实际工作中应用很少。

第二节 地下水流向井的稳定流理论

一、取水构筑物的类型

为了解决开采地下水以及其他目的，需要用取水构筑物来揭露地下水。取水构筑物类型很多，按其空间位置可分为垂直的和水平的两类。垂直的取水构筑物是指构筑物的设置方向与地表大致垂直，如钻孔、水井等；水平的取水构筑物是指构筑物的设置方向与地表大致平行，如排水沟、渗渠等。按揭露的对象又可分为潜水取水构筑物（如潜水井）和承压水取水构筑物（如承压井）两类。此外，按揭露整个含水层的程度和进水条件可分为完整的和非完整的两类。实际水井类型常常呈交叉形式，经常采用复合式命名，如潜水非完整井、承压水完整井等。

二、地下水流向潜水完整井的稳定流

在潜水井中以不变的抽水强度进行抽水，随着井内水位的下降，在抽水井周围会形成漏斗状的下降区，经过相当长的时间以后，漏斗的扩展速度逐渐变小，若井内的水位和水量都会达到稳

定状态，这时的水流称为潜水稳定流，在井的周围形成了稳定的圆形漏斗状潜水面，称为降落漏斗，漏斗的半径 R 称为影响半径。

潜水完整井稳定流计算公式的推导需要有如下必要的简化和假设条件：

含水层均质各向同性，隔水底板为水平；

天然水力坡度为零；

抽水时影响半径范围内无渗入和蒸发，各过水断面上的流量不变，且影响半径的圆周上定水头边界。

于是，在平面上，潜水井抽水形成的流线是沿着半径方向指向井，等水位线为同心圆状。在剖面上，流线是一系列的曲线，最上部的流线是曲率最大的一条凸形曲线，叫作降落曲线（也可以叫作浸润曲线），下部曲率逐渐变缓成为与隔水层近乎平行的直线，底部流线是水平直线；等水头面是一个曲面，近井曲率较大，远井曲率逐渐变小。在空间上，等水头面试绕井轴旋转的曲面。在这种情况下，渗流速度方向是倾斜的，渗透速度是既有水平分量，又有垂直分量，给计算带来很大的困难。考虑到远离抽水井等水头面接近圆柱面，流速的垂直分速度很小，因此可忽略垂直分速度，将地下水向潜水完整井的流动视为平面流。

三、地下水流向承压水完整井的稳定流

当承压完整井以定流量 Q 抽水时，若经过相当长的时段，出水量和井内的水头降落达到了稳定状态，这就是地下水流向承压水完整井的稳定流。其水流运动特征与地下水流向潜水井的稳定流不同之处是：承压含水层厚度不变，因而剖面上的流线是相互平行的直线，等水头线是铅垂线。过水断面是圆柱侧面。在推导承压完整井流量计算公式时，其假定条件和潜水完整井推导相同。

四、承压水非完整井

当承压含水层的厚度较大时，抽水往往为非完整井。所谓厚度较大，是相对于过滤的长度而言的。

五、潜水非完整井

研究潜水非完整井的流线时发现，过滤器上下两端的流线弯曲很大，从上端向中部流线弯曲程度逐渐变换，从中部向下端又朝反方向弯曲。在中部流线近于平面径向流动，通过过滤器中点的流面几乎与水平面平行；因此可以用通过过滤器中部的平面把水流区分为上、下两段，上段可以看作潜水完整井，下段则是承压水非完整井。这样的潜水非完整井的流量可以近似看作是上、下两段流量之总和。

第三节 地下水完整井非稳定流理论

一、承压完整井非稳定流微分方程的建立

假定在一个均质各向同性等厚的、抽水前承压水位水平的、平面上无限扩展的、没有越流补给的水承压含水层中，打一口完整井，以定流量 Q 抽水，地下水运动符合达西定律，并且流入井的水量全部来自含水层本身的弹性释放。随着抽水时间的延长，降落漏斗会不断扩大，井中的水位会持续下降，但并未达到稳定状态。

当抽水时间间隔很短时，可以把非稳定流当作稳定流来处理。

二、基本方程式——泰斯公式的推导

根据一定的初始条件和边界条件，可以求解上述推导的完整井非稳定流的偏微分方程，即泰斯公式。

三、对泰斯公式的评价

泰斯公式是建立在把复杂多变的水文地质条件简化的基础上，即含水层均质、等厚、各向同性、无限延伸；地下水呈平面流，无垂直和水平补给以及初始水力坡度为零；等等。正因为有这些与实际情况不完全相符的假设条件，所以泰斯公式并非尽善尽美，仍有其一定的局限性，具体表现在以下几个方面：

（1）自然界的含水层完全均质、等厚、各向同性的情况极为少见，而且地下水一般不动，总是沿着某个方向具有一定的水力坡度，因此抽水降落漏斗常常是非圆形的复杂形状，最常见的是下游比上游半径长的椭圆形。

（2）同稳定流抽水相同，当抽水量增加到一定程度之后，井附近则产生三维流区。有人认为三维流产生在距井 1.6M（M 为承压含水层厚度）范围内，供水水文地质勘查规范认为是 1 倍含水层厚度的范围内。

（3）含水层在平面上无限延伸的情况在自然界并不存在，在抽水试验时只能把抽水井布在远离补给边界或远离隔水边界处。

（4）泰斯假定含水层垂直和水平补给，抽水井的水量完全由"弹性释放"水量补给，实际上承压含水层的顶、底板不一定绝对隔水，不论是通过顶、底板相对隔水层的越流补给还是通过顶、底板的天窗补给，在承压含水层内进行长期的抽水过程中具有垂直和水平补给的情况是经常遇到的。

四、地下水向取水构筑物的非稳定流计算所能解决的问题

（一）评价地下水的开采量

非稳定流计算最适合用来评价平原区深部承压水的允许开采量，因为这种含水层分布面积大、埋藏较深、天然径流量小，开采水量常常主要依靠弹性释放水量，补给量比较难求。因此这类承压水地区的开采资源的评价方法是通过非稳定流计算，求得在一些代表性地下水位允许下降值 S 所对应的取水量作为允许开采量。

（二）预报地下水位下降值

在集中开采地下水的地区，区域水位逐年下降现象已经是现实问题，但更重要的是如何预报在一定取水量及一定时段之后，开采区内及附近地区任一点的水位下降值。非稳定流计算能容易予以解决，然后稳定流理论对此无能为力。

（三）确定含水层的水文地质参数

利用非稳定流理论无论是计算允许开采量还是预报地下水位下降值，都需要首先确定含水层的水文地质参数——水位（压力）传导系数 α，导水系数 T，蓄水系数 S 或弹性给水度 u 等。通过抽水试验测得 Q，s 及 t 值，然后通过非稳定流方程式可解出其中的 α，T，S 值。

第四节 地下水的动态与平衡

地下水动态是地下水水位、水量、水温及水质等要素，在各种因素综合影响下随着时间和空间所发生的有规律的变化现象和过程，它反映了地下水的形成过程，也是研究地下水水量平衡及其形成过程的一种手段。研究地下水的动态是为了掌握它的变化规律和预测它的变化方向，地下水不同的补给来源和排泄去路决定了地下水动态的基本特征，而地下水动态则综合反映了地下水补给与排泄的消长关系。地下水动态受一系列自然因素和人为因素的影响，并有周期性和随机性的变化。

一、影响地下水动态的因素

要全面地了解和研究地下水动态，首先应了解在时间和空间上改变地下水性质的各种因素，以及区别主要和次要影响因素及各个因素对地下水动态的影响特点和影响程度。影响地下水动态的因素很复杂，基本上可以区分为两大类：自然因素和人为因素。其中自然因素又可区分为气象气候因素以及水文、地质地貌、土壤生物等因素；人为因素包括增加或疏干地表水体、地下水开采、人工回灌、植树造林、水土保持等对地下水动态的影响。

二、气象及气候因素

降水与蒸发直接参与地下水的补给与排泄，对地下水动态的影响最明显。降水渗入岩石、土壤促使地下水位上升，水质冲淡，而蒸发会引起地下水位降低和水的矿化度增大。

气象因素中的降雨和蒸发直接参与了地下水补给和排泄过程，是引起地下水各个动态要素，

诸如地下水位、水量以及水质随时间、地区而变化的主要原因之一。如气温的变化会引起潜水的物理性质、化学成分和水动力状态的变化，因为温度的升高会减少潜水中溶解的气体数量和增大蒸发量，从而也就增大了盐分的浓度，另外温度升高之后能减少水的黏滞性，因而减小了表面张力和毛细管带的厚度。气象因素的特点是有一定的周期性，而且变化迅速，故而引起了地下水动态的迅速变化。气象变化的周期性可分为多年的、一年的和昼夜的，这些变化直接影响着地下水动态，特别是对浅层地下水，它是地下水位、水量、化学成分等随时间呈规律性变化的主要原因。地下水的季节变化目前研究最多，也最具有现实意义，在气象季节变化的影响下，地下水呈季节变化的特征是：地下水位、水量、水质等一年四季的变化与降水、蒸发、气温的变化相一致。

气候上的昼夜、季节以及多年变化也要影响到地下水的动态进程，它一般是呈较稳定的、有规律性的周期变化，从而引起地下水发生相应的周期性变化。尤其是浅层地下水往往具有明显的日变化和强烈的季节性变化现象。在春夏多雨季节，地下水补给量大，水位上升，秋冬季节，补给量减少，而排泄不仅不减少，常常因为江河水位低落，地下水排泄条件改善，而增大地下水的排泄量，于是地下水位不断下降。这种现象还因为气候上的地区差异性，致使地下水动态亦因地而异，具有地区性特点。此外，气温的升降不但影响蒸发强度，还引起地下水温的波动，以及化学成分的变化。

三、水文因素

由于地表水体与地下水常常有着密切的联系，因而地表水流和地表水体的动态变化亦必然直接地影响着地下水的动态。水文因素对于地下水动态的影响，主要取决于地表上江河、湖（库）与地下水之间的水位差，以及地下水与地表水之间的水力联系类型。

江河湖海对地下水的影响主要作用于这些地表水体的附近，其中以河流对地下水动态的影响较大。河流与地下水的联系有三种形式：河流始终补给地下水、河流始终排泄地下水、（3）洪水时河流补给地下水，枯水期地下水补给河水，如平原上较大的河流。当河水与地下水有水力联系时，则河水的动态也影响地下水的动态。显然，河水位的升降对地下水位的影响是随着离岸距离的增大而减小，以至逐渐消失。

水文因素本身在很大程度上受气候及气象因素影响，因此根据它对地下水动态作用时间的不同，分为缓慢变化和迅速变化两种情况。缓慢变化的水文因素改变着地下水的成因类型，迅速变化的水文因素使地下水的动态出现极大值、极小值以及随时间而改变的平均值的波状起伏，如近岸地带的潜水位随地表水体的变化而升降，距离越近，变化幅度越大，落后于地表水位的变化时间也越短；而距地表水体越远，其变化幅度越小，落后时间越长。

四、地质地貌因素

地质地貌因素对地下水的影响，一般不反映在动态变化上，而是反映在地下水的形成特征方面。地质构造运动，岩石风化作用，地球的内热等因素对地下水的形成环境影响很大，但这些因素随时间的变化非常缓慢，因此地质因素对地下水的影响并不反映在动态周期上，而是反映在地下水的形成特征方面。其中地质构造决定了地下水的埋藏条件,岩性影响下渗、贮存及径流强度,地貌条件控制了地下水的汇流条件。这些条件的变化,造成了地下水动态在空间上的差异性。又如,地质构造决定了地下水与大气水、地表水的联系程度不同,使不同构造背景中的地下水出现不同的动态特征。再如,岩石性质决定了含水层的给水性、透水性,相同的补给量变化,在给水性、透水性差的岩石中会引起较大幅度的水位变化。

但是对于地震、火山喷发、滑坡及崩塌现象,则也能引起地下水动态发生剧变。因为地震会使岩石产生新裂隙和闭塞已有裂隙,则会形成新泉水和原有泉水的消失。地震引起的断裂位移、滑坡和崩塌还能根本改变地下水的动力状态。当含水层受震动时,会使井、泉水中的自由气体的含量增大。正是因为地震因素能引起地下水动态的变化,从而为利用地下水动态预报地震提供了可能。

五、生物与土壤因素

生物、土壤因素对地下水动态的影响,除表现为通过影响下渗和蒸发来间接影响地下水的动态变化外,还表现为地下水的化学成分和水质动态变化上的影响。

土壤因素主要反映在成土作用对潜水化学成分的改变,潜水埋藏越浅,这种作用越显著。在天然条件下,土壤盐分的迁移存在着方向相反的两个过程:一个是积盐过程,在地下水埋藏较浅的平原地区,地下水通过毛管上升蒸发,盐分累积于土壤层中。另一个是脱盐过程,水分通过包气带下渗,将土壤中的盐分溶解并淋溶到地下水中,从而影响潜水化学成分的变化。

生物因素的作用表现在两个方面:一方面是植物蒸腾对地下水位的影响。例如,在灌区渠道两旁植树,借助植物蒸腾来降低地下水位,调节潜水动态,减弱土面蒸发而防止土壤盐碱。另一方面表现在各种细菌对地下水化学成分的改变。每种细菌(硝化、硫化、磷化细菌等)都有一定的生存发育环境(如氧化还原电位、一定的 PH 值等),当环境变化时,细菌的作用也将改变,地下水的化学成分也发生相应的变化。

六、人为因素

人为因素包括各种取水构筑物的抽取地下水、矿山排水和水库、灌溉系统、回灌系统等的注水,这些活动都会直接引起地下水动态的变化。人为因素对地下水动态的影响比较复杂,它比自然因素的影响要大,而且快,但影响的范围一般较小。从影响后果来说,有积极的一面,也有消极的一面。人们从事地下水方面的研究,除了研究地下水系统内在的机制与规律外,更重要的是为了如何更好地积极地影响与控制地下水动态进程,防止消极的影响,使地下水动态朝向适合人类需要的方向发展。

七、地下水动态的研究内容

地下水动态的研究内容大致可概述如下:

(1)查明地下水形成条件,以地下水长期观测资料评价地下水的补给与排泄条件,进行水均衡分析,确立各种动态影响因素的作用以及地下水动态形成中的物理、化学过程。为编制地下水动态预测与实现各种水文地质计算服务。

（2）研究年内或多年的地下水天然补给量及其变化规律。地下水补给的查明是合理利用地下水资源以及对地下水资源提出保护措施的基础。

（3）对区域地下水相动态的研究。我国青藏高原与北方地区很大一部分地下水以固相形态出现，北方广大地区每年开春融冻是液相地下水的重要补给因素。因此对地下水相动态以及地温传导过程的研究在当地液相地下水资源形成的研究中占有重要地位。

（4）地下水的水、盐、热平衡形成规律的研究。水、盐、热动态是相互关联的，利用盐、热动态资料经常能提供水动态及平衡形成的关键信息；地下水盐、热动态必须与水动态研究同步进行。该项研究成果是土地改良设计、地下卤水开采及热水利用各项工作的基础。

（5）地下水动态区域分布规律的研究。在不同自然地理与地质单元内，对影响地下水动态的各种因素及其对地下水作用的实现条件；不同地质、水文地质单元的水文地质边界类型与性质；含水层、水文地质构造的各种水文地质参数的地区分布等，因这些参数从数量上反映了地下水圈、地表水圈、大气圈之间的水量交换以及地下水圈的固有特征。

（6）水文地质模型与地下水动态预报方法的研究。能适应不同地质、水文地质条件并能进行解析或数值求解的数学模型等，如水质弥散模型、水热运移模型、双重介质模型、弹性介质或弹塑性介质压力传播模型、水与汽两相流动模型等。

（7）地下水动态要素与水文过程线统计学特征及参数的地区性规律研究。如地下水动态观测序列的平稳性、各态历经性；水文过程线的频谱结构及其地方性参数；地下水动态系列统计学分布规律等项的研究。所有这些均是采用随机数学模型预报地下水动态的基础。

（8）全国或地区地下水动态观测资料整理自动化及传输技术的研究。建立国家级、地方级或某一生产系统（如地震系统）地下水动态监测网，包括网点选择、确立地下水动态观测内容、进行资料自动测报系统与传输技术的研究；建立全国性统一的地下水动态数据库与地下水资源管理调度中心，定期提出地下水动态情报，在必要时向国家权力机构发布危急咨询警报等。

从以上分析看来，对地下水资源及其动态的研究完全具有自身特定的研究对象和独立的研究方法与手段，它的使命即为水资源合理开发利用服务。

第五节　地下水平衡

一、地下水平衡的概念

一个地区的水平衡研究，实质就是应用质量守恒定律去分析参与水循环的各要素的数量关系。地下水平衡是以地下水为对象的平衡研究。目的在于阐明某个地区在某一段时间内，地下水水量（盐量）收入与支出的数量关系。进行平衡计算所选定的地区，称作平衡区，它最好是一个地下水流域。进行平衡计算的时间段，称作平衡期，可以是若干年、1年、1个月。某一平衡区，在一定平衡期内，地下水水量（或盐量）的收入大于支出，表现为地下水储量（或盐量）增加，称作正平衡。反之，支出大于收入，地下水储量（或盐量）减少，称作负平衡。

对于一个地区来说，气候经常以平均状态为准发生波动。多年中，从统计的角度讲，气候趋近平均状态，地下水也保持其总的平衡。在较短的时期内，气候发生波动，地下水也经常处于不平衡状态，从而表现为地下水的水量与水质随时间发生有规律的变化，即地下水动态。由此可见，平衡是地下水动态变化的内在原因，动态则是地下水平衡的外部表现。

为了研究地下水平衡，必须分析平衡的收入项与支出项，列出平衡方程式。通过测定或估算列入平衡方程式的各项要素，以求算某些未知项。

水平衡是物质守恒定律应用于水文循环方面的一个例证。在规定时间内进入指定地区的所有的水，其中一部分进入由边界圈定的含水空间中储存起来，另一部分向周围排泄。

水平衡要求补给项与消耗项平衡，在实践中就利用这种关系来预测1个月、1季度、1个水文年或几年内天然水收入和支出项之间的差值，而这个值又常用地表水、包气带水及地下水储量变化的总和来表达，所以研究水平衡牵连很多方面的内容。首先是气候的周期波动，在短周期内这个差值随着气候条件变化极不稳定，而长周期内该值接近某一平均值，其变动幅度相应减小。在多水年份，差值为正，常常以加强一项或几项消耗量与增大的收入项相平衡；相反在湿度不足年份，差值为负，这时有的消耗项可以接近于零。

考虑到地下水特别是浅层地下水动态与平衡的研究与气候、水文、生物—土壤因素有紧密关系，而目前这些内容均已分别属于不同学科的研究对象。所以作为水圈整体来说，地下水又不是孤立存在的，这就决定了地下水平衡的研究，特别是动态预报工作必须广泛地做多方面的调查，需要对地区地下水资源形成的各个方面的因素（包括影响水收入与支出等因素）进行定量测定，而地下水储量变化仅仅是其中主要的研究内容之一。

研究地下水平衡的场地必须选择在典型而同时又是国民经济建设比较重要的地方，最好平衡区位于一个水文地质单元内，边界不但明显而且确切，又容易圈定，某一区域地下水的平衡规律总是通过一些小面积的典型地下水域（平衡场）的研究来查明的，包括对区域地下水动态曲线进行分区，分析地下水动态形成因素的地区分布特点。降水量、蒸发量、水文网、土壤及植被分布均具有地带性，为此平衡场的任务就是详细解剖不同地区各个因素对地下水平衡的影响。

上述各平衡项中，地表水对地下水的补给或地下水向地表的排泄，在不少场合下，可以相当精确地测定，但地下水从邻区的流入或向邻区的流出，在地下水流边界尚未确立前是不易正确计算的，因为这些边界常常不是地表能观察到的一些地貌界线，所以必须事先进行一定比例尺的水文地质测绘和一系列的勘探、试验，确定含水层数目及其规模，划分潜水或承压水的界线，确定地下水的补给来源、径流和排泄场所，并通过一些典型断面来查明各含水层的相互联系，特别是在隔水层中能使含水层产生内部补给"天窗"、断裂以及承压含水层空间展布和尖灭情况等。在弄清这些边界条件之后，再测定某些平衡计算需要的水文地质参数，如含水层的给水度、贮水系数、导水系数及越流系数等。

对于与地下水动态变化和平衡计算有关的人为因素，同样地也必须进行调查了解，如对灌区来讲包括：

（1）灌溉水在输送过程中的损失；

（2）灌溉制度与灌溉定额；

（3）耕地及其农作计划；

（4）土地利用；

（5）排水设施及排水量等。

对地下水供水来讲包括：

（1）地下水开采后形成的降落漏斗；

（2）地下水开采方式；

（3）地下水开采量及长远发展计划；

（4）人工补给工程等。

地下水平衡的研究还不够成熟，@前多限于水量平衡的研究，而且主要是涉及潜水水量平衡。

二、水平衡方程式

水平衡方法是水资源评价的基本方法之一。水平衡的研究经常是地下水与地表水一起进行的。水平衡反映了一个地区在包气带、饱水带内水储量的收支平衡情况。在实践中一个地区未来时刻地下水动态的预报也常常利用水平衡方程式。近二十年来，地下水运动理论及水文地质过程的相似模拟方法取得了相当大的发展，促使水平衡计算也进入了一个新阶段。

陆地上某一地区天然状态下总的水平衡，其收入项一般包括：大气降水量、地表水流入量、地下水流入量；支出项一般包括：地表水流出量、地下水流出量、蒸发量。

第七章 地下水的物理性质及化学成分

第一节 地下水的物理性质

在漫长的地质年代里，地下水与周围介质相互作用，溶解了介质中的可溶盐分及气体，从而获得各种物质成分，同时，地下水还要经受各种物理化学作用，原始成分时刻变化，致使其化学成分复杂化。因此，地下水是一种复杂的溶液。这种溶液的性质，反映了它的形成过程和环境，分析和研究这种复杂溶液的物理性质和化学成分，对于阐明地下水的来源和运动方向，对于利用地下水、防止地下水的危害、指导水化学找矿、查明地下水污染、为地下水管理提供科学依据等方面，都具有重要意义。

地下水的物理性质主要有温度、透明度、颜色、气味、口味等。它们在一定程度上反映了地下水的化学成分及其存在、运动的地质环境。

一、地下水的温度

地下水的温度主要受大气温度及埋藏深度的控制。近地表的地下水温度，更易受气温的影响。通常在日常温带以上（埋藏深度 3 ~ 5 m 以内）的水温，呈现周期性的日变化，年常温带以上（埋藏深度 50 m 以内）的水温，则呈现周期性的年变化，在年常温带，水温的变化很小，一般不超过 1℃，年常温带以下，地下水的温度则随深度的增加而递增，其变化规律取决于地热增温级。地热增温级是地温梯度的倒数，是指在常温带以下，温度每升高 1℃ 时所增加的深度，其值随地质条件变化，一般为 30 ~ 33 m/℃。

受特殊地质、构造条件的制约，地下水的温度变化很大，从零下几摄氏度到大于 100℃。通常按照水的属性及人的感受程度，可以把地下水进行温度分级，共分为 7 级。37℃ 是人的体温，42℃ 是人的一般耐受温度。

二、地下水的透明度

常见的地下水多是透明的，但如含有一些固体和胶体悬浮物时则地下水的透明度会有所改变。为了测定透明度，可将水样倒入一高 60 cm 带有放水嘴和刻度的玻璃管中，把管底放在回号铅字（专用铅字）的上面，打开放水嘴放水，一直到能清楚地看到管底的铅字为止，读出管底到水面的高度，即可以定量地标定地下水的透明度。根据这种观测方法可以把水的透明度划为四级，即透明的、微浊的、混浊的、极浊的。

透明的：无悬浮物及胶体，60 cm 水深可见 3 mm 的粗线。

微浊的：有悬浮物，30 ~ 60 cm 水深可见 3 mm 的粗线。

浑浊的：有较多的悬浮物，半透明状，小于 30 cm 水深可见 3 mm 的粗线。

极浊的：有大量的悬浮物或胶体，似乳状，水深很浅也不能清楚看见 3 mm 的粗线。

三、地下水的颜色

地下水一般是无色的，但是当水中含有某些化学成分及悬浮物时，便会呈现有不同的颜色。

表 7-1 地下水的透明度分级表

水中存在物质	硬水	低价铁	高价铁	硫化氢	硫细菌	锰的化合物	腐植酸	黏土
水的颜色	浅蓝	灰蓝（淡灰）	黄褐（锈色）	翠绿	红色	暗红	暗黄或灰黑（带荧光）	淡黄（无荧光）

四、地下水的气味

地下水一般是无气味的，当水中含有某些特殊成分时便具有气味，如地下水含有硫化氢气体时，则有臭鸡蛋味；有机物质使地下水有鱼腥味。在低温时气味不易辨别，加热后气味增加，一般在 40℃时气味最显著。

第二节 地下水的化学成分

地下水不是一种纯粹的 H_2O，而是一种复杂的溶液，它含有各种不同的离子、气体、胶体、有机质和细菌等。这些化学成分有的大量存在于水中，有的含量微弱，这主要是与各种元素在水中的溶解度及其在地壳中的含量有关。

天然条件下，地下水中分布广、含量多的离子主要有七种，即 Cl^-、SO_4^{2-}、HCO_3^-、K^+、Na^+、Ca^{2+}、Mg^{2+}。目前人力作用显著的条件下，NO_3^- 已经成为地下水中主要成分，特别是在农业发达地区和城市下游。上述这些成分在地下水中占绝对优势，它们决定了地下水化学成分的基本类型和特点。

一、氯离子

氯离子（Cl^-）是地下水中分布最广的阴离子，几乎存在于所有的地下水中。其含量变化很大，由每升几毫克至几百克。它主要来自沉积岩中的岩盐或其他氯化物的溶解，以及海相沉积物中埋藏的海水；其次，来自火成岩中含氯矿物，此外，还来源于动物的排泄物，以及污水、废水的渗入等。因此，往往在城市或密集的居民点附近，污染的地下水中 Cl^- 的含量相应增高。Cl^- 不为植物及细菌所摄取，不被土粒表面吸附，且氯盐溶解度大，不易沉淀析出，所以它是地下水中最稳定的离子。

二、硫酸根离子

硫酸根离子（SO_4^{2-}）在地下水中分布也很广，其含量变化范围由每升几毫克至几克，通常为每升数十毫克。它主要来自石膏（$CaSO_4 \cdot 2H_2O$）及其他含硫酸盐沉积物的溶解，其次来自天然硫及硫化物（如黄铁矿）的氧化及溶解。

三、碳酸氢根离子

碳酸氢根离子（HCO_3^-）在地下水中分布虽然很广，但含量却不高，一般在 1 g/L 以内。它主要来源于碳酸盐岩（如石灰岩、白云岩、泥灰岩等）的溶解。

四、钠离子

钠离子（Na^+）在地下水中分布很广，其含量由每升数毫克至数十克，有时可达几百克。它主要来源于岩盐及含钠盐沉积物的溶解，其次亦有来自火成岩及变质岩中含钠矿物（如钠长石）的风化和分解。

五、钾离子

钾离子（K^+）的来源及其在地下水中的分布特点与 Na^+ 相似。K^+ 主要来源于火成岩含钾矿物（如长石、云母等）的风化及水解，其次是来自含钾盐的沉积岩的溶解。虽然在地壳中钾与钠的含量差不多，它们的盐类在水中的溶解度也较大，但 K^+ 在水中的含量比 Na^+ 少得多，通常仅为 Na^+ 含量的 4% ~ 10%。其原因主要是 K^+ 在迁移途中，易被植物吸收和被黏土颗粒所吸附，同时还易生成不溶于水的次生矿物（如水云母、蒙脱石、绢云母等）。因此，在黏土中 K^+ 比较富集。

六、钙离子

钙离子（Ca^{2+}）在地下水中分布很广，但其绝对含量不高，一般不超过每升一克。它来源于碳酸盐类岩石（如石灰岩、白云岩等）及含石膏岩石的溶解，此外它还来自火成岩，变质岩中含钙矿物的风化溶解。

七、镁离子

镁离子（Mg^{2+}）的来源及其在地下水中的分布与 Ca^{2+} 相似，绝对含量也不高。其主要来源于含镁的碳酸盐类岩石（如白云岩、泥灰岩）的溶解，此外，它还来自火成岩，变质岩中含镁矿物的风化溶解。

镁盐的溶解度大于钙盐，但在地下水中 Mg^{2+} 的含量较 Ca^{2+} 少。其原因主要是镁在地壳中的含量较钙少，而且镁易被植物所吸收，它还参与许多次生硅酸盐的生成。

第三节 地下水化学成分的形成作用

地下水的化学成分是很复杂的。不同成因的地下水有不同的原始成分，它们在形成过程中与周围介质不断作用，使水的成分也随之发生变化，其结果地下水成分与原始成分往往产生很大的差别。因此，现在所遇到的地下水成分，都是在一定的自然历史过程中，在各种因素影响下，各种作用综合的结果。由于所处的条件不同，各种作用的主次也不相同。其中，对于地下水化学成分的形成最有意义的作用，主要有溶滤及溶解作用、阳离子交替吸附作用、浓缩作用、混合作用、脱碳酸作用和生物化学作用等六种。

一、溶滤及溶解作用

溶滤作用是指矿物中部分元素进入水中而没有破坏矿物晶格的作用。溶解作用是指组成矿物的全部元素进入水中而矿物的晶格被破坏的作用。因此，溶滤作用实质上是一种部分的溶解作用。

溶滤和溶解作用是形成地下水化学成分最基本的作用。在地壳的最上部风化壳中，由于水的交替循环强烈，使上述两种作用进行得最广泛。由这两种作用所形成的地下水化学成分，与围岩性质有着密切的关系。

溶解作用受到物质溶解度的制约，假设岩层中原来含有氯化物、硫酸盐、碳酸盐及硅酸盐等各种矿物盐类，当水与岩层中不同溶解度的盐类接触时，在开始阶段，最易溶解的氯化物迁入水中，成为地下水中主要化学成分，随着溶滤作用的继续进行，岩层中的氯化物由于不断转入水中并被水流带走而贫化，相对易溶的硫酸盐则成为迁入水中的主要组分，溶滤作用的长期进行，岩层中保留下来的几乎只是难溶的碳酸盐及硅酸盐，此时地下水的化学成分当然也就以碳酸盐及硅酸盐为主。由此而知，一个地区经受溶滤愈强烈，时间愈长，地下水的矿化度愈低，愈是以难溶离子为其主要成分。

溶滤和溶解作用还受地下水的气体及水溶液性质的影响。如。2 的含量愈高，水溶解硫化物的能力愈强，碳酸气在地下水中的大量存在，会增强对岩石的溶滤作用。在不同深度的地下水中，都存在着碳酸溶滤作用，这是因为碳酸气具有很高的迁移能力。当水中存在不同离子时，溶滤作用也要发生变化。如水中含有硫酸盐时，则对碳酸盐的溶滤作用增强。在通常情况下，水溶液的浓度愈大，溶滤作用愈弱。

此外，气候、地形、地质构造对溶滤作用影响也较大。气候愈是潮湿多雨，地形切割愈强烈，地质构造的开启性愈好，岩层经受的溶滤就越充分，其中的可溶盐类便会淋失越多。因而，地下水中保留的易溶盐类愈贫乏，水的矿化度就愈低，难溶离子的相对含量也就愈高。

二、阳离子交替吸附作用

土壤和岩石表面常常带有负电荷，具有吸附某些阳离子的能力。在一定条件下，被吸附的阳离子与溶液中的阳离子进行交替，这种作用称为阳离子交替吸附作用。

离子价愈高、离子半径愈大、水化离子半径愈小，则交替能力愈强。因此，由吸附能力大的离子可交替吸附能力小的离子。

此外，当离子浓度不同时，浓度大的离子易被吸附。因此，在某些情况下（如海水侵入陆相沉积物时），又可能发生水中的 Na^+ 与岩石颗粒表面的 Ca^{2+} 交替吸附现象。阳离子的交替吸附作用最易发生在细颗粒的岩土中，特别是在黏土、亚黏土中发生。

三、浓缩作用

浓缩作用是指地下水由于蒸发而产生盐分浓度增加的作用。由于这种作用，溶解度较小的盐类便相继沉淀析出，使水中各种成分的比例发生变化。

在干旱、半干旱地区，地下水埋藏较浅的地段，由蒸发引起的浓缩作用十分广泛。在未经蒸发浓缩前，为低矿化的地下水。

四、混合作用

当两种或数种不同成分的地下水相遇时，形成化学成分与原来成分不同的地下水，这种作用称为混合作用。

五、生物化学作用

生物化学作用是指在有机物与细菌参与下，影响地下水化学成分形成的一种作用。在地下水的生物化学作用中，分布最广的是脱硫酸作用。

地下水的化学成分主要是经过上述各种作用形成的，在其形成的漫长地质历史过程中，自然地理、地质和人为等的因素往往给予地下水以不同程度的影响。

七、人力作用在地下水化学成分形成中的作用

随着经济社会的发展，生产力水平不断提高，人口急剧增加，人类活动对地下水化学成分的影响越来越大。首先时人类生产生活排放的废弃物对地下水环境的污染，其次是人力作用大规模地改善了地下水的形成条件，从而使得地下水的化学成分发生变化。

工业生产的废气、废水与废渣以及农业上大量使用化肥农药，使天然地下水富集了原来含量很低的有害元素，如酚、氰、汞、砷、铬、亚硝酸等。

人为作用通过改变形成条件而使地下水水质变化表现在以下各方面：滨海地区过量开采地下水引起海水入侵，不合理的打井采水使咸水运移，这两种情况都会使良好水质的淡含水层变咸。干旱、半干旱地区不合理地引入地表水灌溉，会使浅层地下水位上升，引起大面积次生盐渍化，并使浅层地下水变咸。原来分布地下咸水的地区，通过挖渠打井，降低地下水位，使原来主要排泄去路由蒸发改为径流排泄，从而逐步使地下水水质淡化。在这些地区，通过引来区外淡的地表水，以合理的方式补给地下水，也可使地下水变淡。

人类干预自然的能力正在迅速增强，因此防止人类活动对地下水水质的不利影响，采用人为措施使地下水水质向有利方向演变，愈来愈重要了。

第四节 矿山地下水的形成与化学特征

一、煤矿地下水的化学特征

（一）煤矿区地下水的化学特征及形成机理

循环于含煤地层中的水，由于煤层中含有一定成分的硫，这种硫经常以硫化物和有机硫的形式存在。因此，煤矿区的地下水常常因硫的氧化而具酸性反应。其特点是：PH 值较低，一般在 2 ~ 4 之间，SO_4^{2-} 含量增高，一般为每升数百至数千毫克，重金属离子含量较高。然而，在煤矿区的浅部和深部，由于所处的环境和条件的不同，地下水的化学特征也有差别。

氧化作用生成的酸性水，在得不到与含钙岩石产生中和作用的情况下它仍保持酸性水的特点，一旦与含钙的岩石（如石灰岩、白云岩或其他基性矿物）发生化学作用，则生成中性硫酸盐。

经过连续反应，地下水中 HCO3 含量逐渐增加，PH 值也随之增大，从而使酸性水转变为中性或弱碱性水，其内铁和硫酸盐含量均高。

必须指出，煤矿地区地下水化学成分的形成，实际上远比上述情况复杂得多，它不仅与氧化、还原作用有关，而且还与煤矿床的含硫量、埋藏条件、开拓方法、水文地质条件和气象等因素有密切关系。

一般来说，当硫的含量在煤中超过 1.5%，且煤层厚度大和倾角大及地下水循环条件好时，均有利于酸性水的形成。其次，在煤矿开采过程中，随着矿井的疏干，长期大量地排水，改变了矿区地下水的动力条件，使不同成分的水相混合，同时由于煤层被揭露的程度逐渐扩大，为煤层中含硫成分的氧化创造了条件，加之地下水位不断地大幅度下降，降落漏斗不断扩展，使包气带扩大，降水通过包气带的渗入及溶滤作用，把这些氧化物溶解于水中，从而更促使酸性水的形成。

（二）煤矿区地下水中某些物质存在的危害性

煤矿区酸性水的存在对矿山机械设备有很大的腐蚀性，酸性越强对金属的腐蚀性亦愈大。当 PH=6.5 时，水开始具有腐蚀性，能缩短水泵正常使用期限的 5% 左右，当 PH < 4 时，根据淄博矿务局经验，金属设备只要泡上几天至十几天就不能使用了。

二、金属矿床地下水的化学特征

（一）金属矿床地下水化学成分的形成

金属矿床地区地下水的化学成分首先取决于总的地质条件和水文地质条件。被总的水文地质条件制约的地下水化学成分，受到现代气候条件和矿体中化学矿物成分的影响而发生变化。这种变化是在金属矿物的影响下发生的。例如，金属矿物有硫化物、氧化物、碳酸盐、硅酸盐、铝硅酸盐、亚砷酸盐、天然金属，以及数量较少的氯化物和硫酸盐等。

硫化物是一种最常见的金属矿物，几乎在各种类型的各种金属矿中都有硫化物。它对地下水化学成分的影响最大。根据氧化时对地下水化学成分作用的影响，二硫化物及其相似物（黄铁矿、白铁矿、毒砂和辉铝矿等）与其他硫化物不同。

（二）硫化物氧化特点是生成硫酸

硫化物氧化反应是在氧气及水的影响下开始的；然后，在硫化物氧化生成物的作用下而加快。

硫酸、硫酸铁及硫酸铜等对氧化过程的发展起主要作用。硫酸可使硫化物成为可溶的硫酸盐，同时生成硫化氢。硫酸铁是由硫酸亚铁氧化而成，硫酸亚铁是黄铁矿、白铁矿、黄铜矿及黄锡矿的氧化产物。硫酸铁和金属硫化物发生作用便还原成硫酸亚铁、硫化物经氧化而成为硫酸盐并同时分解出硫酸。在硫酸铁对黄铁矿的作用时，先生成硫。游离的硫受强烈氧化而成硫酸。由硫化铜（如黄铜矿）氧化而成的硫酸铜起氧化剂作用。

黄铁矿是制硫酸的主要原料，黄铜矿经氧化生成硫酸铜及硫酸铁。这两种矿物在矿体中分布很广；因此，以上列举的反应可发生于很多矿体中。在适当的地质及水文地质条件下，硫酸、硫酸铁和硫酸铜都渗透很深，所以硫化物氧化带的深度可达数百米。

从以上硫化物氧化的化学反应过程简短叙述中可以看出，这种氧化反应的主要产物是：金属硫酸盐、硫酸和硫化氢。

进入潜水中的硫酸在水中分解成硫酸根离子及氢离子。

氢离子富集的结果是使水的 PH 值降低。这个反应过程当二硫化物及其相似物氧化时进行得最为强烈。由于第二次反应过程与其他硫化物氧化时，PH 值也降低。现在来看一下这样两个二次反应过程：水解作用，生成的硫酸盐和碳酸盐水的相互作用。

当许多个硫酸盐溶解时，每升水中能产生数百克金属离子及硫酸根离子。但某些硫酸盐的溶解度并不大。例如硫酸盐的溶解度总共为 41 g/L，因而在硫酸盐进行溶解时，水的化学成分变化很小。

受金属硫酸盐影响而发生的地下水化学成分变化的强度及特性，不仅取决于金属硫酸盐的溶解度，而且还取决于这些化合物对水解作用的能力和氧化还原条件。二价锰盐易溶解，而三价铁盐则难以溶解。由此可见，还原条件有利于铁、锰在水中的富集。金属的吸附作用往往阻碍金属在水中富集，在所述条件下，主要在形成铁及锰凝胶时，发生金属的袭夺作用，锰凝胶对铁、金、银的吸附作用最为显著。由于 PH 值降低而生成的碳酸，根据周围条件的不同，可以溶于水中或从水中分离出来。水中 PH 值的降低及碳酸的聚积使得水对含水岩石的侵蚀作用急剧增大。

这种水与矿脉及围岩相互作用时，视矿脉及围岩成分如何，而富集铝、钙、镁、钠离子及硅的胶体和碳酸。这种富集作用主要是由于碳酸盐及铝硅酸盐的溶解而产生的。由于硫酸根离子、重金属、铝、钙及镁的含量增高，水的总矿化度也随之而增高。但是，矿体内的水，同因其他作用影响而形成的高矿化度的水不同，它的氯离子含量很低，有时钠含量也很低。

地下水化学成分由于溶有硫化物氧化产物而发生变化。这种现象不仅在水中同硫化矿体接触时可以发生，而且当水循环于高硫矿化的岩石中时也可发生。含有矿体原生扩散晕和次生扩散晕的岩石属于这类岩石。在这种情况下，水的化学成分变化强度较小。

地下水化学成分的变化在矿体和高硫矿化的岩石以外的地方也能见到。其原因是：地下水沿含水层运动，由一个含水层渗透到另一含水层，矿化组分从高浓度地点向低浓度地点扩散。

离开矿体及高硫矿化岩石越远，水的化学成分的变化强度越低，，在一定距离以外逐渐消失。地下水化学成分的变化，基本是顺水流波及到矿体以外，但因扩散作用，逆水流在矿体上下都发生这种变化。这时有两个过程：①同不受氧化硫化物影响的水混合。②同含水岩石相互作用。

不受氧化硫化物影响的水也含有硫酸离子及金属，但为数极少；水中成矿金属的含量基本上由岩石中金属的克拉克值而定。

化学成分受矿体影响的水与岩石相互作用的结果，首先为岩石中碳酸盐所中和，其 PH 值增高，其中成矿金属含量降低。因此，受矿体影响的地下水可分为：

①直接循环于矿体中的地下水：这种水的 PH 值通常很低，硫酸离子及金属含量高；这种地下水的化学成分基本上取决于金属矿物及矿脉的成分以及氧化过程的强度。

②矿体附近所形成的晕水：通常晕水的化学成分变化很小，化学成分变化的强度，主要取决于水中某种矿化组分的稳定性，与直接循环于矿体或高矿化岩石中（岩石中原生及次生分散晕）的地下水的化学成分特性也有关系。

代表矿体影响的矿化组分中，硫酸离子在水中最为稳定。它的高含量可分布于矿体外数公里之远。锌在水中也是稳定的，其高含量可在矿体外 2 ~ 2.5 km 处存在，当周围水中含量为 0.01 ~ 0.20 mg/L 时，矿体中水高含量平均可达 0.02 ~ 0.30 mg/L。

水中的钼也是稳定的。受矿体影响的水中的钼含量可达 4 ~ 5 mg/L 甚至 15 mg/L；不受矿体影响时，水中钼含量为千分之几（有时为万分之几）毫克 / 升。例如，在外高加索某个矿体的潜水中，矿体中及离矿床稍远处的钼含量为 0.1 mg/L，在成矿带裂隙水中则为 8 mg/L，而在不受矿体影响的潜水中则为 0.001 ~ 0.003 mg/L。在哈萨克斯坦某一钼矿床中，裂隙潜水中的钼含量为 4 ~ 8 mg/L，而在远离矿体处，含钼量急剧降到 0.001 ~ 0.000 1 mg/L。

铜及铅在水中的稳定性小得多，铜的高含量通常扩散到矿体外 0.5 ~ 1 km 处；铅的高量散布可达数十米，最多为数百米。铜的高含量一般为百分之几或十分之几毫克 / 升；铅为千分之几、百分之几，很少为十分之几毫克 / 升。

从受氧化硫化物影响的地下水化学成分变化过程的分析中可以看出，该变化的强度一方面取决于岩石中硫化物浓度和硫化物氧化强度；另一方面还取决于水中硫化物氧化产物的稳定性和溶解条件，同时还取决于水稀释强度。

所有上述这些相互关系，都取决于每个地区的具体地质条件和水文地质特点。

岩石中硫化物浓度的大小取决于：①矿体及岩石扩散晕是由哪些金属形成的。②矿床类型。

在气候因素中，温度和降水量对氧化进程影响最大。温度的增高会促进氧化反应，因而年平均温度愈高，则氧化反应愈强。冲洗硫化矿体溶液中的氧化产物（首先是硫酸，硫酸铁、硫酸铜）

的浓度愈大，则氧化反应愈强烈，降水量愈大。特别在俄罗斯北部地区（例如科拉半岛一带），那里降水大部分渗入地下，使溶液稀释，从而使氧化反应强度降低，有时氧化反应甚至停止。当其他条件不变时，热带气候条件的氧化过程最强，在永久冻土带最弱。

侵蚀速度具有很大意义。侵蚀速度也可能大于氧化作用向下移动的速度，在这种情况下，任何氧化带都无法形成。因为刚刚生成的氧化物就被侵蚀作用搬走了，结果在地表面经常保持新鲜的硫化物。例如在卡拉岛查尔某些金属矿床内就有这样的氧化带，可作为典型例证。

因此，含矿地区所处的地形成因阶段具有首要意义。在地形形成的最初阶段，通常侵蚀速度很大，不利于氧化；相反，在最后阶段，矿区逐渐接近于准平原，有利于氧化。地下水化学亲和力的特性可以影响硫化物氧化过程的强度。

矿石的特性也有很大的意义。其他条件相同时，含有碳酸盐脉石的矿石的氧化比纯石英质矿石强些，因为碳酸盐极易溶解，促使氧化剂和硫化物发生作用。矿物结构特点决定了水循环的可能性及特点，因而也决定了氧化剂进入硫化物的可能性。致密块状结构矿石的透水性要比裂隙的、晶腺状的及带状等矿要小一些。矿石的浸染或致密特性、矿石内硫化物分布状况也具有一定的意义。后一个特性之所以重要的另一个原因是：在不同硫化物的颗粒直接接触的情况下硫化物氧化要快。围岩的岩石成分及其特性对氧化进程也有影响。在无裂隙、透水不良的岩石内，氧化反应进程最慢；而在透水良好的岩石中氧化较快，在易于溶解的岩石中（石灰岩、白云岩）极易发生氧化。应该指出，围岩或脉矿的碳酸盐都对硫化物的氧化过程有另一方面的影响。碳酸盐溶解时，由硫化物氧化而生成并促使其进一步与氧化的酸性溶液中和。因此，强烈氧化的硫化富矿体的脉矿和周围岩石的碳酸盐能使氧化过程渗透更深，地下水化学成分变化强度并不降低。当流自矿体的水流遇到含碳酸盐的岩石时，已改变化学成分的水晕急剧缩小，并使其变化强度降低。

矿体的埋藏条件在很多方面都决定了矿体内地下水循环条件，从而也影响氧化过程的强度。潜水水位全年变化幅度对硫化物氧化强度有着很大的意义。当水位变化幅度很大时，硫化物交替地有时存在于包气带，有时存在于潜水位之下。当硫化物位于包气带中时，就有强烈的氧化过程发生（空气中氧自由进入），当硫化物转入潜水位之下时，已生成的氧化物被溶解并被水带走，从而促进了进一步的氧化过程。

硫化物氧化生成物的溶解条件，首先取决于它的溶解度的大小。但这些数值符合于温度大致相同的（18～25℃）、不含气体的蒸馏水中溶解的情况。温度改变时，溶解度也随着改变。对金属硫化物来说，温度增高时溶解度也增大。因而可以设想，在其他条件相同时，在矿体的影响下，深部循环的热地下水的化学成分变化较大。

碳酸气是所有气体中对硫化物氧化生成物溶解度影响最大的一种气体。碳酸气使所有碳酸盐的溶解度增高，从而转化成为重碳酸盐。金属碳酸盐时常是硫化物氧化的最终产物。

任何一种金属的稳定性，一方面与该金属氢氧化物沉淀的 PH 值有关，另一方面与决定着水的 PH 值的水文地质条件有关。例如，在酸性矿坑水中几乎所有金属都是稳定的，而在潜水中有某些金属（如铅、锰等）是稳定的。单就潜水来讲，在其他条件相同时，循环于潮湿地带活动性弱的岩石中的潜水，对金属稳定性较为有利。

对某些金属的稳定性来讲，氧化还原势具有很大意义。属于这类金属的首先是铁及锰。它们在还原条件下极为稳定（于深层间水中、沼泽水中），在氧化条件下则不稳定，即在广泛分布于金属矿床中的地下水中是不稳定的。

岩石的吸附能力和共沉积过程对水中金属的稳定性也有很大的意义。不同金属被松散岩石吸收的能力各不同，共沉淀也不同，可见，在这种情况下，水中金属的稳定性一方面取决于吸附能力及共沉淀，另一方面则取决于岩石及地下水的性质。例如，在低矿化水中，几乎没有共沉淀发生；而在高矿化水中，共沉淀过程极为强烈。在经过良好冲刷的岩石裂隙中无吸附作用；而在亚黏土中吸附作用很强烈。但是，重要的并不是孤立的水和岩石性质，而是地质及水文地质条件的总和。例如，如果岩石对金属的吸附力很强，可是水中含有许多钙，那么岩石的吸附能力对锌这样的金属没有多大的作用，因为岩石对钙的吸附能力比对锌强得多。

各种水中几乎都有数量不等的有机酸，有机酸对水中金属的稳定性也有很大的意义。有机酸对金属稳定性的影响，因条件不同而有变化。例如，在稍氧化的地下水中，有机酸会降低水的PH值，与金属形成络离子，从而使水中金属的稳定性提高。在地下水强烈氧化的情况下，发生有机物的沉淀及凝结，同时有机物能强烈地吸附金属。在地表水流中，特别在瀑布下，含有少量金属就说明这种现象。

受矿体影响并为周围水所稀释的地下水的稀释过程愈强，则：①水的交替作用愈活跃；②矿体、原生及次生矿扩散量愈小；③氧化反应度愈小；④硫化矿物浓度愈小；⑤共氧化生成物在水中的稳定性及溶解度愈小。

上面扼要地分析了影响地下水化学成分变化特性和强度的地质及水文地质诸因素，可以看到其中基本因素是：①成矿条件，它决定硫化物的浓度和成分，氧化反应强度，矿体和原生量的空间关系等。②古地理条件，特别是古水文地质条件，它决定了矿床氧化阶段，矿床氧化带氧化程度，以及矿床次生量的特性和分布状况。③影响氧化反应强度及水中金属稳定性的岩石成分。④水文地质分带性及地质构造的水文地质作用（决定了水交替的活跃性、地下水中氧化生成物的大气的分布和渗透条件）。

（三）热为解决实际问题而进行的地下水化学成分的研究

研究金属矿床地区地下水化学成分，对于用水化学法普查这些矿床有特殊意义，关于金属矿床水化学普查法可以扼要地说明如下：①水化学普查法是一种的方法，实际运用的经验还不多。②这个方认是以研究受矿体影响的天然水化学成分变化的规律为基础。③应把水化学普查法看做地球化学普查方法的一种，应该把这种普查法和地球化学法及其他普查方法合理地配合使用。水化学普查法和跟它相近的金属量测量找矿法的区别，在于它能用来在深度很大和难以或不能使用金属量测量的地区找矿，例如在沼泽地区或富有粗粒碎屑覆盖层地区。④在目前研究阶段，水化学法主要用于普查在某种程度上受氧化作用影响的硫化矿床。现有资料证明。水化学法可用于普查铜、锌、钼、铅、钝等矿床，也可用来普查钮、镓、锡、镥及其他金属矿床。

水化学调查结果可用于：①确定被调查地区成矿特点，并从金属矿床分布的观点对其远景作出评价。②查明各个远景地段，以布置今后进一步的调查工作。③圈定矿区及个别矿体。④论证普查勘探坑道的合理位置和深度。

水化学调查结果还能提供这样一些资料：岩石中分散金属矿物的分布状况，矿体围岩热液蚀变可能分布的状况，在矿体形成过程中断裂构造的作用，阐明测定过的地球物理异常的本质。

在当前的研究阶段，水中成矿金属含量较背景值高，是水化学找矿的直接标志。而间接标志是：①水中伴生金属含量较高。②水中硫酸根离子含量较高，硫酸根离子对氯离子之比也较大。③水的 PH 值相当低。

应该对比相邻泉的上述找矿标志，并考虑到水文地质特点和取水样时间。用水化学法找矿时，一般以一个标志为主，其余作为辅助标志。要根据地区的水文地质及地质条件选择主要标志。

进行水化学普查时，第四纪地层中潜水及风化壳裂隙潜水是主要研究对象，因为这些潜水比其他地下水容易发现，同时其中氧化过程较为强烈。

对地表水及地面有天然露头的或为坑道揭露的深循环水，也要进行水化学研究。地表水的水样要从靠地下水补给的沼泽和小溪中采取。关于水化学调查和所获得的资料的解释

以及该地区普查标志的选择，要考虑到研究地区的地质构造、矿床成因、岩石成分、地貌、气候及水文地质等特点。做水化学调查结果分析时，还要考虑到地区的古地形及古水文地质特点。

水化学调查内容包括：①取化学和光谱分析用的水样。②直接在水源地测定部分成分（硫酸根离子、氯、PH、总金属量等）。③从其中取水样的水源露头的地质及水文地质编录。④在半固定和固定的化验室中进行水化学分析及光谱分析。⑤化学和光谱分析的解释及资料整理工作。

为供水而进行水文地质调查时必须考虑到：随着开采范围的扩大，氧化过程必然加强，氧化范围也要扩大。因此，不仅矿坑水中某些元素含量可能显著增高，矿体周围的水中的许多元素含量也可能大大增高（包括砷这样一些元素）。这种增高，可在坑道开凿后经过长时间而发生。地下水中许多元素含量的急剧增高，通常在地下水水位升高时发生；而水位的升高与水位动态变化或坑道排水工作停止或排水量减少有关。这种许多元素含量增高的原因是：当水位降低时，富含硫化物的岩石从水面下露出并开始强烈氧化。当水位升高时，氧化物在水中溶解，元素在水中富集（包括砷）。氧化物的溶解液可在雨水渗透时发生。

含铅，多的喀斯特水可移动很大的距离。例如，在远离矿床 1.5 ~ 2 km 的喀斯特水源中，曾发现 0.1 ~ 0.2 mg/L 的铅含量，它超过了卫生标准所允许的数量。

当估计矿坑水对地下设备和坑道周围岩石可能产生的侵蚀作用时，水文地质工作者的任务不仅是研究水的化学成分，而且还要阐明，在采掘工作进一步发展时地下水化学成分可能发生的变化。对矿坑水化学成分主要指标（PH、硫酸根离子含量、有时个别金属的含量）的变化作固定

地观测，并同时对水温进行观测，就能及时采取措施，防止岩石崩塌、坑内水灾。

第五节　地下水化学成分和水化学类型的划分

一、地下水化学成分分析内容

地下水化学成分的分析是研究地下水化学成分的基本手段。在实际工作中，根据目的和要求不同，对水质分析的项目和精度要求也不相同。在一般性水文地质调查中，主要有简分析、全分析，有时为了配合专门任务，还要进行专门分析。

简分析用于了解区域地下水化学成分的概貌。它的特点是分析项目少，精度要求低，但要快且及时。这种分析可在野外利用专门的水质分析箱，可就地进行。

全分析用于较全面地了解地下水的化学成分。它的特点是分析项目多，精度要求高。通常，在简分析的基础上，选取有代表性的地段取水样进行全分析。

必须指出，地下水化学成分的分析是随着经济技术条件的改变而不断变化的，所谓的水质全分析并非是真正全面了，要看当地的水文地质条件而定。任何目的的专门分析，都必须在取得全分析成果的基础上进行。在以后的水质长期监测工作中，才允许在一定期间内只作一些增选项目的测定。

进行地下水的化学分析的同时，还应对有关的地表水体取样分析。这是由于地表水体可能是地下水的补给来源，或是排泄去路。前一种情况，地表水的成分将影响地下水，后一种情况，地表水反映了地下水化学变化的最终结果。

二、地下水化学类型的划分

区域水文地质调查获得的水分析资料，必须加以整理分类，以便阐明一个地区地下水化学成分的特征和变化规律。为此，人们根据不同原则和不同实际用途，提出了多种分类方案。这里仅举三种加以说明。

（一）舒卡列夫分类法

舒卡列夫分类，是根据地下水中常见的6种离子及矿化度划分的。将含量大于25%毫克当量的阴、阳离子进行组合，共分成49种类型。按矿化度又划分为四组，即：A组矿化度小于1.5 g/L；B组矿化度为1.5 ~ 10 g/L；C组为10 ~ 40 g/L；D组大于40 g/L。分类表中，从左上角至右下角的方向大体表示由低矿化水转变为高矿化水。

这种分类法的优点是简明易懂，可以利用此表系统整理水分析资料。其缺点是：以毫克当量大于25%作为划分类型的依据不充分。此外，划分出的49种水型是由组合方法得到的，其中有些水型在自然界中实际上很少见到，因此也难于解释它的形成过程。

在实际工作中，通常也可以把毫克当量大于25%的各种离子都按照由大到小的顺序进行排列，以进行水化学类型的命名。

（二）布罗德斯基分类法

布罗德斯基分类法与舒卡列夫法相似，都是考虑六种主要离子成分及矿化度，两者间所不同的是将阴、阳离子各取一对进行组合，便得出36种地下水类型。

布罗德斯基法的优点，即可用来分析地下水形成的规律和循环条件。例如在典型的山前倾斜平原的地下水，其化学成分的形成和作用方向具有一定的规律；在径流带内，地下水运动比较强烈，岩石中的可溶性盐类大部分被溶解，剩下的只是钙、镁的碳酸盐，所以在这一带的地下水为淡水（矿化度小于1 g/L），到了溢出带，地下水的矿化度逐渐增高，当地下水流至垂直交替带时，不仅运动缓慢，而且消耗于蒸发，故地下水矿化度极高。这种矿化度由低逐渐增高的作用，布罗德斯基称它为总矿化作用。

布罗德斯基分类法的缺点：当两种离子的含量差别不大时，这种主次划分就失去了意义，甚至可能将本来属于同一类的水划分到不同类型上去，此外，这种分类是不管成对离子含量多少，都要阴阳离子各取一对，如果水中仅有一种离子含量占优势，而另一种离子含量甚微时，分类中仍要表示出来，这样会导致在分析水化学成分形成规律时找不准主导因素，可能得出某些不正确的结论。

（三）阿廖金分类法

以上述六个主要的阴、阳离子为基础，按含量占多数的阴离子（毫克当量）分为三大类，即重碳酸水，硫酸水，氯水。每一类再按占多数的阳离子分为三组，即钙质的、镁质的和钠质的。

此分类法是兼顾了主要离子及离子间对比的划分原则，在一定程度上反映水质特点变化的规律性。

阿廖金分类法具有许多优点，它适用于绝大部分天然水，简明易于记忆，而且能将多数离子之间的对比恰当地结合，使水型用来判断水的成因、化学性质及其质量。

第六节 地下水水质评价的基本方法

水质评价是水资源评价的重要组成部分，是水量评价的基础和前提，如果没有足够优良的水质做保证，水量再多也是没有用的，而且水质极差的水，不仅不能够被人们利用，反而成为周围水环境的污染源。作为污染源的水量越大，其对周围水环境的危害就越大。因此水质评价是水资源评价工作中非常重要的基础性工作。

在以往水资源评价中，水质评价是进行针对某些水质量标准的适宜性评价，它只能反映水质量的现状，对了解水资源的水质变化规律及其发展动向或趋势不利。一般水质评价或叫做水质研究，应该有两项内容：一是基于特定水质标准的水质量评价，通常是评价现状条件下的水质量状况，是进行其对某种用途的适宜性评价；为了规范人们的用水行为，国际国内或个别地方均制定了适合不同用途的水质量标准，这些标准就是开展该项工作的评价依据。二是基于评价区的背景值或污染起始值的污染程度评价和动态变化评价，该项评价内容既注重现状的污染程度，又注重水质的动态变化过程。由于该项工作没有具体的规范和依据，要靠长期以来的资料积累，往往可以揭示水质变化的原因或机理，其结果可为进行水质变化预测、水质改良和水环境保护提供依据。

目前，用于水质评价的方法种类繁多，大体上可分为一般统计法、综合指数法、数理统计法、模糊数学综合评判法、浓度级数模式法，Hamming 贴近度法等。

目前，所应用的水质评价方法比上表中所提到的还要多，对方法的适用范围、优缺点的理解可能更为丰富。由于水质评价具有如下特征：①系统中污染物质之间存在复杂关系，各种污染物对水质量的影响程度不一。②水质分级标准难以统一。③对水体质量的综合评判存在模糊性。

因此，从不同角度和目的出发提出的方法各异，但水质评价方法本身应具有科学性、正确性和可比性，满足实际使用要求，以利于查清影响水质的因素，以便于水质的保护与水污染的治理。以下介绍一些常用而且较为简单的评价方法。

一、水污染现状评价

凡是在人类活动影响下，水质量向着不利于人类利用的方向发展的过程及现象，统称为水质量污染，简称水污染。现状条件下，不被人类活动影响的场所或区域已经很难找到，因此不被污染的水体在自然界中是很难找寻到的。尤其是当今人为核放射行为和大量 CO_2 气体等有害气体的排放对大气造成越来越严重污染的情况下，除了南极冰盖以外，在地球表面及其浅部（地壳浅部）找寻到绝对没有被污染的水体几乎是不可能的。何况研究区大气质量较差、地表污染因素（比如农业污染等）众多，地表水及地下水遭受不同程度的污染是必然的，因此进行水质量污染评价是必要的和有意义的。

然而，迄今还没有一个具体的统一的方法来进行水污染的评价，因为污染程度是人为的界定，对于不同的用途和在不同的地区，对水污染的程度就会有不同的理解和界定。根据实际情况，可采用多因子叠加型综合污染指数方法，以下是具体评价步骤和评价结果。

（一）水污染起始值的确定

水污染起始值，也叫做水污染对照值、水质量背景值，因为是进行污染现状评价，所以还是称污染起始值更好，它是某一地区或区域在不受人为影响或很少受人为影响的条件下所获得的、原则上没有或很少受到人为污染的、具有代表意义的水质量成果值。它是天然或近天然状态的水质参数，也作为污染评价的基本依据。

污染起始值的确定方法很多，但是有的计算公式中含有诸如饮用水标准值之类的人为数据，所以是不可取的。其值的选取应该摆脱人为的影响，完全决定于原始资料的丰富程度和对初始状态的认知程度。资料来源的时代越早，就越能够代表初始的状态。对初始状态认知程度越高，所确定的污染起始值就越能够代表初始的状态。选取方法可以利用数理统计的办法获得，选取代表值；亦可以采取类比的办法，选取条件相近或相同的区域的值代替。

（二）污染现状评价因子

由于早期对水质检测的数据较少，因此只有目前水质检测数据中的很少一部分能够找到确定的污染起始值。实践证明，水污染存在许多方式，但是常规的水污染总是首先使水中常量组分的含量改变。研究发现，很多地区的水污染大都遵循这样的基本规律。如果有更多检测指标的话，应该尽量选取。可以对比的指标越多，该项工作的意义就越大。

二、水质动态变化

水质动态变化也叫做水化学动态变化，是指水质组分含量随时间的变化过程及其特征。实际上通过前面的水污染评价，已经可以了解水质组分含量多年来的总的变化情况，但是要想知道这种变化的过程及其影响因素，从而找到防治水污染变化或加强水净化的方法或措施，就必须进行水质动态变化的研究。该项工作依赖于长期动态监测资料的多寡。

三、水质量现状评价

水质量现状评价，是基于现状水质组分的含量与相应的标准之间的关系来进行的。所以，一般要首先明确水质量现状评价所依据的标准。

进行水质量现状评价的方法也很多，但是归纳起来有两种类型，即单项因子（组分）评价和多项因子综合评价。这里也只介绍有代表性的个别方法供参考。

（一）水质单项因子评价方法

水质单项因子评价，即水质单项组分或指标含量与标准值的对比方法，是最简单的水质评价方法，它是用水质单项指标的实测浓度值与标准值进行对比后，相应地得出该单项指标根据标准中所规定的等级。这种方法虽然简单，但是非常有效，因为从国内外长期的实践中发现，水中的有害组分（元素或评价因子）存在 1 种时，即可以对人类造成伤害。类似单项污染因子作祟的事实不胜枚举，最近有人证实，人们吸食高氮氧化合物水或食物会增加癌症的发病机会。所以单项因子评价方法既是最简单的，也是最为有效的。

（二）水质多项因子综合评价方法

对有些水体而言，经过了多项污染指标的综合性污染，多项组分或指标含量均发生了变化，而且没有哪一个指标显得格外突出，在这样的情况下，如果在进行了单项因子的水质评价以后再进行多项因子的综合评价就显得尤为重要。

1. 水质多因子综合评价方法的原理及步骤

采用该种方法进行水质评价，利用评价的指标数或组分数按照该标准中的要求应该不少于其中所规定的监测项目。但是由于通常在水质监测时很少能够将标准中要求的监测项目全部做完，所以一般应该尽量多地选用监测过的项目来完成。该方法的原理是，利用尽量多的水质因子，进行综合的相对于评价标准的质量级别评判，获得水的总体质量级别。实践证明，利用的评价因子越多，并不意味着评价的结果就一定越好，所以在评价水质时，应该多种方法并用，会对评价结果起到相互补充、印证的效果。

利用该方法时不应该包括细菌学指标，可能是考虑了细菌学指标的环境变化性较大或降解能力较强，但是在制定该标准或在进行水质分级时并没有考虑这样的问题，而是利用同一的标准，因此在利用此方法时应予以注意。

2. 水质多因子模糊综合评判方法的原理及步骤

模糊综合评判方法，避免了非此即彼的一般认识理念，采用亦此亦彼、按照隶属度大小来判断单因素的属性，并按照一定的法则进行多因素综合评判，从而对事物的属性进行分类。水质多因子模糊综合评判，也是在对各个水质单项因子进行上述定量评判划分以后，采用一定的运算法则而进行的综合判断和分类。

第八章 地下水及其地质作用

第一节 地下水基本概念

地下水是指埋藏在地表以下松散沉积物或岩石空隙中的水，它是水圈的重要组成部分。地下水分布十分广泛，它不仅发育在潮湿地区，在干旱的沙漠、高寒极地地区也同样存在地下水。

在地球系统中，地下水承担着许多功能，主要包括：资源、生态环境因子、灾害因子、地质营力和信息载体。地下水及赋存地下水的介质还具有如储存热量的功能。本章仅就其作为地质营力方面，即地下水的地质作用方面进行讨论。

分布于地表以下各层圈中的地下水在其运动中，广泛地与周围物质进行各种物理和化学作用，从而不断地改造着周围的地质环境，同时也改造着地下水本身，这种水与环境介质相互作用的过程及结果就是地下水的地质作用。这种作用进行的形式和强度与多种因素有关，如环境的温度、压力、水与周围岩土的物理化学性质、地下水的埋藏深度等。地下水的不断循环和运动，是改造地壳表层外貌的重要外力，尤其在湿热气候地区显得更为突出。

一、地下水的赋存

地壳浅部的岩石，不论是松散的沉积物，还是固结的基岩，皆存在着大小不等和形状各异的空隙，不含空隙的岩石自然界是不存在的。正是这些空隙为地下水的储存提供了必要的空间条件。

岩石空隙是地下水储存场所和运动通道。空隙的多少、大小、形状、连通情况和分布规律，对地下水的分布和运动具有重要影响。

（一）岩石空隙

1.岩石空隙类型

由于岩石空隙成因不同，因而在不同情况下岩石空隙的特征差异极大，当将其作为地下水储存场所和运动通道研究时，通常把岩石空隙分为三类：松散岩石中的孔隙，坚硬岩石中的裂隙和可溶岩石中的溶隙。

（1）孔隙

孔隙是松散沉积物中固体矿物颗粒或岩屑间未被固体颗粒占据的空间。岩石中孔隙体积的多少是影响其储存地下水能力大小的重要因素。

孔隙率是指某一体积岩石（包括孔隙在内）中孔隙体积所占的比例。孔隙比（简称隙比）是指某一体积岩石内孔隙的体积与固体颗粒体积的比值。在涉及变形时，采用孔隙比方便些；而涉及水的储容与流动时，则多采用孔隙率；尤其研究重力水运动时，经常采用有效孔隙率概念。有效孔隙率是指能够容许重力水流动通过的孔隙体积与介质总体积的比值。

孔隙率的大小主要取决于颗粒的排列情况和分选程度，颗粒的形状及胶结充填情况也是影响孔隙率因素，具体表现如下：

①颗粒排列情况

为说明颗粒排列方式对孔隙率的影响，先分析一种理想情况，即构成松散岩石的颗粒均为等粒圆球。由于自然界中松散岩石颗粒的排列方式是随机的，因此孔隙率大多介于这两者之间。当然，颗粒直径不同的等粒岩石，排列方式相同时，孔隙率也完全不同。而且，自然界中并不存在完全等粒的松散岩石。因此，分选程度对孔隙率的影响也十分重要。

②颗粒分选程度

分选好者孔隙率高，分选差者孔隙率低。因为分选差时，细小颗粒会充填在粗大颗粒之间的孔隙中。

③颗粒的形状

磨圆度高者孔隙率高，磨圆度差者孔隙率低。

④胶结程度

胶结程度好者孔隙率低。

孔隙率与孔隙比的大小与组成介质颗粒大小没有正比关系。主要是因为当颗粒细小时，颗粒之间的孔隙数量就多了，因此孔隙总体积通常也是比较大的。

此外，黏土的孔隙率往往可以超过上述理论上最大孔隙率值。这是因为黏土颗粒表面常带有电荷，在沉积过程中黏粒聚合，构成颗粒集合体，可形成直径比颗粒还大的结构孔隙，再加上黏性土中往往还发育有虫孔、根孔、干裂缝等次生空隙。

（2）裂隙

裂隙是指固结的坚硬岩石（沉积岩、岩浆岩和变质岩），在各种应力作用下破裂变形而产生的空隙。按裂隙的成因可分为成岩裂隙、构造裂隙和风化裂隙。

成岩裂隙是岩石在成岩过程中由于冷凝收缩（岩浆岩）或固结干缩（沉积岩）而产生的。岩浆岩中成岩裂隙比较发育，尤以玄武岩中柱状节理最为常见。构造裂隙是由构造运动作用而形成的裂隙。这种裂隙具有方向性，大小悬殊（由较闭合的节理到大断层），分布不均一。风化裂隙是岩石风化破坏后产生的裂隙，主要分布在地表附近，与构造裂隙和成岩裂隙相比，风化裂隙的方向性最差，分布较均一，但是在不同的地质条件及地形地貌条件下，其发育的厚度差别很大。

裂隙的多少用裂隙率表示，它是指岩石中裂隙体积与岩石总体积之比。裂隙率是裂隙体积与包括裂隙在内的岩石体积的比值。

裂隙率的影响因素是裂隙的发育程度，裂隙愈发育，裂隙率愈高，反之则低。

（3）溶隙

可溶的沉积岩，如岩盐、石膏、石灰岩等，在地下水溶蚀和机械破坏作用下所产生的空隙，称为溶隙。溶隙的体积与包括溶隙在内的岩石体积的比值即为岩溶率。

自然界中溶隙规模相差悬殊，大的溶洞可宽达数十米，高数十乃至百余米，长达几千米至几十千米，而小的溶孔直径仅几毫米。岩溶发育带岩溶率可达百分之几十，而其附近岩石的岩溶率几乎为零。

2. 岩石透水性

岩石的透水性是指岩石允许水透过的能力。表征岩石透水性的定量指标是渗透系数。影响透水性的主要因素是空隙的大小、充填情况及其连通性。对于未固结岩石的透水性主要取决于其组成颗粒的大小，如由粗大颗粒（直径大于 2 mm）组成的砾石层通常透水性良好，而由细小颗粒（直径小于 0.001 mm）组成的黏土层常很难透水。对于已固结或结晶的岩石，其透水性则主要取决于裂隙的张开程度或溶穴（隙）的直径大小，裂隙的张开宽度愈大或溶穴的直径愈粗，则岩石的透水性愈良好。另外，在岩石的空隙大小一定的条件下，岩石的孔隙率愈大，透水性也就愈好。岩石的空隙之间相互连通，有利于透水。

按照岩层渗透性能的强弱，可把自然界岩石（层）分为透水层、弱透水层与不透水层。严格地说，自然界中并不存在绝对不发生渗透的岩层，只是某些岩层（如缺少裂隙的致密结晶岩）的渗透性特别低。因此从这个意义上说判断岩层是否透水（即地下水在其中是否发生具有实际意义的运移）还要取决于时间的尺度。从漫长的地质历史时期考虑，地壳岩层都具有渗透能力。

人们通常是从实际解决问题的角度来认识这个问题。通常把饱含水的透水岩层称为含水层，不透水岩层就称为隔水层。具体来讲，含水层是指能够透过并给出相当数量水的岩层；隔水层则是不能透过与给出水，或者透过与给出的水量微不足道的岩层。显然这种理解具有相对性。在实际工作中总是根据具体研究目的而确定岩层的含水、隔水性质。对岩性相同、渗透性完全一样的岩层，很可能在有些地方被当做含水层，而在另一些地方却被当做隔水层。在水量丰沛的地区，出水量小的岩层会作为隔水层；而在严重缺水地区，既使出水量小，同样的出水量也可以作为含水层。

（二）地下水赋存形式

地下水主要以气态水、固态水、液态水和结合水等形式存在于岩石的空隙中。

1. 气态水

气态水即水蒸气，它可以从空气中进入岩石空隙中，或由土壤和岩石中的液态水蒸发形成。气态水可以随空气流动而流动，即使空气不流动，它也能从水汽压力（绝对湿度）大的地方向小的地方移动。岩石中的气态水是不能被直接利用的，但在一定条件下气态水可以凝结成液态水，这对土壤水分的重新分配、地下水的来源都有很大的意义。

2. 固态水

以固态冰的形式存在于岩石（土）空隙中的水为固态水。在多年冻土分布区，岩石（土）空隙中常年分布着固态水。我国大部分地区冬季都出现结冰，地表附近的岩石（土）空隙中的水就变为固态水。固态水也具有蒸发作用，春季回暖后，很多地表的固态水直接通过蒸发作用而向大气中排泄。

3. 结合水

松散岩石的颗粒表面和坚硬岩石空隙壁面均带有电荷，水分子又是偶极体，在静电作用下，固相表面具有吸附水分子的能力。根据库仑定律，电场强度与距离平方成反比。因此离固相表面越近，水分子受到的静电引力越大；随着距离增大，吸引力减弱，这时水分子受自身重力的影响就越显著。受固相表面的引力大于水分子自身重力的那部分水，称为结合水。该部分水受到固相表面的束缚而不能够在自身重力作用下运动。

结合水分为强结合水和弱结合水。最接近固相表面的结合水称为强结合水，又称吸着水。强结合水所受到的引力可达 109 Pa，但是该力随着距离的增大呈指数级迅速减小。水分子排列紧密，具有黏滞性及抗剪强度，不能在重力作用下自由流动，但在 105～110℃时可转化为气态水而移动。强结合水的外层受静电引力影响较小的称为弱结合水，又称薄膜水。弱结合水外层的水可被植物吸收利用，具有少量溶解盐类的能力；一般不受重力作用，不能自由移动，但是可以由水膜厚处向水膜薄处移动。

结合水通常被认为是不能传递静水压力的，但是近年来的研究表明，在饱水带中，若对弱结合水施加一个大于其抗剪强度的外力，它是可以传递静水压力的。

4. 液态水

地下水主要以液态水形式存在于含水介质中，液态水又可分为重力水和毛细水两类。

（1）重力水

在重力作用下能够自由运动的液态水称为重力水。重力水中靠近固体表面的那一部分，仍然受到固体引力的影响，水分子的排列较为整齐。这部分水在流动时呈层流状态，而不作紊流运动。远离固体表面的重力水，不再受固体引力的影响，只受重力控制，这部分水在流速较大时容易转为紊流运动。岩土孔隙中的重力水能够自由流动，井、泉取用的地下水都属于重力水。

（2）毛细水

毛细水是指存在于地下水面以上松散岩石中细小孔隙中的水。这部分水由于毛细力的作用，水从地下水面沿着细小孔隙上升到一定高度形成了毛细水带，其受地下水面支持，随着地下水面的升降上下移动。

根据毛细水的形成条件和存在状态，可以将其分为三类：

①支持毛细水

由于毛细力的作用，水从地下水面沿着小孔隙上升到一定高度，形成一个毛细水带，此带中的毛细水有下部地下水面支持，因而成为支持毛细水。

②悬挂毛细水

细粒层次与粗粒层次交互成层时，在一定条件下，由于上下弯液面（弯液面是指由于液体表面张力所引起的液体表面的凹凸现象）毛细力的作用，在细土层中会保留与地下水面不相连接的毛细水，这种毛细水称为悬挂毛细水。

③孔角毛细水（触点毛细水）

在包气带中颗粒接触点上悬留的那部分毛细水。即使是粗大的卵砾石，在颗粒接触处也总可以达到毛细管大小的程度而形成弯液面，将水滞留在孔角上。

二、地下水补给、排泄和径流

地下水是地球水循环的重要组成部分，时刻参与地球的水循环。地下水形成（产生）、运动和消亡（散失）的过程，分别叫做地下水的补给、径流和排泄。地下水通过补给、径流与排泄，不断地参与地球浅部层圈的水文循环，并与外界进行着水分与盐分的交换，这种交换决定着含水层的水量与水质在空间和时间上的变化规律。

（一）地下水补给

含水层从外界获得水量的过程称为补给。大气降水是地下水最重要的补给来源。各地降水量的多少、包气带的岩石性质和厚度是影响地下水补给的主要因素。此外，水位高于地下水面的河流和湖泊也补给地下水。土壤中的水汽冷凝形成的凝结水对干旱地区的地下水有一定的补给意义。另外，农田灌溉及来自其他含水层中的水也能起补给作用。

（二）地下水排泄

含水层失去水量的过程称为排泄。地下水可以向河、湖等地表水体以泄流形式排泄（线状排泄），也可以通过地表蒸发和植物蒸腾的形式排泄（面状排泄）。此外，一个含水层或含水系统中的水可向另一个含水层或含水系统排泄，人亦可利用钻孔或水井抽吸地下水（人工排泄）。

地下水还有一种重要的排泄形式，即以泉来排泄（点状排泄）。泉是地下水的天然露头，是地下水的一种重要的排泄方式。在山区和丘陵的沟谷及山坡脚—含水层出露的最低处，泉的分布最为普遍，而在平原区则很难找到。泉是在一定的地形、地质、水文地质条件的结合下产生的。按泉的形成方式可分为上升泉和下降泉。

①下降泉

水流不具有压力，仅受重力驱使而向下运动的泉称为下降泉。根据泉水出露的原因又可分为：

侵蚀下降泉—当河谷、冲沟切割到含水层时，水流出露形成泉，称为侵蚀下降泉。

接触下降泉—当地形被切割到含水层下面的隔水层时，水流被迫从两者的接触处涌出地表，称为接触下降泉。

溢流下降泉—当岩石透水性变弱或当隔水底板隆起时，水流因流动受阻而涌溢于地表时，称为溢流下降泉。

②上升泉

水流具有压力而向上运动的泉称为上升泉。根据泉出露的原因又可以分为：

侵蚀上升泉—当河流、冲沟切穿含水层的隔水顶板时，含水层的水便会喷涌成泉，称为侵蚀上升泉。

断裂上升泉—当导水断层或张性裂隙通过含水层时，地下水便沿断层或裂隙上升，在地面标高低于含水层水位处便会出现泉，称为断裂上升泉。

（3）地下水径流

地下水一方面获得补给，另一方面进行排泄，因而地下水经常处于不断的流动之中，这种流动称作径流，它是连接补给与排泄的中间环节。地下水通过径流将水量与盐分由补给区传输到排泄区，从而影响含水层或含水系统水量与水质的时空分布。地下水的径流受到补给区与排泄区地形高差、岩石透水性等因素的影响。地下水在有限的岩石空隙中运动受较大的摩擦阻力，使其运动速度缓慢，而且愈往深部流速愈慢。

第二节 地下水类型

自然界中有各种各样的地下水，其赋存特征不同，造成了各种地下水在形成、分布、运动、水质、水量等方面都有很大的不同。人们对地下水提出了许多分类方案，其中常见的有如下两种，即根据地下水的埋藏条件，可以把地下水分为包气带水（包含上层滞水）、潜水和承压水；按照含水介质类型，可分为孔隙水、裂隙水和岩溶水。

一、按地下水埋藏条件分类

地下水的埋藏条件，是指含水层在地质剖面中所处的部位及所受隔水层限制的情况。在距地表以下一定深度存在着饱水的具有自由水面的地下水面。地下水面并不是一个平面，它的高低起伏受地形控制，与地表面几乎是平行的。地下水面以上岩土空隙没有为液态水所充满、包含有与大气相连通的气体，称为包气带，赋存其中的水称包气带水。地下水面以下的岩土空隙则全部为液态水所充满，既有结合水、也有重力水，称为饱水带。饱水带中由于含水层所受隔水层限制的状况不同，又分为潜水和承压水。

包气带水泛指贮存在包气带中的水，包括通称为土壤水的吸着水、薄膜水、毛细水、气态水和过路的重力渗入水，以及由特定条件所形成的属于重力水状态的上层滞水。有时也将包气带水称之为非饱和带水。包气带居于大气水、地表水和地下水（简称"三水"）相互转化、交替的地带，包气带水是"三水"转化的重要环节。研究包气带水的形成及运动规律，对于剖析水的转化机制及掌握浅层地下水的补排、均衡和动态规律均有重要意义。

（一）上层滞水

上层滞水是指埋藏于地表以下包气带中局部隔水层之上含水层中的重力水。

上层滞水一般分布范围小，储水量不丰富，埋藏浅，易污染。补给区与分布区一致，受气候条件影响大，雨季获得补给，水量较大，旱季水量小，甚至干涸。一般只有当包气带厚度较大时，上层滞水才容易出现；当其下部隔水层范围较广时，上层滞水存在的时间较长。因上层滞水的水量有限，季节性明显，仅能作为小型或临时性供水水源。

（二）潜水

潜水是指埋藏于地表以下第一个稳定隔水层之上含水层中具有自由水面的重力水。潜水一般埋藏在第四系疏松沉积物的孔隙中及出露地表基岩的裂隙中。潜水所具有的自由水面称为潜水面；潜水面至地表面的距离称为潜水的埋藏深度；潜水面至隔水层顶面之间的充水岩层称为潜水含水层；潜水面至隔水层顶面之间的距离称为潜水含水层厚度；潜水面上任意一点的标高称为潜水位。

潜水主要受大气降水和地表水的补给。多数情况下，补给区与分布区一致。所以潜水的埋藏深度及含水层厚度经常是变化的，而且变化范围较大，其中以气候、地形的影响最为显著。例如山区地形切割厉害，潜水面一般较深，可达几十米甚至百余米；平原地区地势平坦，地形切割微弱，潜水埋藏浅，一般只有几米，有的甚至露出地表形成沼泽。此外，潜水面的形态也与地形有密切的关系。它随地形的起伏而变化，地形高的地方，潜水面也高；地面坡度愈大，潜水面坡度也愈大，两者基本一致，只是潜水面的坡度总小于当地的地面坡度。潜水埋藏深度及含水层的厚度不仅因地而异，而且在同一个地区还因时而异。丰水季节或年份，潜水接受的补给量大于排泄量，潜水面上升，埋深变小，含水层厚度增大；干旱季节排泄量大于补给量，潜水面下降，埋深增大，含水层厚度变小。

潜水的水质主要取决于气候、地形及岩性条件。湿润气候及地形切割强烈的地区，有利于潜水的径流排泄，往往形成含盐量低的淡水。干旱气候下由细颗粒组成的盆地平原，潜水以蒸发排泄为主，常形成含盐量高的咸水。

潜水被人们广泛利用，一般的水井多打在潜水含水层中，是一种重要的水源。但由于潜水埋藏位置一般较浅，大气降水与地表水入渗补给潜水的途径较短，加之潜水含水层上部又无连续的隔水层，故潜水易挖掘但也易受污染。

（三）承压水

承压水是指充满于上、下两个稳定隔水层之间含水层中的重力水。承压含水层有上下两个稳定的隔水层，上部的隔水层称隔水顶板，也叫限制层；下部的隔水层称隔水底板；顶、底板之间的距离为含水层的厚度。

承压性是承压水的一个重要特征。埋设于两个隔水层之间的含水层属承压区；两端出露于地表，为非承压区。含水层从出露位置较高的补给区获得补给，向另一侧出露位置较低的排泄区排泄。由于受来自出露区地下水的静水压力作用，承压区含水层中不仅充满了水，而且含水层中的水承受大气压以外的附加压强，当钻孔揭穿隔水层顶板时，钻孔中的水位将上升到含水层顶板以上一定高度才静止下来，钻孔中静止水位到含水层顶面之间的距离称为承压高度（承压水头）。孔中静止水位的高程就是承压水在该点的测压水位（承压水位），测压水位高于地表的范围是承压水的自溢区，在这里水井、钻孔能够自喷出水。

承压水是在岩性、地质构造、地形等因素相互配合的条件下形成的，其中地质构造起决定性作用。较适宜形成承压水的地质构造主要是向斜盆地、单斜盆地。

此外，还有适宜于储存自流水的单斜构造，称为自流斜地。自流斜地通常是因含水层被断层错开或被岩浆侵入体阻挡而形成。

承压水参与水循环不如潜水积极，因此，水文、气象因素的变化对承压水影响较小。承压水的资源不容易补充、恢复，承压水的水量大小与含水层的分布范围、厚度、透水性、水的补给来源等因素有关。一般来说，如果含水层分布面积广、厚度大、透水性好、水的补给充分，含水量就比较丰富，动态亦较稳定。通常，承压含水层厚度较大，故其资源往往具有多年调节的性能。

承压水的水质变化很大，从淡水到含盐量很高的卤水都有，主要取决于承压水参与水循环的程度和所经历的水环境的情况。在承压含水层的补给区，地下水接近潜水，水循环较强烈，故多分布为碳酸盐类的淡水；而越往承压区深部，水循环越慢，故水的含盐量升高，为硫酸盐类甚至卤化物类的高含盐量水。此外，由于承压水埋藏深度较大，且上部有隔水层的阻隔，故不易受地表水及大气降水的污染。但由于承压水参与水循环较弱，如一旦污染则不易自净。

由于其动态较稳定，承压水是较好的供水水源，但也给采矿或地下工程带来很大威胁。

二、按地下水含水介质分类

根据含水介质的不同，地下水可分为孔隙水、裂隙水和岩溶水。由于它们在空隙特征上的差异，造成三种地下水呈现出不同的特征。

（一）孔隙水

孔隙水主要赋存于松散沉积物颗粒构成的孔隙中。在我国，第四系与部分新近系、古近系等未固结或半固结的松散沉积物的孔隙中均储存孔隙水。孔隙水通常以连续层状分布，与裂隙水、岩溶水相比，其水量分布均匀，构成具有统一水力联系的层状含水层。

由于松散沉积物的成因类型不同，其形成过程受到不同的水动力条件的控制，因而其岩性和地貌呈现有规律的变化，决定着赋存于其中的地下水特征。例如，山前洪积扇总的分布规律是：从山前到平原，地形坡度由陡变缓，岩性由粗变细，透水性由强变弱，而赋存其间的地下水则是：含水量由多变少，潜水埋深由大变小，承压水水头由小变大。当然，所述的这种水质分带性仅是一种典型情况，由于各地的气候和岩性条件不同，洪积物中地下水水质分带性也有所差异。如我国南部和西部地区，洪积物中潜水埋深的变化虽然也有上述规律，但气候潮湿、雨量充沛，所以水质分带性一般不明显。

孔隙水由于埋藏条件不同，可形成上层滞水、潜水或承压水。

（二）裂隙水

存在于岩石裂隙中的地下水称为裂隙水。裂隙水具有与孔隙水不同的分布和运动特征，表现出强烈的不均匀性和各向异性。

由于裂隙在岩石中发育不均匀，导致赋存的水分布不均匀。裂隙发育的地方透水性强，含水量多；反之透水性弱，含水量也少。在裂隙水分布区有时会遇到这种情况：两口井相距不到几米远，出水量却相差很大，这说明出水量大的水井与裂隙连通很好。

裂隙水运动状况复杂，在流动过程中水力联系呈明显的各向异性，往往顺着某个方向裂隙发育程度好，沿此方向的导水性就强；而沿另一方向的裂隙基本不发育，导水性就弱。裂隙的产状对裂隙水运动也具有明显的控制作用，一方面局部地段裂隙水的流向并不总和水流的总体方向相一致，甚至有时会出现方向相逆的情况；另一方面受裂隙产状的控制，即使裂隙潜水也往往呈局部承压现象，当钻孔揭露含水裂隙后，地下水位往往会上升到一定的高度。裂隙水的运动速度一般不大，通常呈层流状态；但在一些宽大的裂隙中，在一定水力梯度下裂隙水流也可呈紊流状态。

（三）岩溶水

岩溶又称喀斯特，它是可溶性岩石在水的溶蚀作用下所形成的地表及地下各种地质现象的综合。自然界可溶性岩石分为三大类，碳酸盐类岩石如石灰岩、白云岩，硫酸盐类岩石如石膏，卤化物类岩石如岩盐、钾盐。就溶解度而言，碳酸盐类最小，但由于碳酸盐类岩石在地表分布最广，故通常所说的岩溶均特指在碳酸盐类岩石中所发育的岩溶。典型的岩溶形态在地表有溶沟、溶槽、溶芽、石林、落水洞、溶蚀漏斗等，在地下有溶孔、溶蚀裂隙、溶洞、管道等。

赋存并运移于岩溶化岩层中的水称为岩溶水（喀斯特水）。它不仅是一种具有独立特征的地下水，同时也是一种地质营力，在流动过程中不断溶蚀其周围的介质，不断改变自身的储存条件和运动条件，所以岩溶水在分布、径流、排泄和动态等方面都具有与其他类型地下水不同的特征。

岩溶水的分布更不均匀。在岩溶发育过程中，可溶岩体的空隙系统不断趋于不均匀，水流不断趋于集中，相对独立的裂隙含水系统联合成为范围广大的统一岩溶含水系统，并力求将尽可能大范围内的地下水汇集起来集中排泄，由此导致岩溶及岩溶水空间分布的极不均匀性，也决定了岩溶水补给、排泄、径流和动态等的一系列特征。

降水补给岩溶水的方式以通过落水洞、溶斗等直接流入或灌入地下为主，也有小部分降水沿裂隙缓慢地向地下入渗。集中排泄是岩溶水排泄的最大特点，地下水河系化的结果使成百甚至成千平方千米范围内的岩溶水集中通过地下河出口、一个大泉或泉群进行排泄。这些岩溶水在径流区可以隐匿地下不被发现，而在地质构造和地貌条件适宜的地方就突然出露于地表。岩溶空隙大小悬殊，使得岩溶水的运动异常复杂，在大洞穴中岩溶水流速高，呈紊流运动；而在断面较小的管路与裂隙中，水流则作层流运动。岩溶水的动态特征则表现为水位、水量变化幅度大，对降水反映明显。降水后岩溶水迅速获得补给，水位抬高显著，雨止后岩溶水沿顺畅的通道迅速排泄，水位降落也很明显。

岩溶水的补给、径流及排泄等条件决定了岩溶水的水化学特征。由于水流交替条件良好，故岩溶水特别是浅部的岩溶水矿化度较小，一般在 0.5 g/L 以下。埋藏较深的岩溶水化学成分则随水交替条件而异，通常补给区矿化度较低，随深度的增加矿化度逐渐升高。在构造封闭良好的古岩溶含水系统中，可保存矿化度高达 50 ~ 200 g/L 的沉积卤水。

大多数情况下，岩溶水的水量大、水质好，可作为大型供水水源，但由于岩溶水的独特补给方式，使得降水与地表水未经过滤便直接进入岩溶含水层，因此岩溶水极易被污染，利用岩溶水作供水水源时应予以注意。此外，岩溶水也是采矿或地下工程建设的主要危害。

地下水的上述分类，往往可以综合使用，综合命名，因而有"孔隙潜水"、"裂隙潜水"、"岩溶承压水"等名称。

第三节 地下水地质作用

一、地下水潜蚀作用

地下水在运动中不断对周围的岩石进行着改造和破坏，这就是地下水的潜蚀作用。按作用方式可分为机械冲刷和化学溶蚀两种。地下水一般情况下流动缓慢、水量分散、冲击力很小，所以其机械冲刷作用较小；但地下水中常富含 CO_2 和其他溶剂，这些成分与周围介质广泛接触发生化学溶蚀，作用显著。

（一）潜蚀作用

1. 机械冲刷作用

地下水在岩石空隙中流动，因其流速缓慢，冲刷力一般较弱，只能冲刷细小的颗粒。但由于作用时间长久，尤其对未成岩的沉积物，细颗粒被冲走，空隙变大，水的流速加快，动能加大，将会冲刷更大的颗粒，使空隙更大、冲刷能力更强，最终可能形成较大的空隙，甚至形成空洞，造成管涌、流沙或地表塌陷等危害工程设施的不良现象。

影响机械冲刷作用的主要是地下水的水力梯度、岩土结构、颗粒成分与致密程度。通常，水力梯度愈大（亦即渗流速度愈大），土石结构愈松散，颗粒大小愈悬殊，愈有利于机械冲刷的进行。如黄土因颗粒细小且松散，加之黄土中含有较多碳酸盐类矿物，易被溶解。所以黄土极易被地下水冲刷破坏形成土洞，这在我国黄土高原很常见。

2. 溶蚀作用

地下水对岩石的溶解破坏作用，称为溶蚀作用，它对可溶性岩石来说尤为显著。自然界中常见的溶蚀现象出现在碳酸盐类岩石中，由于地下水中含有 CO_2，易溶解石灰岩或含碳酸盐类矿物的岩石。

由于地下水的运动是发生在岩石空隙中，水与岩石的接触面积大，而且地下水流速缓慢，因而其溶蚀作用极为显著。尤其在湿热气候条件下，溶蚀是可溶性岩石遭受破坏的主要原因，并可形成特殊的地貌。

（二）岩溶地貌（喀斯特地貌）

在地质学上，将地下水（兼有地表水）对可溶性岩石以化学溶蚀为主、机械冲刷为辅的地质作用以及由这些作用所产生的地貌，称为岩溶地貌，也称喀斯特地貌。"喀斯特"一词是前南斯拉夫西北部沿海一带石灰岩高原的地名，那里发育着各种奇特的石灰岩地形。

喀斯特作用形成的地貌奇特而多样，往往构成别致而优美的风景，常见的有：

1. 溶沟、石芽和石林

溶沟是石灰岩表面上的沟槽，是地表水流沿可溶性岩石表面进行溶蚀和机械冲刷的产物。沟槽宽深不一，一般为数厘米到数米，有时更大，其形态各异。沟槽之间凸起的石脊称若石芽形态高大，沟坡近于直立，且发育成群，远看宛如森林，则称为石林。石林常见于湿热地区，如我国云南、贵州和广西就有峭壁林立、姿态万千的石林。

2. 落水洞

落水洞是地表水沿近于垂直的裂隙向下溶蚀而成的直立或陡倾的洞穴，它下接地下暗河或溶洞，是地表水转入地下河或溶洞的通道（图 13-11）。在两组直立裂隙交汇处，落水洞最易形成。有时沿裂隙带发育许多落水洞，它们呈串珠状分布。落水洞的深度常可达数十米至百余米。

3. 溶斗、溶洼和喀斯特平原

溶斗又称漏斗，是小型洼坑，其平面呈圆形或椭圆形，直径一般由数十米到数百米，深度常为数米或数十米，最深可达数百米。纵剖面形态有碟状、锥状、漏斗状等。底部常有落水洞，可引导地表水向下排泄。

溶斗的形成是由于地表水流沿垂直裂隙向下渗流、溶蚀，裂隙不断加宽扩大，发展为空洞，同时常伴有壁面及上部土体逐步垮落、塌陷的结果。溶斗的侧向扩大、合并和加深可形成小型的封闭洼地，被称为溶蚀洼地，简称溶洼。洼地中常发育漏斗或落水洞，底部有残积—冲积土层覆盖。

如果地壳保持长期稳定，侧向溶蚀作用能充分进行，岩溶洼地便进一步发展，形成高程低、面积达数百平方千米的广阔平原，称为喀斯特平原。

如果溶斗或溶洼底部被塌陷物堵塞，可暂时或长久积水成为池塘或湖泊，称为喀斯特湖。

4. 峰丛、峰林和孤峰

峰丛、峰林和孤峰都是正向的岩溶地形。其中，峰顶尖锐或圆锥状竞相突出，而其基部相连，宏观上似簇状者称为峰丛，它是喀斯特发育早期阶段的地貌。峰丛区地形起伏较大，相对高差大于 100 m，有时达数百米，坡度大于 45°，是强烈岩溶作用下形成的。峰丛继续溶蚀，当基部几乎不连接时，峰体上部挺立高大，称为峰林。耸立于岩溶地区平原上的孤立山峰称为孤峰，它是峰林进一步发展的结果，其相对高度一般为 50 ~ 100 m，比峰林低，是岩溶发育晚期的产物。

5. 盲谷和干谷

岩溶发育区的地表河谷没有出口，好像进入了死胡同，这种向前没有通路的河谷叫盲谷。盲谷一般是在非岩溶化地区发育的地表河流，流到强岩溶化地区后，其水流消失在河谷末端陡崖下的落水洞而转为地下河形成的。由于河水消失，谷地溶蚀减弱甚至停止，造成盲谷下游一般是高于现代河床的谷地。

岩溶地区，地表水因渗漏或地壳抬升而通过落水洞转入地下，则地表原来常年有水流的河谷变成干谷；盲谷下游高于现代河床的谷地也是一种干谷。底部较平坦，常覆盖有松散堆积物，沿干谷河床常有漏斗、落水洞成群地作串珠状分布，往往成为寻找地下河的重要标志。

6. 溶洞和地下河

地下水长期溶蚀岩石，产生的洞穴称为溶洞。形成初期，地下水沿岩石中的各种构造面（层面、节理面、断裂面等）进行侵蚀，因裂隙孔道较小，水流缓慢，主要以溶蚀为主。随着孔道扩大，水流作用加强，动能增大，除溶蚀作用外，还产生机械冲刷作用。孔道发展为空洞，小空洞不断扩大并相互串通，形成较大的空洞，即溶洞。

从地表往下，溶洞的形态各异。在潜水面以上，水流以垂直运动为主，可形成直立或陡倾斜为主的溶洞；在潜水面附近，地下水以水平运动为主，可形成水平溶洞，因地下水活动强烈，溶洞常迂回曲折，时宽时窄，并沿着潜水面形成延伸很长的水平溶洞系统，有时可达数百千米以上。美国肯塔基州的猛犸洞长达 240 km，是迄今世界上发现的最长的溶洞。一些延伸较长的溶洞，常汇集丰富的地下水，成为地下河（又称地下暗河）和暗湖。在我国西南石灰岩大范围分布地区，常发育有大小不一、形态各异的溶洞连结而成的地下暗河。如同地表河流一样，由一条干流和多条支流组成的地下河系，其平面展布为个体溶洞、单一管道、羽状、树枝状或网状等不同形式。

如果地壳上升，那么地下水在重力作用下就往下侵蚀，潜水面就会逐渐下降，首先溶洞顶端无水变干洞，然后逐渐地整个溶洞就会被抬升而成为干洞。随后，如果地壳停止上升而又保持相对稳定，则在新的潜水面附近通过地下水的横向溶蚀可再发育低一级的另一水平溶洞系统。假若地壳间歇性多次上升，就会形成多级溶洞。各级溶洞高度常与河流阶地高度一一对应。

7. 天坑

天坑是指发育在碳酸盐岩层中，从地下通向地面，四周岩壁峭立，深度与平面宽度（口部或底部）从百米至数百米以上，底部与其发育期的地下暗河连接的陷坑状负地形。中国的天坑分布在南方喀斯特地区，绝大多数位于黔南、桂西、渝东的峰丛地貌区。

天坑多为塌陷或者冲蚀成因。塌陷型天坑系指在地下可溶性岩层受到地下水长期不间断的较高水动力条件下的溶蚀作用，大量物质被逐渐溶蚀，上覆岩层失稳崩塌而形成。因此其形成条件包括：巨厚的碳酸盐岩层；地下暗河水位较深且水量大，流速快；包气带厚度大；降雨量充足等，如重庆奉节的小寨天坑、广西乐业的大石围天坑群、交乐天坑等。

冲蚀型天坑是由于地表水流集中冲蚀和溶蚀作用，通过纵向裂隙向下流动，流动过程中使裂隙不断扩大、增容而形成。

8. 溶蚀谷与天然桥

溶洞或地下暗河因洞顶岩石塌陷而暴露于地表，形成两岸陡峭的深谷，称为溶蚀谷。局部洞顶残留在地下河上部时就形成天然桥。

（三）影响岩溶发育的因素

岩溶是水与可溶岩石相互作用的产物，岩溶作用过程实际上就是水作为营力对可溶岩的改造过程。因此，岩溶发育的两个基本条件是：岩层具有可溶性及地下水具有侵蚀能力。由此派生出一系列影响因素。

1. 气候

降雨量多少及气温高低影响到水的冲刷以及溶蚀速度和强度。气候潮湿、降雨量大以及常年气温较高有利于岩溶发育。我国广西、云南、贵州、广东、四川等地岩溶普遍发育，而西部和北方地区岩溶地貌普遍发育缓慢，气候差别就是原因之一。

2. 岩石性质

岩溶发育在可溶性岩石中，它们是：卤族盐类，如岩盐、钾岩；硫酸盐类，如石膏、硬石膏和芒硝；碳酸盐类，包括石灰岩、白云岩及富含碳酸盐成分的碎屑沉积岩。这三类岩石中，卤族盐类及硫酸盐类最易溶解，但分布面积有限。碳酸盐类岩石，虽溶解度相对较小，但分布广泛，对于岩溶发育最为重要。

在碳酸盐类岩石中，一般质纯的石灰岩岩溶最为发育，白云岩和含泥质的石灰岩岩溶发育程度低。如我国华北地区的溶洞多见于质纯的奥陶系石灰岩中，而含泥质较多的寒武系石灰岩中很少见到溶洞。另外，岩石的结构对岩溶发育也有影响。一般粗、中粒晶质结构的岩石溶解度大，岩溶较发育；结晶颗粒细微者，溶解度小，岩溶化微弱。

3. 地质构造

岩溶发育与裂隙密切相关，在断裂破碎带岩溶最为发育。如在两组断裂交汇处，溶斗、溶洞最易发育；裂隙开口大、延伸远的地带，有利于岩溶作用的进行，常能形成大型溶洞。

在背斜轴部及其倾伏端，向斜轴部及其翘起端，是岩溶发育的有利部位。水平岩层中岩溶多沿水平方向发展较快；岩层直立时岩溶向深部发育较深，但规模不大；缓倾斜岩层中水的运动和扩展面较大，岩溶发育较好。

4. 水的作用

水的溶蚀力和水的流动性是影响岩溶发育的决定性因素。水中 CO_2 的含量决定了水的侵蚀能力，一般 CO_2 随溶解作用的发生而消耗，又通过大气的扩散而得到补充，但这一扩散补充的过程一般很慢。

地表水和地下水的流动性，包括流速、流量和交替循环的强弱等，都影响到水对岩石溶蚀的能力。在水停滞的条件下，随着 CO_2 的不断损耗，当达到化学平衡状态，水成为饱和溶液而完全丧失溶蚀能力，溶蚀作用便告终止。只有当地下水不断流动，水中溶蚀的物质被带走，富含 CO_2

的渗入水不断补充更新，水才能经常保持侵蚀性，溶蚀作用才能持续进行。而水的流动性又受到多方因素的控制，如岩石的透水性、排水条件、地下水的排泄和补给情况。

一般地下水的循环愈快，岩溶愈发育。

5. 构造运动

构造运动的稳定性控制着岩溶地貌的演化进程。在地壳处于相对稳定的条件下，如果气候因素无重大变化，岩溶地貌的形成和发展可按以下阶段进行：

早期，地表水沿着岩石表面的裂隙向下流动，形成大量溶沟和石芽以及少量落水洞和溶斗，地表水系切入可溶性岩石中，地下河道开始形成。

中期，溶斗和落水洞不断产生和扩大，地表密布着大小不同的岩溶洼地、干谷，地表水流大都进入地下河道，形成完整的地下水系。地表只有主要河道保持水流。

晚期，地下溶洞进一步扩大，地下河道及溶洞顶部不断坍塌，地面更为破碎，许多地下暗河变成明流，形成溶蚀谷及天然桥，发育岩溶洼地以及峰林。

末期，溶洞顶部大量坍塌，地下暗河均转变为地表水系，地面高程降低，残留少数孤峰或残丘，形成岩溶平原。

上述演化阶段是理想的情况，由于地壳升降交替或气候变化反复，实际情况要复杂得多。

二、地下水搬运和沉积作用

（一）地下水搬运作用

地下水搬运作用可分为机械搬运作用和化学搬运作用。

1. 地下水机械搬运作用

当地下水在岩石孔隙、裂隙中流动时，因其流速十分缓慢，搬运能力较弱，只能搬运少量泥质、粉质或粉砂质等细粒物质。但在某些情况下，地下水的搬运能力会增强。例如，当地下水在岩溶管道、溶洞或地下河系中流动时，由于水量大、流动快、搬运动能较大，不仅能搬运细粒物质，还可搬运由崩落而形成的泥沙和碎石。

2. 地下水化学搬运作用

地下水的化学搬运作用较为普遍，其搬运的物质主要来自地下水对岩石的溶蚀，少部分来源于岩石的风化。这些物质包括各种离子和胶体。它们随着地下水向下渗透或水平流动而被搬运，地下水渗流携带的溶解物质的成分和数量，取决于渗流经过的岩石性质与风化程度。

（二）地下水沉积作用

地下水的沉积作用亦可分为机械沉积作用与化学沉积作用。

1. 地下水机械沉积

具有一定流动速度的地下水携带不同粒径的颗粒物质到开阔地段时，因流速降低，动能减弱，部分颗粒物质就会沉积下来。常在发育地下河的溶洞中出现砾石、砂和黏土等沉积物，并具层理构造。这类沉积物中有时会含有用矿物，对这些矿物进行研究，可帮助确定地下水的补给源地，甚至指导寻找地下盲矿体。

2.地下水化学沉积

有利于化学沉积的场所有溶洞中渗水裂隙的流出带、泉水的溢出带，还有某些渗入裂隙或孔隙内。按沉积物出现的场所可分为溶洞沉积物、泉华沉积物和裂隙中的沉积物。

三、地下水其他地质作用

（一）地下水在岩浆活动和岩石变质过程中的作用

从前面各章的学习过程中可知，在岩浆活动和岩石的变质作用过程中均有地下水积极参与。

火山喷出物中的水汽就是水参与岩浆活动的佐证。参与火山活动的水有两部分：一部分在地壳浅部形成，为密度不大的蒸汽，具酸性或极酸性凝聚物；另一部分在地下深部层圈形成，属岩浆源内生水，含有大量碱金属及金属氯化物。

化学活动性流体是影响变质作用的三大因素之一，其主要来源之一就是地下水，即在变质作用过程中必有由不同成因的地下水参与，同时变质过程中会有再生水的形成，因此地下水活动与变质作用有密切联系。另外，由于水是强溶剂，在高温高压下水的离解作用较强，侵蚀性较高，因而易破坏原始化合物的稳定性，加快变质过程中反应速度。另一方面，在地壳深部高温高压条件下，岩石中的矿物结合水可转变为自由状态的液态水或气态水，如泥岩变为页岩、板岩和千枚岩的过程中，有大量的矿物结合水转变为自由状态的液态水。

（二）地下水的成矿作用

地下水在岩石圈中分布广泛，本身又是一种化学活动性较强的溶剂；当水中溶有大量气体时，地下水对岩石的侵蚀性加强，因此使更多物质进入到地下水体中。溶入水中的金属离子会以各种形式进行迁移。由于水具有较低的黏滞性，在水位差和温度等作用下，流动速度较快，有利于成矿元素的迁移和富集。

相对于由岩浆及变质作用所产生的水，渗入地下的水和沉积水则属于外生水。渗入水是由大气降水或地表水渗入地下形成的，它在重力作用下从补给区向排泄区渗流的过程中不断溶滤岩石的各种成分，参与各种元素的迁移和富集。沉积水则是在沉积物形成的同时进入沉积物中的水，其中海成沉积水分布最广。

由于渗入水的不断淋滤，岩石中过去已形成矿体的金属元素不断向水中转移，富含成矿元素的地下水运移至排泄带附近时，由于物理、化学条件发生变化（如温度降低、压力减小、气体逸出、酸度下降等），使元素的迁移能力显著降低，在相对不大的范围内，元素析出沉淀，形成矿床。

沉积水是与汇水盆地底部沉积物同时形成的，随着汇水盆地的下降，上覆岩层压力不断增大，沉积物中的水逐渐被挤出。挤压出来的水有重力水和结合水，其矿化度高、侵蚀性强，有利于金属元素向水中转移。随着沉积物埋藏深度的加大，温度和压力也不断增加，使不稳定矿物发生分解，矿物晶格上的金属元素也进入水溶液。若沉积物继续下降，温度压力继续增大，岩石除持续脱水外，还有各种矿物重新结晶，并释出其所含的金属元素。这些被压榨出来的沉积水在物理条件急剧变化地带（减温、减压处）进行排泄，使所含金属元素在排泄带附近部分沉淀下来形成金属矿床。另一部分则随地下水溢出地表，由地表径流汇入海洋，并可在海盆边缘呈裙状堆积成矿。

由上述地下水对成矿物质的转移过程可以看出：不同成因的地下水及其水文地质特征对成矿作用不同，因而深入研究成矿时期地下水的形成过程及分布规律，对于认识区域成矿规律和指导矿床勘探均具有一定的实际意义。

（三）地下水在油气田形成中的作用

地下水存在于含有有机质的各种沉积物的盆地中，而有机物质是可转变为产生石油和天然气的碳氢化合物。所以，地下水与油气田的形成有着密切的关系。可以说，油气田的生成、运移、聚集和分散，都是在地下水参与下进行的。地下水既是油气田形成的"搜集器"和媒介，又是石油运移的动力和载体。

石油来源于有机物，然而世界上富含有机物的黏土和页岩中，并未发现有石油和天然气储藏（只有少数油页岩例外）；相反，油气田多见于粗粒结构的砂岩及具有溶隙的石灰岩中。显然，石油从高度分散的生油层中迁移到目前聚集的位置，必须经过有地下水参与的运移。石油的运移分为初次运移和二次运移。水及所携带的石油液滴从细颗粒沉积物（软泥）中被压榨到相邻透水性较好的粗粒含水层中称为初次运移。在此过程中，水一方面参与油气的形成，另一方面又捕集泥岩中分散状的油滴。随着盆地上覆堆积物的加厚和对高压缩性细颗粒沉积物的压实与固结，促使水和游离的石油从细颗粒沉积物中被驱赶到粗颗粒的储集层中去。然后在储集层中由地下水运移到地质构造和地层圈闭处形成油气田，称为二次运移。虽然，地下水是作为迁移分散石油液滴的载体和动力。

第四节 地下水资源开发与保护

资源是指自然界存在且可被人类利用的一切物质。地下水是一种宝贵的资源，地下水资源是水资源的一个组成部分。地下水与大气水、地表水在水文循环过程中相互转化，因此，一个地区的水资源是一个密切联系的有机整体。

作为资源的地下水，不仅具有自然属性，必然还具有社会属性。地下水资源较之地表水资源，具有很多优势，主要有四点：

空间分布：地表水的分布局限于稀疏的水文网，地下水则在广阔的范围里普遍分布。地下水在空间赋存上弥补了地表水分布的不均匀性，使自然界的水资源能够被人类利用得更为充分。

时间调节性：地表水循环迅速，其流量与水位在时间上变化显著，干旱、半干旱地区的地表水往往在急需用水的旱季断流，为了利用地表水，往往需要筑坝建库以进行调节。流动于岩土空隙中的地下水，受到含水介质的阻滞，循环速度远较地表水缓慢；再加上有利的地质结构能够储存地下水。因此，地下水含水系统实际上是具有天然调节功能的地下水库。地下水的这种时间调节性，对于干旱地区与干旱年份的供水尤为可贵。

水质：只有水质符合一定要求的水才是可利用的资源。地表水容易受到污染导致水质恶化，此外，地表水温度变化大，有时还可能结冰。地下水在入渗与渗流过程中，由于岩层的过滤，水质比较洁净，水温恒定，不容易被污染；当然，地下水一旦遭受污染后，再度净化要比地表水困难得多。

可利用性：利用地表水一般需进行水质处理，往往需要在某些地段修建水工建筑物以导流引水或蓄水调节，然后再用管道输送到用水地段。因此，利用地表水的一次性投资大，一个地区的各个用水单位需要统筹修建供水工程设施。地下水分布广，且含水层起着输送水的作用。利用时不需要修建集中的水工设施，一般也不需铺设引水管道，不需要处理水质；每个用户可以打井从含水层直接抽取需用的水，一次性投资低，且可随需水量增加而逐步增加水井。然而，为了把地下水提升到地表要消耗能量，费用较高；不适当地开发利用地下水会造成严重的环境问题；由于用户分散打井取水，地下水的管理较地表水困难。

一、地下水开发及其所伴生的环境地质问题

过量开发或排除地下水，会造成地下水位不断下降，容易产生一系列的环境地质问题，其中，对人类构成威胁或危害的称作地质灾害。

我国华北平原，20 世纪 60 年代以前很少开采地下水，不少地方的孔隙承压水井孔可以自喷。70 年代起大量开采，开采量超过补给量，地下水位迅速下降，孔隙承压含水系统地下水位下降漏斗的面积往往达到数千平方公里，漏斗中心水位深达 80 m，并且每年以 1 m 到数米的速度下降。地下水位迅速下降，不得不经常更新提水工具，大量较浅的井报废，并使采水的能耗大增。大型矿山因采矿需要而将大范围地下水疏干，也会造成类似的后果。

地下水是水文循环的重要环节，过量开采地下水，首先破坏了原有的水文循环。地下水集中排泄形成大泉，常构成名胜古迹的精华，由于地下水位深降，千古传颂的名泉（如济南的趵突泉、太原的晋祠泉）或不复存在，或成了涓涓细流。由于地下水位深降，由地下水供应的河水基流也减少甚至消失，干旱、半干旱地区的地表径流也随之衰减。

地下水位降低还会使由浅埋地下水所维持的沼泽湿地被疏干。作为水栖候鸟及某些野生动物如河狸、水獭、麋鹿栖息地的消失，意味着相关生物群的消亡。

半干旱地区，尤其是干旱地区的平原盆地区，地下水位下降，包气带变厚同时水分供应不足，导致植被衰退；表土裸露且缺乏水分，易遭风蚀，造成土地沙化；最终，依靠植物为生的野生动物也随之衰减，导致生态全面退化。

充盈于岩土空隙中的地下水，与岩土共同构成一个力学平衡系统，孔隙水压力与岩石骨架的有效应力共同与总应力相平衡。开采地下水引起水位下降后，由于孔隙水压力降低，而总应力未变，故有效应力增加，岩土骨架将因此发生释水压密。砂砾层基本呈弹性变形，地下水位复原时地层回弹；而黏性土层则为塑性变形，地下水位恢复时黏性土层的压密基本不再回弹。因此，开采孔隙承压含水系统会导致土层压密，相应地在地表表现为地面沉降，即地形标高的降低。抽汲地下水引起的地面沉降国内外都很普遍。

开采地下水引起的地面沉降，更主要的危害是引起地面及地下建筑物或管网的破坏。近年来，山东省的济宁市、德州市和荷泽市等平原区，都不同程度地出现了地面沉降，给当地的城市建设造成了很大危害。

地下水位下降引起黏性土压密释水时，还会使地下水水质发生变化。赋存于黏性土中的水通常不易与外界发生交换。但当黏性土压密释水时，黏性土中水的某些组分也随之进入含水层。例如河北东部平原深层孔隙地下水中氟含量的高值中心正与区域地下水位下降漏斗中心吻合；在时间上，随着开采量增加，地下水位下降，地面沉降量增大，深层水中氟离子也随之增大。根据空间与时间上的比较，说明深层孔隙水中对人体有害的氟主要是伴随黏性土释水压密而进入含水层。

上覆松散沉积物的岩溶化岩层分布区，当抽排岩溶水使其水位低于松散沉积物时，由于失去水的浮托力的支撑，在下部隐藏有溶洞，松散沉积物会坍落于洞穴中，在地表形成大量塌陷洼坑和漏斗。例如，广东凡口铅锌矿因采矿疏干降低地下水，造成地面塌陷1 440余处，建筑物、农田以及铁路、公路均遭破坏。山东省近年来由于对岩溶水的大量开采，也产生了大量的地面塌陷，主要分布在泰安、莱芜、枣庄三地市。

天然条件下地下水形成相对稳定的地下水流动系统。地下水开采中心构成新的势汇后，会形成流线指向开采中心的新的地下水流动系统。如果离海不远，原来由陆地指向海洋的流线将因开采影响转而由海洋指向陆地，海水将入侵淡水含水系统。

二、地下水利用及其所伴生的环境地质问题

不但过量抽排地下水会引起环境退化，过量补充地下水也会破坏有地下水参加的各种平衡，导致环境退化。

修建水库，利用地表水进行灌溉，跨流域调入外来水源，都会使地下水获得比天然条件下更多的补给，引起有关的环境问题。

过量补充地下水引起地下水位上升，当平原盆地中地下水上升，使其毛细饱和带达到地表时，便引起土壤的次生沼泽化，原有的农业生产、建筑物、道路等均将受到损害。

前面我们曾提到，地下水位下降疏干沼泽地引起环境退化。为什么在这里又把土地沼泽化称之为环境退化呢？自然环境是指人类生存与发展的自然条件的总和，在与环境长期共处中，人们已形成一定的与环境相适应的生活方式与生产模式。因此，凡是环境发生与当地人们现有的生活方式与生产模式不相适应的变化，都可归之为环境退化。试设想，若是全球现有的气候分带发生重大变化，将会给人们的生活与生产带来多少问题。

在干旱、半干旱平原盆地中，过量补充地下水引起地下水位上升使蒸发浓缩作用加强，引起土壤盐渍化及地下水咸化。20世纪50年代后期，华北平原不合理地进行地表水灌溉与拦蓄降水，曾使地下水位普遍抬升而土壤次生盐渍化严重发展。

过量补充地下水使地下水位上升，也会破坏水岩（土）力学平衡。此时孔隙水压力增大，有效应力便随之降低，往往导致斜坡土石体失稳。当滑坡体的潜在滑动面上孔隙水压力上升时，有助于滑动面的破裂与滑动，这就是雨季滑坡容易发生的主要原因之一。水库回水往往使大范围地下水位上升，该范围内斜坡失稳，会触发滑坡与崩坍。

对于有裂隙的岩体，地下水位上升普遍使裂隙中孔隙水压力上升。在直立裂隙中，孔隙水压力升高等于给岩体增加一个指向临空面的推力；对于倾斜与水平的裂隙，孔隙水压力升高使有效应力降低，抵抗裂隙移动的摩擦力也随之降低。增加的孔隙水压力在上述两类裂隙同时存在的情况下将促使岩石斜坡崩坍。

水库诱发地震是过量补充地下水引起的一种环境问题。例如我国新丰江水库修建后曾引发6.1级地震，造成数人死亡，数千间房屋破坏，水库边坡发生崩坍、滑坡与出现大裂缝。修建水库之所以诱发地震，简单地说是由于库水增加了活动断裂的孔隙水压力，使断层面的抗剪强度减少，地应力易于使断裂滑动而引发地震。

三、地下水污染

在人为影响下，地下水的物理、化学或生物特性发生不利于人类生活或生产的变化，称为地下水污染。地下水污染达到一定程度，便不合乎供水水源的要求。当然，对于不同用途的地下水，污染标准是不同的。

地下水污染意味着可以利用的宝贵的地下水资源的减少。不仅如此，地下水的污染很不容易及时发现。一旦发现，其后果也难以消除。

地下水污染与地表水污染不同。污染物质进入地下含水层及在其中运移的速度都很缓慢，若不进行专门监测，往往在发现时，地下水污染已达到相当严重的程度。地表水循环流动迅速，只要排除污染源，水质能在短期内改善净化。地下水由于循环交替缓慢，即使排除污染源，已经进入地下水的污染物质，将在含水层中长期滞留。随着地下水流动，污染范围还将不断扩展。因此，要使已经污染的含水层自然净化，往往需要很长的时间（几十、几百甚至几千年）；如果采取打井抽汲污染水的方法消除污染，则要付出相当大的代价。

污染物质主要来源于生活污水与垃圾、工业污水与废渣以及农用肥料与农药。随着人口急剧增长与工农业发展，产生的污染物质数量十分巨大。全球几乎找不出不受污染的净地。

污染物质可通过不同途径污染地下水。雨水淋滤使堆放在地面的垃圾与废渣中的有毒物质进入含水层；污水排入河湖坑塘，再渗入补给含水层；利用污水灌溉农田，处理不当时，可使大范围的地下水受污染；止水不良的井孔，会将浅部的污染水导向深层；废气溶解于大气降水，形成酸雨，也可补给污染地下水。

污染物质能否进入含水层取决于地质、水文地质条件。显然，承压含水层由于上部有隔水顶板，只要污染源不分布在补给区，就不会污染地下水。如果承压含水层的顶板为厚度不大的弱透水层，污染物也有可能通过顶板进入含水层。潜水含水层到处可以接受补给，污染的危险性取决于包气带的岩性与厚度。

包气带中的细小颗粒可以滤去或吸附某些污染物。土壤中的微生物则能将许多有机物分解为无害的产物。因此，颗粒细小且厚度较大的包气带构成良好的天然净水器。根据这个原理，人们如果正确地用污水灌溉农田不会引起地下水污染。比如将污水间歇地通过粉细砂包气带下渗可以达到污水净化的目的。粗颗粒的砾石没有过滤净化作用，裂隙岩层也缺乏过滤净化能力，岩溶含水层通道宽大，很容易遭受污染。

在分析污染物质的影响时，要仔细分析污染源与地下水流动系统的关系：污染源处于流动系统的什么部位，污染源处于哪一级流动系统。当污染源分布于流动系统的补给区时，随着时间延续，污染物质将沿流线从补给区向排泄区逐渐扩展，最终可波及整个流动系统。即使将污染源移走，在污染物质最终由排泄区泄出之前，污染影响将持续存在。污染源分布于排泄区，污染影响的范围比较局限，污染源一旦排除，地下水很快便可净化。

当然，当人为地抽取或补充地下水形成新的势源或势汇时，流动系统将发生变化，原来的排泄区可能转化为补给区。因此，在分析时不仅要考虑天然条件，还要预测人类活动的影响。污染源分布于不同等级的流动系统，污染影响也不相同。污染源分布在局部流动系统中时，由于局部流动系统深度不大，规模小，水的交替循环快，短期内污染影响可以波及整个流动系统；但在去除污染源后，自然净化也快，数月到数年即可消除污染影响。区域流动系统影响范围大，流程长而流速小，水的交替循环缓慢；在其范围内存在污染源时，污染物质的扩展缓慢，但如有足够的时间，污染影响可以波及相当广大的范围；区域流动系统遭受污染后，即使将污染源排除以后，污染影响仍将持续相当长的时间，自然净化期可以长达数百年乃至数千年。污染后再治理相当困难，有时甚至是不可能的。

为了避免地下水遭受污染，首先要控制污染源，力求污染物质经处理后再行排放。其次，要根据岩性以及地下水流动系统分析污染条件，尽量将可能发生污染的工矿企业安置在不易污染地下水的部位。

四、地下水的保护

有关地下水保护的理论比较多，有的叫做地下水脆弱性分析。在这里介绍的是近年来作者的一些研究成果，希望读者提出意见或建议；作者在这里也真诚地希望这样的保护地下水的思想，能够对地下水的保护起到积极的作用。同时更希望读者能够博览群书、吸纳众长，更好地在地下水保护领域里多作贡献，为现代化建设和可持续发展服务。

经济要发展，社会要进步，这是历史发展的必然。但是经济发展过程中，必然会产生废污物质，给环境带来负面的影响。工业化建设，就会伴随着废气、废污水的排放以及固体垃圾存放的问题；城市化发展，同样伴随城市废弃物存放、废污水排放的问题。虽然经济的发展也会促进环境保护事业的发展，特别是环境保护工程的建设和启用，从而大大改善环境；但是，城市和工业的废污物质的产生及输运过程难免造成环境的污染。受自然地质条件的限制，一个地区或者区域的地下水赋存状况是不能够改变的，即地下水的水环境一旦遭到破坏（污染），地下水作为资源的属性将发生改变，进而其被利用的价值就会降低或者丧失，这对其经济进一步发展和社会的进步是十分不利的，与可持续发展也是背道而驰的。因而对一个地区或者区域而言，对其地下水的保护是十分重要的！在选择城市化发展方向和工业化基地之前，开展地下水保护区划分工作，做到有的放矢地开展地下水保护工作，无疑是很有意义的。

实践表明，在一些依靠当地浅层地下水作为城镇及工业水源的地区或城市，严重的地下水污染主要缘于当地的污废水排放或垃圾堆存的降水淋滤以及污、废水处理设施的渗漏和污水灌溉等。因此地下水资源的开发必须与保护相结合，而且保护应该放在首位。保护了地下水，就保护了一条重要生命线。

然而由于地下水形成的复杂性和特殊性，要实现对地下水的保护，使之免遭污染侵害，在整个地下水的补给区域内都应该排除污染源的存在、实行严格的保护，从环境保护的角度考虑，这也是必需的。但是这既可能影响社会及经济的正常发展，又会造成不必要的浪费，而且从我国当前的实际出发这也是不可能的。所以通过对水文地质条件的认识，利用岩层的抗污染性质，分级设立地下水保护区，分门别类、有的放矢地开展城市及工业规划建设，既能够确保社会及经济的持续发展，又能够对地下水实行有效的保护，才是科学可行的途径。迄今在这一方面尚没有一套成熟的方法或标准，本文做了这方面的尝试。

（一）地下水污染的形式及特点

众所周知，地下水污染形式是多样的，主要有3种：即点源污染、线源污染和面源污染。点源污染是由于工业或生活集中污、废水排泄口和固体垃圾堆放点形成的污染源对地下水造成的污染，线源污染是由污废水排泄沟渠构成的污染源对地下水的污染，而面源污染则是主要指农业施肥、污废水灌溉等对地下水的面状污染。无论是哪种污染形式，一般都具有以下特点或条件：①有污染源存在，这是先决条件，不管污染源在地上还是地下。②污染物以流体（主要是水）为介质发生迁移，污染源处流体（水）中具有较高的污染物浓度，污染物以浓度扩散（分子扩散）和随着流体（水）的流动而运动（机械弥散）的方式发生迁移。③污染源与被污染的地下水体之间具有水头差，污染源水头较高，含污染物的流体（水）对地下水有补给作用；当地下水水位高于污染源水位时，污染物仅以分子扩散的形式对地下水造成污染，而且必须克服由于地下水运动所带来的反作用，因此多数情况下地下水是不受下游污染源的影响，即便有污染其范围也较小。④随着与污染源距离的增加，地下水中污染物浓度逐渐降低，而且这种特点在各个方向上都是存在的，当污染源为线源时往往沿着线源形成条带状的地下水污染；与上述第3个特点一样，在地下水运动方向的反方向一侧，地下水几乎不受污染源的影响。⑤由于岩层（包括土体）对一些污染物具有吸附作用且有的吸附作用较强，所以地下水中部分污染物如磷可在短距离内消除，即离污染源较远的地下水中并不包含所有污染源中的污染物。⑥部分污染物可通过化学或生物作用在其迁移过程中发生转化。

以上主要说明两点：一是透水岩层具有对污染物的去除或降解作用，二是污染源与地下水之间存在水头差且污染源水位较高时，地下水才会遭受持续而严重的污染。

（二）岩层对污染物的去除和抗污染性

透水岩层对水中污染物质具有过滤、吸附、消化、降解等作用，这里将这种作用称为透水岩层对污染物的去除作用，并将岩层的这种性质称为岩层的抗污染性。试验表明，岩层的上述作用或性质具有随着透水能力的增强而明显减弱的特点。即岩层的厚度越大、透水能力越差，其抗污染的能力越强；相反，岩层的透水能力越大厚度越小，其抗污染能力越弱；不透水岩层具有完全的防污染性能。透水岩层的这种抗污染性不仅在其处于包气带状态下存在，而且作为储水透水的含水层时也是存在的。岩层的抗污染性在实际工作实践中早已得到了验证：比如地下水随着与污染物距离的增大而遭受污染的程度减低；当地表存在污染源时，浅层地下水比深层地下水遭受污染的程度高。利用透水岩层进行地下水污染物的降解以期获得优质地下水的工作在世界各地正在作为一项事业蓬勃发展，我国在污水土地快速渗滤系统的研究及运用实践方面也取得了丰硕的成果。进行地下水保护区划分，就是依据了岩层的这种作用和性质。

（三）岩层的阻隔系数

为了定量地描述岩层的抗污染性质（或去除污染物能力），在这里引入"阻隔系数"的概念。从前面的讨论知道，岩层的抗污染性与岩层的透水能力和岩层的厚度有关，与岩层的透水能力成反比，与岩层的厚度成正比。

显然，岩层的阻隔系数越大，其抗污染的性能就越强。对于完全不透水的岩层来说，其阻隔系数是趋于无方大的。

待保护的地下水与污染物之间，往往不是单一的岩层，而是由多个不同岩性的岩层组成的。当不同岩性的岩层同时存在时，它们的抗污染性具有叠加性，其总的阻隔系数是各种不同岩层阻隔系数的和。

岩层的阻隔系数与岩层的岩性和含有污染物的地下水在该岩层中的运动途径的长短有关。由于，的取值与污染水体中污染物类型有关，因此在一定程度上岩层的阻隔系数还要取决于污染水体中主要污染物的类型。

（四）地下水的易污染性及地下水污染指数

岩层的透水性强弱，只表明地下水的渗透性能的强弱，并在一定程度上表征岩层的储水性能。透水性岩层的存在是地下水形成运动的先决条件，但是必须当透水岩层中的地下水具有水头差时，地下水才会运动。实践表明，地下水遭受污染主要取决于其接受污染水体（污染水体：指已经遭受污染、含有一定污染物浓度的水体，用以替代污染源）的补给量的大小和污染水体所含污染物浓度的大小，纯粹由于污染物浓度的化学弥散（分子扩散）所引起的地下水的污染是比较少见或较轻微的。正如前述，即使地下水与污染水体之间岩层的抗污染性很差，如果污染水体处于地下水的排泄场即地下水位高于污染水体的话，地下水也不会受到污染。因此，在分析地下水遭受污染时往往可以不考虑污染物的化学弥散作用，而只考虑污染水体污染物浓度以及在补给地下水过程中的运动速度和补给量。所以污染水体与所要保护的地下水之间的水头差就成为一个重要参数。由此看来，仅仅用岩层的阻隔系数定义了岩层的抗污染性的强弱是不够的，还必须考虑具体的待保护地下水与污染水体之间的水力联系。当被保护对象（地下水）不接受污染水体补给时，讨论地下水的保护是没有意义的。因此引出表明地下水遭受污染可能性大小概念——地下水易污染性，即地下水遭受污染的可能性，它是由地下水与污染源之间的岩层抗污染性以及两者的水头差共同决定的。

（五）地下水保护区的划分

通过上述讨论可知，岩层具有抗污染性，即对污染物具有去除作用；岩层的这种对污染物的去除作用决定于岩层的透水能力；地下水由于岩层的抗污染性而获得不同程度的保护，换句话说，污染水体可在透水岩层中运动的过程中得到净化；与地表水比较，地下水不是很容易受污染水体的污染；显然地下水遭受污染的程度除了与污染水体的污染物浓度有关外，也取决于污染水体对地下水的补给量的大小。因此，可根据水文地质条件进行地下水保护区的划分。

如何开展地下水保护区划分工作，迄今尚未有可依据的或公认的标准和程式。有关地下水水源地勘察规范和教科书等都是定性地做了规定，也有从环境保护角度提出对地下水水源进行"三带"保护，这更多地注重了细菌学病毒学指标对开采井地下水的影响。以下将依据以上所提出的思想方法，给出地下水保护区划分的工作步骤及工作内容。

第一，确定待保护对象。确定待保护的地下水含水层的产状及所处的地质构造部位、地下水的补给排泄条件、地下水的水位水质动态等。任何一个地区都不会将所有地下水都作为开发利用的对象，尤其对于富水程度较差、没有开采价值的个别含水层地下水，人们往往是不作为开发利用对象的，尽管从环境保护的角度应该对所有地下水进行保护，但是客观上是很难实现的，特别是我国目前的状况下。所以，要开展水文地质工作来确定具有开采价值和供水意义地下水含水层。

第二，确定污染源情况。掌握污染水体的来源、水量水位水质现状及动态。通过污染源调查评价的方式，对于城乡经济建设和工农业生产可能产生的污染源的类型、规模、污染物成分及浓度以及动态变化等做到定性描述和定量分析。

第三，掌握污染水体与待保护地下水的水力联系，即弄清污染水体对地下水污染的方式、强度等，确定其间不同岩层的岩性、分布现状、厚度及透水性等。

第四，根据上述资料，在计算分层阻隔系数的基础上，计算待保护地下水与污染水体之间总的岩层阻隔系数仇和地下水的污染指数并根据所获得数据在平面及平面上的分布，圈定阻隔系数平面和剖面等值线以及污染指数平面和剖面等值线。

第五，根据以上所得出的各种等值线图件，参照污染水体的来源、污染物种类、待保护地下水的用途等，进行评价区域的地下水保护分级。等该项工作开展到一定程度，有了经验，可以进行总结归纳，制定出统一的规范来。

第六，确定各保护区内的允许污、废水排放负荷量，即确定在各级保护区内只能允许排放的污废水强度。如在阻隔系数小、地下水污染指数较大的地区或区域，应该坚决避免建设化工类企业，或已经建设的也应该搬迁；在排污纳污河道的阻隔系数小、待保护地下水污染指数较大的区域，要进行防渗处理，严防污染水体对地下水的污染侵害；而在待保护地下水污染指数相对较小的区域，可以允许建设居住小区或一般性企事业单位，或者允许其在一定的时间内存在等。

总之，作为资源的地下水是有限的。既然是有限的，就应该好好地利用和加以保护。同时作为环境因子，地下水既承担着环境污染的载荷，随时都有被污染的可能，又是改善环境的主要因素，即合理、科学地对地下水进行保护可以不断地改善环境。因而，我们要时刻注意利用和保护并重。

第九章 地下水资源开发利用的环境地质问题

第一节 地下水的赋存和运动

一、水资源和水循环

水资源，是指自然界中全部任意形态的水，包括气态水、液态水和固态水。水资源理解为人类生存和发展过程中所需要的各种水，既有数量和质量的含义，又包括使用价值和经济价值。水资源概念通常有广义和狭义之分，狭义上是指人类能够直接使用的淡水，即自然界水循环过程中，大气降水落到地面后形成径流，流入江河、湖泊、沼泽和水库中的地表水，以及渗入地下的地下水；广义上是指人类能够直接或间接使用的各种水和水中物质，包括地球上所有的淡水和咸水。

全球目前能被人类直接利用的水体储量是非常有限的，并非取之不尽、用之不竭。分布在地球上的各部分水彼此密切联系，经常不断地互相转化，这种彼此转化的过程，就形成了自然界的水循环。

自然界的水循环，包括地质循环系统和水文循环系统。地质循环系统，是指水参与沉积、变质、岩浆作用过程，在这种地质历史进程中的水循环，具有循环途径长、循环速度缓慢的特点；水文循环系统，是指在大气圈、水圈的地表水与地壳浅部（2 000 m 以内）的地下水之间进行的水循环。

地球上的水绝大部分存在于海洋中，海水在太阳辐射热和重力作用下，蒸发成水汽进入大气圈，被风吹向大陆，凝结成云，通过降水落在陆地地表。其中，一部分由地形高处向低处流动，汇成江河，成为地表径流；另一部分渗入地下，形成地下水，由水头高的地方向水头低的地方运动，成为地下径流。地表径流和地下径流最后汇入大海。这种由海洋出发，最后又回到海洋，周而复始的水循环，称为大循环。从海洋蒸发的水，有相当一部分在海洋上就冷凝，以降水形式重新落到海洋；从海洋出发到陆地的水，只有一部分回到海洋，另一部分从大陆表面蒸发进入大气，然后又变成降水落到陆地表面。这种从海洋到海洋，从陆地到陆地的局部水循环，称为小循环。因此，地球上的水处于一种动态平衡的状态。

在地球漫长的地质演化过程中，始终伴随着水的参与。水的循环与运动作为一种外动力地质作用，改变着地球的地表形态。水是生命之源，一切生物体内都含有水，人的身体70%由水组成，哺乳动物含水 60% ~ 68%，植物含水 75% ~ 90%。此外，水还是景观资源中不可替代的物质。因此，水是地质环境演化、生态健康、人类的生存和可持续发展的不可替代的自然资源。

一个地区若水资源储量适宜且时空分布均匀，将为该地区的经济发展、自然环境的良性循环和人类社会的进步作出巨大贡献；反之，水资源匮乏或水资源开发利用不当，则会影响该地区的发展甚至祸及人类。如水利工程设计不当、管理不善，常造成垮坝事故或引起土壤次生盐碱化，有时还会引起生态环境发生重大变化，如埃及阿斯旺水坝建成后，血吸虫病蔓延，对库区居民的健康造成极大的危害；工业废水、生活污水、有毒农药的施用常造成水质污染，环境恶化；过量抽取地下水也会造成地面下沉、诱发地震等人为灾害。

二、地下水赋存

地下水资源通常是有使用价值的各种地下水量的总称，包括淡水、卤水、矿水、热水等。对供水有意义的地下水是指分布最广泛、数量最多、用途也最广的淡水资源。地下水资源的形成必须具备两个基本条件：一是储存地下水的空间，即含水层，二是有补充来源，两者缺一不可。

（一）岩土中的空隙

地下水之所以存在于岩石或松散土层中，是因为岩土具有空隙。空隙是地下水的储存空间，也是地下水的运动场所，因而空隙的大小、形状、数量、连通情况对地下水的赋存具有重要的意义。根据岩土性质的差异，空隙分为孔隙、裂隙、溶隙。

1.孔隙

孔隙，是指疏松、未完全胶结的沉积岩颗粒或集合体之间的空隙。岩土中孔隙体积的多少常用孔隙率来表示，它是影响其贮容地下水能力大小的重要因素。所谓孔隙率，是指孔隙体积吗与包括孔隙体积在内的岩石体积 V 之比，其大小与颗粒排列状况、颗粒分选程度等有关，可用小数或百分数表示。

另外也可用孔隙比表示孔隙的多少，它是孔隙体积与固体颗粒体积 V, 之比，同样可用小数或百分数表示。

2.裂隙

裂隙是指由于岩浆的冷凝作用、构造作用、风化作用而使岩石产生的各种各样的裂缝。按其成因可分为成岩裂隙、构造裂隙、风化裂隙。裂隙的多少以裂隙率表示。裂隙率是裂隙体积与包括裂隙在内的岩石体积的比值，用小数或百分数表示。

3.溶隙

溶隙是指可溶性岩石（石灰岩、白云岩、石膏等）在原有裂隙基础上发生溶蚀作用形成的各种溶孔、溶洞、溶蚀裂隙。溶隙体积的大小用岩溶率来表示。岩溶率是溶隙体积与包括溶隙在内的岩石体积的比值，用小数或百分数表示。

不同的空隙类型可以构成不同类型的含水层，如孔隙含水层、裂隙含水层、岩溶含水层。含水层是指能透过且能给出相当水量的岩层。隔水层是不能透过也不能给出水量的岩层。自然界中，砾卵石层、砂层、粉砂层、裂隙和岩溶发育的地层都属于含水层。黏土层、亚黏土层以及完整的致密岩层则属于隔水层。含水层和隔水层之间没有严格的界限，在特殊情况下，黏土层能够透过或给出一定量的水，但是较弱，就把黏土层看成弱透水层。

（二）地下水的存在形式

岩土体中存在以下形式的地下水：①岩石骨架中的水，又称为矿物结合水，主要形式有结晶水、沸石水和结构水；②岩石空隙中的水，主要有结合水（强结合水、弱结合水，也称吸着水、薄膜水）、重力水、毛细水、固态水和气态水。

1. 结合水

土壤颗粒主要由各种矿物颗粒或岩石碎屑构成，其表面带有负电荷。水分子是偶极体，在静电力的作用下，水分子便会被吸附在颗粒表面，受颗粒表面静电场的束缚。根据库仑定律，电场强度与距离的平方成反比。距离颗粒表面近处的电场强度大，对水分子的束缚力大，这部分水分子很难移动，只有在高温下水分子动能增加，才能摆脱颗粒表面电场的束缚，转化为气态水，这部分水称之为强结合水。强结合水外围水分子受静电场的束缚力随着距离增加而减小，这部分受束缚较小的水称为弱结合水（或称薄膜水）。

2. 重力水

能在自身重力影响下运动的水称为重力水。它不受颗粒引力的影响，可以自由运动。重力水能传递静水压力，流速小时呈层流运动，流速大时可做紊流运动，具有冲刷、侵蚀和溶解能力。通常重力水在土壤表层停滞时间较短，在重力作用下向下渗漏，补给潜水。

3. 毛细水

由毛细力支持充满于细小空隙（小于 1 mm 的孔隙或宽度小于 0.25 mm 的裂隙）中的水称为毛细水。

4. 固态水

岩石温度低于 0℃时，孔隙中的液态水转化为固态水。我国东北地区和青藏高原寒冷地带空隙中的水常形成季节性冻土和多年冻土层，以固态水的形式赋存在冻土层中。冻土层中的冰同样有饱和及非饱和状态之分。

5. 气态水

呈水蒸气状态存在和运动于不饱和空隙中，可随空气而流动的水为气态水，它既可以由地表大气中的水汽移入，也可以由岩石中的其他水分蒸发而成。在一定的压力、温度条件下气态水和液态水之间相互转化，保持动态平衡。

（三）地下水分类

地下水的分类原则是要反映出地下水的赋存特征。埋藏条件和含水介质是最主要的两个赋存特征，它们对地下水水量和水质的时空分布有重要意义。地下水按埋藏条件可以分为包气带水、潜水和承压水。

1. 包气带水

地表以下一定深度内岩石空隙被重力水充满，地下水面以上称为包气带，地下水面以下称为饱水带。包气带中赋存着毛细水、结合水、重力水，统称为包气带水。包气带具有过滤、吸附、降解等功能，对地下水的保护具有重要意义。污染物一旦穿透包气带，将对地下水造成重大危害。

2. 潜水

潜水是地表下面第一个连续隔水层之上具有自由水面的重力水。它的上部没有连续完整的隔水顶板，潜水的水面为自由水面，称为潜水面。潜水面上任一点距基准面的绝对标高称为潜水位，潜水面至地表的垂直距离称为潜水位埋藏深度，而潜水位至隔水层顶板之间充满重力水的部分称为潜水含水层的厚度。

潜水的埋藏条件，使其具有以下特征：大气降水、地表水直接补给，补给区与分布区一致；潜水在重力作用下由高处往低处流动；含水层厚度随季节变化；水量、水位、水质、水温与外界气象水文因素的变化关系密切；由于无隔水顶板，因此容易污染。

3. 承压水

承压水是指充满于两个稳定隔水层之间的含水层中承受水压力的地下水。承压水含水层上部的隔水层（弱透水层）称为隔水顶板，承压水含水层下部的隔水层（弱透水层）称为隔水底板。隔水顶板与隔水底板之间的距离为承压水含水层的厚度。

承压水存在于一个由补给区、承压区、排泄区组成的承压含水系统中。承压水的主要特点是有稳定的隔水顶板存在，没有自由水面，水体承受静水压力。承压含水层的埋藏深度一般都较潜水为大，在水位、水量、水温、水质等方面受水文气象因素、人为因素及季节变化的影响较小，因此富水性好的承压含水层是理想的供水水源。

地下水按含水介质类型又可分为孔隙水、裂隙水和岩溶水三类。

（1）孔隙水

赋存于松散层中的水称为孔隙水，如洪积物、冲积物、湖积物中的地下水。

洪积物是由暂时水流形成的沉积物，分布在山前平原或山间盆地，一般洪积扇沉积物从山前到平原颗粒由大到小，透水性由强到弱，水质由好变差。从水动力条件考虑，一般可分为三个带：顶部径流带、中部溢出带和尾部垂直交替带。其中顶部径流带是地下水的补给区，透水性好，径流条件好，埋藏深度大，受蒸发影响小，矿化度低；中部溢出带位于洪积扇中部，地形坡度变缓，沉积物变细，透水性减弱，地下水埋藏变浅，蒸发作用较强，矿化度较高（大于 1 000 mg/L），受到黏土阻挡可形成泉；尾部垂直交替带位于洪积扇前缘，常与冲积物、湖积物交替沉积，主要为黏土、亚沙土等，透水性差，径流条件差，蒸发强烈，矿化度高（可达 50 000 mg/L 以上）。

河流冲积作用可形成巨厚的冲积物，如华北平原松散层沉积厚度超过 600 m。一般在河流上游，河谷深切，冲积物不发育；在中游，阶地发育，双层结构，颗粒上细下粗，沙砾层透水性好，是良好的含水层；在下游，冲积物形成广阔的平原或三角洲，岩性从河谷往两侧颗粒变细，透水性由好变差，矿化度由小变大。而古河道含水丰富，可构成良好的含水层。

（2）裂隙水

裂隙水是埋藏于基岩裂隙中的地下水。裂隙水富集的条件是较多的储水空间、充足的补给水源、良好的汇水条件，其按成因分为风化裂隙水、成岩裂隙水和构造裂隙水。

裂隙水的富集特征是不均一性，其分布往往受到岩性、构造和地形地貌的控制，其富集规律为：脆性岩石裂隙发育，张开性好，含水丰富；塑性岩石受力后产生塑性变形，裂隙不发育，富水性差；张性断裂富水性好，压性断裂富水性差；断层交汇处、断层分布密集地段、大断层尖灭处富水；背斜核部、倾伏端、转折处富水。

（3）岩溶水

岩溶水是指储存于溶洞、溶蚀裂隙中的地下水，它既可以是潜水，也可以是承压水。岩溶水在空间分布上具有不均一性，有的地区地下水汇集于溶洞孔道中，形成暗河，这种不均一性主要受岩性、地质构造控制，一般在断层裂隙发育地段，岩溶水丰富。在北方地区，寒武系和奥陶系是巨厚的岩溶含水层，厚度大，岩性稳定，在岩溶发育地区往往构成良好的供水含水层，我国徐州、枣庄、唐山等地均以岩溶水作为主要供水水源。另外，在地质条件适宜的地方岩溶水出露形成岩溶大泉或泉群，如著名的济南旳突泉、娘子关泉、晋祠泉等。

三、地下水运动

地下水运动是自然界水循环的一个重要组成部分，它包括重力水、结合水及包气带中各种形式地下水的运动，本教材重点介绍重力水运动。含水层或含水系统通过补给，从外界获得水量，地下水在孔隙、裂隙、溶隙中运移，然后通过各种方式向外界排泄。地下水的补给来源，主要为大气降水和地表水的渗入，以及大气中水汽和土壤中水汽的凝结，在一定条件下尚有人工补给。地下水排泄的方式有泉、河流、蒸发、人工排泄等。补给、径流与排泄决定着含水层或含水系统的水动力场、化学场和温度场在空间和时间上的演化，地下水的补、径、排条件是地下水资源开发、利用、保护的控制性因素。

地下水在岩石空隙中的运动称为渗流（渗透）。发生渗流的区域称为渗流场。由于地下水在岩石空隙介质中运移，阻力大，地下水的流动远较地表水缓慢。

地下水渗流时，水质点做有序而又不互相混杂的流动，称为层流。多数情况下地下水的流动属于层流，只有在大溶穴和宽裂隙中当流速较大时，才会出现水质点做无序而又互相混杂的流动，这时地下水的运动称为紊流运动。

水在渗流场的运动过程中，各运动要素如水位、流速、流向等不随时间改变时，称为稳定流；一个或全部运动要素随时间而变化，则称为非（不）稳定流。确切地说，地下水的运动都是非稳定流，但解决实际问题时为了简化运算，可简化成稳定流。

四、地下水资源的开发和利用

（一）地下水资源分类

国内外学者对地下水资源进行了多方面的研究，并提出了各种分类的方法。但是由于地下水的特殊性以及各国政府对地下水资源的认识和开发利用价值观念的不同，至今为止，对于地下水资源还没有统一的分类方案。现介绍以水均衡为基础的分类法。

一个地下水均衡单元（例如，某一地下水流域，或某一地下水蓄水构造，或某一含水层的开采地段等）在其均衡时段内，地下水的循环总是表现为补给、消耗、贮存量变化量三种形式。因此，地下水资源可分为补给量、消耗量和贮存量。

1. 补给量

补给量是指单位时间内进入某一含水层或含水岩体中的重力水量体积。它又可分为天然补给量、人工补给量和开采补给量。

天然补给量是指天然状态下进入某一含水层的地下水量，例如，降水入渗补给、地表水渗漏补给和邻区流入量等。人工补给量是指采用人工引水入渗补给地下水的水量，例如，引河水灌溉入渗补给地下水。开采补给量是指开采条件下，除天然补给量之外，额外获得的补给量，例如，由于降落漏斗的扩展使得属于邻区的地下水流入本区，从而获得额外补给。

2. 消耗量

消耗量是指单位时间内从某一含水层或含水岩体中排泄出去的水量体积。消耗量可分为天然排泄量和人工开采量两类。

天然排泄量有潜水蒸发、流入河道、侧向径流渗入邻区等。人工开采量是从人工取水构筑物（水井）中汲取出来的地下水量。人工开采量反映了取水建筑物的产水能力，它是一个实际的开采值，但它不一定是合理的。因此，在这种分类中，有人提出"允许开采量"的概念。允许开采量是指通过技术经济合理的取水建筑物，在整个开采期内水量和水位不超过设计要求，水质、水温变化在允许范围内，不影响已建水源地正常生产，不发生危害性工程地质现象的前提下，单位时间内从水文地质单元（或取水地段）中能够取得的水量。

3. 贮存量

贮存量是指储存在含水层内的重力水体积。该量可分为容积贮存量和弹性贮存量。

容积贮存量是指含水层空隙中所容纳的重力水体积，亦即将含水，层疏干时所能得到的重力水体积，潜水含水层中的贮存量主要是容积贮存量。弹性贮存量是指将承压含水层的水头降至含水层顶板时，由于含水层弹性压缩或水的体积弹性膨胀所释放出来的水量。

由于地下水的水位是随着时间而不断变化的，所以地下水贮存量也是随时间而增减。天然条件下，在补给期，补给量大于消耗量，多余的水量便在含水层中贮存起来；在非补给期，地下水的消耗大于补给，则动用贮存量来满足地下水的消耗。所以，地下水贮存量起着调节作用。在人工开采条件下同样如此，如开采量大于补给量，则动用贮存量以支付不足；在补给量大于开采量时，由多余的水量来加以回补。

（二）地下水资源的特征

开发和利用地下水是将其当做一种地质资源看待，然而，地下水资源与其他地质矿产资源相比，既有共性，也有其特殊性。共性主要表现为都是地质历史的产物，资源的形成由于埋藏分布均严格地受地质条件的控制。然而，地下水属于可再生资源，它既不同于固体矿产资源，也不同于其他液体矿产资源，与可再生的地表水资源相比也有区别，其特殊性主要表现在以下几个方面。

1. 可恢复性

这是地下水资源区别于其他地质矿产资源的主要特征。地下水资源是一种可以不断得到补充和更新的资源，只要合理开采、科学管理，所动用的资源量是可以恢复的，不致出现资源枯竭的问题。只有当开采强度长时间地超过补给能力或者由于某种原因削弱了补给能力时，才会出现地下水资源量的减少和枯竭问题，甚至造成一些环境地质问题。

2. 可流动性

地下水资源不仅具有流动性和补充更新能力，与此同时，由于地下水的补给和更新条件也随着时间而变化，因此无论其静态储量还是动态的径流量，都随着时间变化而变化。

3. 可调节性

这是地下水资源和一般地表水资源的主要差异，虽然两者都具有可恢复性，但地下水资源具有较大的贮存量和调蓄能力。

4. 系统性

一般来说，地下水资源是受一定的地质环境条件控制，而形成不同层次的含水系统。同一系统内部的地下水资源是一个不可分割的整体，它们有共同的补给来源，若开采系统中某一处地下水，会对同一系统中不同地点的地下水位和地下水量产生影响。而不同含水系统的地下水之间，一般没有或只有极少水力联系。

5. 复杂性

地下水是环境的一个重要组成部分，它的形成与环境条件有着紧密的联系，同时地下水资源状况的改变也将对环境产生重大的影响，因此，地下水系统及其演变规律远比地表水系统复杂。

（三）地下水资源的开发利用及存在的问题

天然资源主要是指直接或间接接受降水或地表水转化入渗的地下水多年的平均补给量，一般用各项补给量的总和或各项消耗量的总和来表征。

地下水具有水质好、温差小、易开采、费用低等特点，同时地表水体受到了严重污染，因此地下水越来越成为城市、农业、工业的重要水源。

地下水开发利用中存在的比较突出的一个问题就是超量开采问题。目前，北方平原区有相当一部分地区地下水处于超采状态：河北省整体超采，北京、天津、呼和浩特、沈阳、哈尔滨、济南、太原、郑州等一些大中城市地下水都已超采或者严重超采。长期透支地下水，导致地下水资源日益枯竭，部分地区出现区域地下水位下降，最终形成区域地下水位的降落漏斗。浅层地下水降落漏斗主要分布在华北、华东地区，漏斗面积从数十平方千米至数千平方千米。西北和东北地区浅层地下水降落漏斗面积多为几十到几百平方千米。中南和西南地区地下水降落漏斗较少，且面积较小，多在 10 km² 以下。深层地下水降落漏斗主要分布在华北、华东地区，漏斗面积多在 100 km² 以上，甚至达数千平方千米。

地下水超量开采不仅破坏水资源，而且危害生态环境，并导致泉水断流、地面沉降、海水入侵及荒漠化等问题。

第二节 地下水污染

一、地下水污染源和污染途径

（一）地下水污染和地下水水质恶化

凡是在人类活动影响下，地下水水质变化朝着水质恶化方向发展的现象，统称为地下水污染。不管此种现象是否使水质恶化达到影响使用的程度，只要这种现象发生，就应视为污染。至于天然水文地质环境中出现不宜使用的现象，不应视为污染，而应称为天然异常。因此，判定地下水是否受污染，应看其是否同时具备两个条件：第一，水质变化是由人类活动引起的；第二，水质产生变化，且其变化方向是朝着恶化方向发展的。

地下水水质恶化主要是指地下水因环境污染、水动力及水化学条件改变，而使水中的某些化学、微生物成分含量不断增加以致超出规定使用标准的水质变化的过程，主要表现在以下几方面：

1.许多地下水天然化学成分中不存在的有机化合物（如各种合成染料、去污剂、洗涤剂、溶剂、油类以及有机农药等）出现在地下水中。

2.在天然地下水中含量甚微的毒性金属元素（如汞、铬、镉、砷、铅以及某些放射性元素等）大量进入地下水中。

3.各种细菌、病毒在地下水中大量繁殖,远远超过饮用水水质标准（生物污染标志是水中的氨、亚硝酸盐、硝酸盐、硫化氢、磷酸盐及生物需氧量和化学需氧量剧增）。

4.地下水的总硬度、矿化度、酸度和某些单项的常规离子含量不断上升，以致超过使用标准。

地下水水质恶化现象是世界上许多国家地下水开发利用中共同面临的又一个严重问题，它是全球性日趋严重的环境污染问题的一个组成部分。地下水水质恶化不仅破坏了地下水化学成分的天然平衡，而且严重损坏了地下水资源的使用价值，给人类社会带来了严重后果：

（1）损害人体健康，以致造成残疾或死亡。

（2）损害工业产品质量，使农作物减产和土地盐渍化。

（3）减少地下水可采资源的数量，以致使整个水源地废弃。

（4）需要处理地下水水质，增加了水资源开发的单位成本。

（二）地下水污染源及污染物

1.地下水污染源

引起地下水水质恶化的污染物，既可存在于地上，也可存在于地下，从成因来看，可分为天然污染源和人为污染源两大类。

（1）天然污染源

天然污染源指自然界中天然存在的海水、地下高矿化水或其他劣质水体。此外，含水层或包气带中所含的某些矿物（特别是各种易溶盐类）也可构成地下水的污染源。

（2）人为污染源

人为污染源是指因人类活动所形成的污染源，如工业废水、生活污水、工业固体弃物和生活垃圾、农业化肥、农药等所形成的地下水污染源。

按污染源的空间分布特征，可以分为点状污染源、带状污染源和面状污染源。

2.地下水中的污染物

地下水污染物种类繁多，按其性质大致可分为三类。

（1）化学污染物

化学污染物包括无机污染物和有机污染物。

（2）生物污染物

它们包括细菌、病毒和寄生虫三类。在人和动物的粪便中有400多种细菌，已鉴定出的病毒有100多种。在未经过消毒的污水中，含有大量的细菌和病毒，它们都有可能进入含水层污染地下水。

（3）放射性污染物

地下水中的放射性核素可能来自于核电厂等人为源，也可能来自于放射性矿床等天然源。

二、地下水污染的特征

（一）地下水污染的特点

1.隐蔽性

即使地下水已受到某些组分的严重污染，却从表观上很难识别，一般表现为无色、无味，即使人类饮用了受有害或有毒组分污染的地下水，对人体的影响也只是慢性的长期效应，不易察觉。

2.难以逆转性

地下水一旦受到污染，就很难得到恢复。一方面，由于地下水流速缓慢，若依靠天然地下径流将污染物带走，则需要相当长的时间；另一方面，作为孔隙介质的沙土对很多污染物都具有吸附作用，而且在清除污染源之后很长时间内，污染溶液入渗所经过的包气带、越流通道及含水层还能起二次污染源的作用，从而使污染物的清除更加复杂困难，使地下水长时间难以完全净化。污染物的清除一般靠含水层本身的自然净化，少则需十年、几十年，多则需要甚至上百年的时间。

（二）我国地下水污染的特点

1. 城市地区污染严重

我国城市地下水污染日益加剧，如京津唐地区地下水中检测出的有机污染物种类已达百余种之多，其中北京市地下水污染问题更加突出，在已出现的较大范围重污染区内，存在相当多的有毒物污染，其中不少是众所周知的"致癌、致畸和致突变"的氯代烃、苯并花和一些持久性有机污染物，也是联合国环境署早已划定为共同限制的难降解污染物。我国南方城市相对于北方地下水水质恶化趋势明显较轻，在主要城市中仅成都、贵阳、安顺、昆明等4个城市存在硝酸盐急速增长的趋势。

2. 地下水总硬度升高

由于现代化工业和长期历史性生活污染造成各种盐类下渗，促进地下水盐类之间的离子交换作用，使钙镁离子逐年升高。

3. "三氮"污染普遍

硝酸根、亚硝酸根和氨通常称为"三氮"，我国城市地下水"三氮"超标地区很多，如北京、石家庄、西安、沈阳、兰州、银川、呼和浩特等北方城市有大面积超标区。

4. 表现出有机物污染特征

中国科学院对京津唐地区地下水有机污染初步研究表明，该地区地下水中有机污染物种类达133种。河北平原，尤其是中、东部和滨海地区浅层地下水普遍遭受有机氯污染，检出率达100%，平均含量0.1 mg/L。

三、地下水污染方式

按污染方式的不同，地下水污染可分为直接污染和间接污染两种方式。

（一）直接污染

直接污染是指地下水中污染组分直接来源于污染源，且污染组分在污染地下水后在其迁移过程中，其化学性质没有任何改变。由于地下水污染组分与污染源组分一致，因此较易查明其污染来源及污染途径，这是地下水遭受污染的主要方式。一般在地表或地下不论以何种方式排放污染物时，均可发生此种方式的污染，如工厂排放的含酚、氰化合物的废水进入地下水，使原来不含这些有害组分的地下水被这些有害组分污染。

（二）间接污染

间接污染的特点是，污染组分在污染源中的含量并不高或根本不存在，或低于附近的地下水中此组分的含量，它是污水或固体废物淋滤液在地下转移过程中，经复杂的物理、化学及生物反应后的产物。例如，地下水总硬度的升高，多半是人类活动以这种方式产生的结果。因此，有人把这种污染方式称之为"二次污染"，其实由于其过程复杂，"二次"一词是不够科学的。相对来说，间接污染远比直接污染较难被发现和追踪。

四、典型的地下水污染

（一）氮污染

以硝酸盐形式存在的溶解氮是地下水中最常见的污染物。影响氮转化的环境因素及地质因素主要有：湿度、PH 值、土壤含水量、污水及土壤中的有机质、包气带岩性及地质结构、含水层类型等。

（二）地下水有机污染

地下水有机污染是一个全球性的问题，是当前人类所面临的最严重的环境污染问题之一。地下水有机污染已经成为世界各国科技界和政府所关注的热点问题。地下水有机污染具有如下特点：地下水的污染缓慢、宽广且久远。污染缓慢是因为地下水通常移动极度缓慢，每天移动不到 1 ft（1 ft=0.304 8 m），有些状况对地下水层的伤害，可能在数十年后仍未出现，全球的许多地区，我们仅刚开始发现在 30 年或 40 年前人类活动所造成的伤害，譬如，一些极度恶劣的地下水污染的事件，现在才发现是在冷战时期的核子测试和武器生产所造成的污染伤害。

人们常常根据有机污染物是否易于被微生物分解而将其分为生物易降解有机污染物和生物难降解有机污染物两类。

1. 生物易降解有机污染物—耗氧有机污染物

这一类污染物多属于碳水化合物、蛋白质、脂肪和油类等自然生成的有机物。这类物质是不稳定的，它们在微生物的作用下，借助于微生物的新陈代谢功能，都能转化为稳定的无机物。耗氧有机污染物主要来源于生活污水以及屠宰、肉类加工、乳品、制革、制糖和食品等以动植物残体为原料加工生产的工业废水。这类污染物一般都无直接毒害作用，在地下水中浓度较低，危害性不大。

2. 生物难降解有机污染物

这一类污染物性质比较稳定，不易为微生物所分解，能够在各种环境介质中长期生存。一部分生物难降解有机污染物能在生物体内累积富集，通过食物链对高营养等级生物造成危害性影响，蒸气压大，可经过长距离迁移至遥远的偏僻地区甚至极地地区，在相应的环境浓度下可能对接触该化学物质的生物造成有害或有毒效应。这一类有机污染物又称为持久性有机污染物（POPs），是目前国际研究的热点。POPs 一般具有较强的毒性，包括致癌、致畸、致突变、神经毒性、生殖毒性、内分泌干扰特性、致免疫功能减退等特征，严重危害生物体的健康与安全。

农业生产的有机污染来源包括农药、化肥、动物废物、植物残余物和污水灌溉。农药上普遍使用有机化合物，有些有机化合物比较容易迁移，引起地下水污染。四氯化碳就是典型的有机农药，它是可疑的致癌物质。

生活垃圾也可以造成地下水有机污染。随着城市化进程愈演愈烈，人口过度集中，城市生活垃圾日益剧增，而世界上处理垃圾的方法主要还是填埋处置。垃圾在卫生填埋处理中对环境产生的危害主要来源于渗滤液对地表水和地下水的污染。垃圾填埋场渗滤液作为一种性质多变、组分复杂、难生物降解的污水，如果处理不当，它将会对垃圾填埋场周围环境、底层土壤和地下水都造成严重污染。吉林市垃圾场在雨季的渗滤液量比较大，使得渗滤液超过了拦坝向下游漫延，致使土地和地下水都遭受了污染，还导致附近的果树凋零死亡。

石油也会造成地下水有机污染。地下水中油类污染主要有两种来源：一种是排污管、渠长期渗漏的含油污水；另一种是因污染事故而残留在包气带土层中的残油，随降水入渗到地下水中。山东淄博市大武水源地是我国北方一个特大型裂隙岩溶水源地，近几年来，由于齐鲁石化公司的30万t乙烯厂区位于大武水源地地下水的补给径流带上，厂区内土层厚度小（1～5 m），防渗性能差，加上厂区污水排放管线、污水检查井、厂区雨排系统和污水沟区的泄漏，以及跑、冒和突发性事故的发生等，使区内地下水受到不同程度的石油类污染物的污染，部分水质已不符合饮用水的标准，尤其是在30万t乙烯工程北部的堪皋至金岭一带污染更为严重，该地的石油类平均含量为18.3 mg/L，石油污染已威胁到整个大武水源地的使用，影响了人民的生活及工农业生产的发展。

（三）地下水重金属污染

近年来，随着微量金属在人体健康生态学上的研究逐渐深入，地下水中微量金属污染及其污染机理问题，已引起人们极大的关注。

在上述微量金属中，除铁外，天然地下水中的浓度一般都小于1 mg/L。但在受污染地区和某些特定地质条件的天然地下水中，其浓度可能超过饮用水水质标准。铬被认为是最有可能使地下水水质恶化的一种重金属，汞和镉是最危险的重金属污染组分。

微量重金属进入地下水污染系统之后，主要的迁移转化作用有：土壤的过滤、截留、络合、沉淀和吸附，以及植物的吸收、随水流迁移、弥散等。它们的迁移和转化受介质的PH值和Eh值控制，一般在氧化环境及酸性介质的水中浓度较高，而当介质PH值升高时，多数金属元素化合物经水解沉淀。多数金属离子都能形成有机或无机的络合物、螯合物，从而提高它们在水中的迁移能力。金属元素及其化合物能被生物选择吸收，在机体内积累和转化，并可借助于食物链危害人体健康。相对于有机污染物，重金属及其化合物一般比较稳定，不易被分解净化。

（四）地下水盐污染

污染地区往往是城市地区，其污染来源也多半是城市生活污水及生活垃圾。许多研究都证明，地下水盐污染主要发生在浅层水，它是地下水污染带普遍性的问题。

城市地区地下水盐污染的原因是复杂的，归结起来有以下几个方面；

1.城市固体垃圾的淋滤

固体垃圾的淋滤是城市地下水盐污染的重要污染源，具有代表性的垃圾土地填埋淋滤液的某些组分浓度为（mg/L）。

2.水盐均衡的破坏

在天然地下水系统中，盐分的输入输出处于均衡状态，因此水中的主要无机组分也处于相对稳定状态。但是，城市化的结果引起地下水位持续下降，从而破坏了天然状态的水盐均衡。究其原因，其一是过量开采地下水造成水位下降，包气带加厚，部分含水层变为包气带，使其从相对比较还原的状态变为相对比较氧化的状态，使一些矿物被氧化，变成更易溶解的形式，加之包气带变厚加长了入渗途径，结果使入渗补给水中某些组分浓度增加，即输入的盐量增加。其二是，水位下降必然会使含水层变薄，使其对盐分的稀释能力逐步减弱。这样，逐步地破坏了系统内的水盐均衡，使输入部分大大增加，从而产生地下水的盐污染。含水层越薄，水位下降越大，盐污染愈甚。

（五）生物污染

地下水生物污染是指有害生物进入地下水或某些水生物繁殖过程引起的一种水污染现象，主要是由于地下水接纳了医院、畜牧场、屠宰场和生物制品厂等的污水以及城市污水和地表径流而引起的。这些污水含有大量的病原微生物（病原菌、病毒和霉菌）、寄生虫或卵。病原微生物水污染危害的历史最久，至今仍威胁着人类健康。

污染地下水的病原微生物可分为三类：细菌、病毒及寄生虫，以前两种为主。病原微生物数量大、来源多、分布广；病原微生物在水中存活时间长短与微生物种类、水质、水温、PH 值等环境因素有关，在水中存活时间长的，人畜感染概率大；有些病原微生物不仅在生物体内（包括水生生物）繁殖，而且在水中也能繁殖；有些病原微生物抗药性很强，一般水处理和加氯消毒的效果不佳。水中常见病毒有脊髓灰质炎病毒、柯萨基病毒、腺病毒、肠道病毒和肝炎病毒等；常见寄生虫有阿米巴、麦地那龙线虫、血吸虫、鞭毛虫、蛔虫等，这些寄生虫通过卵或幼虫直接或经中间宿主侵入人体，使人患寄生虫病。

（六）海水入侵

海水入侵是由于滨海地区地下水动力条件变化，引起海水或高矿化咸水向陆地淡水含水层运移而发生的水体侵入的过程和现象。沿海城市是人口高度集中和经济快速发展的地区，对淡水资源的过度需求导致超量开采，地下水水位持续大幅度下降，造成咸、淡水界面发生变化，海水向淡水含水层侵入，地下水矿化度增高，水质恶化。

1.海水入侵的分类按入侵方式分为以下三类

（1）直接入侵

直接入侵指滨海地区水位下降后，地下水与海水之间的补排关系发生逆转，海水或深部咸水体向陆地方向运移扩侵，使地下淡水咸化。

（2）潮流入侵

潮流入侵指在潮汐作用下海水沿滨海河谷上溯，并从河流两侧渗入补给地下水，使地下淡水咸化。

（3）减压顶托入侵

减压顶托入侵是指滨海地区地下淡水水位下降后，倾伏在下部的高矿化咸水向上发生顶托或越流扩侵，使地下淡水咸化。

2.海水入侵危害

海水入侵是当今世界沿海地区常见的地质灾害。目前全世界范围内已有50多个国家和地区几百个地段发现了海水入侵，主要分布于社会经济发达的滨海平原、河口三角洲平原及海岛地区。

20世纪80年代以来，我国渤海、黄海沿岸不同程度地出现了海水入侵加剧现象。目前我国海水入侵多发生在我国社会经济发达的沿海地区，尤其是长江、珠江、黄河三角洲地区。

海水入侵的危害主要表现在以下几个方面：

（1）水质恶化

灌溉用水源地减少。海水入侵使地下淡水资源更加缺乏，沿海地区居民和牲畜饮用水受影响。

（2）土壤生态系统失衡，耕地资源退化

滨海地区土壤生态系统因受气候及地下水含量变化的影响，土壤中的水分及营养元素很不稳定。海水入侵后使地下咸水沿土壤毛细管上升进入耕作层，导致土壤盐渍化。

（3）自然生态环境恶化

沿海地带生态环境脆弱，其生态系统在自我调节和抗干扰的缓冲性方面都比较弱。海水入侵的结果使土壤含盐量增加，盐生植物群落如碱蓬、黄须菜等日益增多，在大范围内其覆盖度可达90%以上，从而使植物群落由陆生栽培作物为主的生态环境转化为耐盐碱的野生植被环境。

（4）影响工农业生产

海水入侵区水质恶化，土壤盐渍化，导致水田面积减少，有效灌溉面积减少，耕地面积减少，农业生产受到严重影响。

海水入侵区的工业企业也会受到影响。由于水质恶化，水质要求较高的企业只能另开辟新的水源地或实行远距离异地供水，增加了产品的生产成本，也可能使新辟水源地遭受污染，扩大海水入侵范围。使用被海水污染的水源，会使生产设备严重锈蚀，使用寿命缩短，更新周期加快，同时还会造成产品质量下降，有的企业则被迫搬迁或停产。

（5）对人口素质及社会稳定的影响

海水入侵使人口健康水平降低。由于淡水缺乏，海水入侵区的人口常年饮用咸水，导致地方病流行。许多人患甲状腺肿大、氟斑牙、氟骨病、布氏菌病、肝吸虫病等。中风、慢性心血管疾病及癌症与饮用盐分超标的地下水关系较为密切。

4.海水入侵的防治对策

（1）限制淡水开采量

从前述情况可以看出，只有淡水水位高于盐水水位，且能持续保持一定的淡水径流量，使淡、盐水维持一个稳定的动力均衡，才能使盐水入侵受到控制。过量地、无限制地开采淡水，势必破坏这种动力均衡，引起盐水入侵。显然限制淡水开采量是极其必要和有效的办法，但人类生活、生产用水又是必不可少的，欲解决此矛盾，就必须准确地求得开采量的临界值（即在不引起海水入侵发展，又不使淡水水质恶化的前提下的淡水的最大开采量）。

（2）人工回灌

限制开采淡水防止盐水入侵固然简单可靠，但供水，需求又常常无法限制，因此还可采用人工回灌的办法，增加地下淡水的水头和流速，人工回灌在我国和世界许多国家已有实践。人工回灌首先要在淡水缺乏的前提下找到回灌用的水源，这个问题可从以下几个方面来解决：①应充分利用当地雨季的地表水，尽量减少其从地表排走的径流量，使一部分灌入地下；②从水源丰富的地方引进，甚至将污水、废水处理之后进行回灌。解决了回灌水源之后，就面临采用什么手段回灌，目前主要采用回灌井，此外有水坑、水沟、水平回灌廊道等。回灌井遇到的技术问题是井的堵塞，包括气体或悬浮物堵塞、化学堵塞和微生物堵塞等。因此人工回灌的方法还存在许多问题，有待进一步研究解决。

（3）抽水槽

这种方法是在海岸线附近布置一排抽水井进行抽水，抽出的水是淡、盐水混合水，将其排入海洋，在地下含水层中形成一个抽水槽，阻止海水入侵。实践证明，这种方法在技术上可行，但经济上是不可行的，只有在特殊的紧急情况下可短期使用。

（4）隔水墙

隔水墙是人造的不透水屏障，它可使淡水和盐水隔绝。做法是通过灌注某种呈悬浮状态的物质，固结并充填土壤中的空隙，其形式类似横断地表河流的地面坝。

第三节　地面沉降

一、地面沉降的概念

地面沉降的含义有广义和狭义之分。广义的地面沉降是指在自然营力作用或人类工程 – 经济活动的影响下，地面大面积甚至区域性的连续舒缓的总体下降运动。其特点是以向下垂直运动为主体，只有少量水平位移。其速度和沉降量以及持续时间和范围，均因地质环境或具体诱发因素不同而异，它与由采矿等原因引起的地面局部下降塌陷是有区别的。

狭义的地面沉降主要是由大规模抽汲地下流体（以地下水为主，也包括石油和天然气）所引起的区域性地面沉降，我国规定为：较大面积内（100 km² 以上）由抽汲地下水引起地下水位下降或承压水水压下降而造成的地面沉降。

总的来说，地面沉降是指在自然因素和人为因素影响下形成的地表下降现象。导致地面沉降的自然因素主要是构造升降运动以及地震、火山活动等，人为因素主要是开采地下水和油、气资源以及局部性增加荷载。

二、地面沉降的现状和实例

自从意大利威尼斯城最早发现地面沉降以来，世界上许多国家，如日本、美国、墨西哥、中国、欧洲及东南亚一些国家，位于沿海和低平原上的工业发展速度较快、人口密度较高的城市或地区，均先后发现较严重的地面沉降问题。在日本，地面沉降被认为是典型的七大公害之一。地面沉降也是沿海及部分内陆城镇主要地质灾害，目前已成为城镇环境工程地质研究重要课题之一。

全球一些大城市和油、气田，因大量开采地下水或油、气而引起了严重的地面沉降。由于人类工程－经济活动引起的地面沉降，不仅严重影响了地下水、气、油资源的开采，同时严重破坏了当地的工程地质环境和生态环境。

我国的地面沉降发现最早的是在上海、天津两市，目前我国有50多个主要城市出现了地面沉降，沉降面积达9万多平方千米。地面沉降区主要分布在长江三角洲地区、华北平原和汾渭盆地等地。地面沉降较为严重的城市或地区有上海、苏州、无锡、常州、天津、沧州等。

三、地面沉降的危害

地面沉降是一个全球性的地质灾害，其危害往往是多方面的，损失也是严重的。地面沉降往往造成地面建筑物开裂破坏、深井井管倾斜、港口码头及国家测量标志失效、桥墩下沉、桥梁净空减小、地下水排泄不畅、洼地积水、海平面上升、海水入侵、洪峰警戒水位不准、地下水原生环境破坏等严重后果，对城市建设、国民经济发展及人民生活带来严重危害，具体有以下几方面。

（一）地面沉降引起区域性海水内侵

在近海岸地带，地面沉降使地面标高低于水平潮位，因此常受大海潮的侵袭。如日本的东京、新潟，美国的长滩市，我国的上海市等，许多地方因地面下沉处于平均潮位以下，经常受到海潮袭击，使许多工厂由于积水而一度停产，并造成港口、码头、堤岸失效或作用能力下降。

（二）桥墩下沉，桥梁净空减小，影响水上和陆上交通

如上海苏州河，原来每天可通行2 000条船，吞吐量达100万～120万t，后因桥梁净空减小，大船已无法通行，中小船的通行时间也受到了限制，使通航能力大大减小。

（三）伴生水平位移的危害

一些地面沉降强烈的地区，伴随着地面垂直沉降而发生较大的水平位移，引起地表开裂，使地面和地下建筑物遭到损坏。例如，美国长滩市，在垂直沉降的同时，相伴而生的水平位移最大达3 m左右，在土层中产生巨大剪应力，使该地区的地面、铁轨、桥墩、大型建筑物的墙、支柱和桁架以及油井和其他管道等遭到了严重的破坏。

（四）破坏市政工程，造成沉陷区域积水

地面沉降造成深井管相对上升，使原来深井泵座因高出地面而失去取水功能。还造成沉降区域积水，增大了城市防洪的压力。

地面沉降对环境的危害，还表现出以下主要特点：一般发生比较缓慢，难以明显察觉；一旦发生了沉降，即使消除了产生沉降的原因，沉降了的地面也是不可能完全复原的。由于地面沉降一般主要发育在人口密集、工业发达的城市和工业区，往往造成严重后果。因此，关于地面沉降的环境工程地质研究不仅有其重要的理论价值，而且对城市建设、工农业生产、国民经济发展及

人民生活和当前防灾减灾都具有重要的实际意义。

四、地面沉降的影响因素及机理

（一）地面沉降的影响因素分析

地面沉降环境工程地质问题，是一个多因素综合作用的结果，这些因素大致可分为两类：一类是自然动力地质因素，它包括内应力（如新构造作用大地震、火山活动）及某些外应力（如溶解、冻融和蒸发等）；另一类是人类工程－经济活动的作用，它包括工程建筑物的静、动荷载，开采地下油、气、水等液态矿藏。大量地面沉降实例表明：前者是地面沉降产生的基本因素，这些因素往往构成地面沉降区的基本地质环境；而后者是地面沉降产生的诱发因素，而且开采地下流体这一诱发因素往往能够转变为地面沉降发生、发展的控制性因素。

1. 自然动力地质因素

（1）地壳近期的断陷下降运动。

（2）地震、火山活动以及滑坡。

（3）地球气候转暖，冰盖溶化或雪线下降而引起海水量增加、海平面上升。

（4）湿陷性黄土的湿陷。

（5）欠压密土的固结。

（6）溶解、冻融、蒸发等作用也有一定影响，可干扰正常观测，但作用不大。

2. 人类工程—经济活动因素

包括工程建筑物的静、动荷载，开采地下油、气、水资源等因素。但静、动荷载作用造成土层的沉降是有限的，其破坏性也是局部的，尽管有时较严重。它主要起因于建筑物对土层的压缩以及车辆运行所产生的振动。

大量开采地下水溶性气体、石油或地下水等活动被公认为是人类工程活动中造成大幅度、急剧地面下沉的最主要因素。

（二）地面沉降机理

目前比较普遍的认识是采用有效应力原理来解释地面沉降机理。有效应力原理是指开采地下水之前，含水层上覆荷载由含水层固体颗粒骨架及地下水体共同承担，达到动态平衡。

当开采地下水后，孔隙水压力《由于水位下降而减小，但是上覆荷载总应力 g 并未改变，使得含水层中有效应力必然要增加，即原来由水体承担的一部分荷载转向由土体骨架承担，这样，骨架由于附加的有效应力而受到压缩；土体颗粒的压缩量与孔隙压缩量相比可以忽略，骨架的压缩实际上是土体孔隙的压缩；土体孔隙的压缩变形则表现为地面下沉。理论上讲，抽水一开始即有沉降出现，只是短时间水位下降不会使含水层发生固结变形，认为是可恢复变形，因而，当抽水停止后，水位恢复到原始状态，基本上不发生地面沉降；但若地下水位保持长期持续下降的状态，含水层就会因为发生固结变形而形成地面沉降现象。事实上，地面沉降受众多因素的控制，地面沉降机理仍是一个尚需要深入研究的问题。

五、地面沉降的防治措施

地面沉降的预防与治理在当前是一个较为突出的问题，采取限制开采地下水、人工回灌、调整含水层开采层位等措施可使地面沉降得到缓解，但已经产生的地面沉降很难恢复，治理难度很大。因此，地面沉降重在预防，在掌握其变化规律和影响因素的情况下，采取有效的针对性措施防止其进一步发展。

（一）不断提高全民的防灾减灾意识和严格依法管理地下水资源

地面沉降与其他环境工程地质问题一样，均与人类的工程－经济活动有着密切的关系。因此，首先要不断加强环境保护宣传，唤起全民的防灾减灾意识，使防灾减灾和环境保护成为全民的共识，这是防治和减少各种人为地质灾害的根本措施。其次要建立健全保护地下水资源的管理机构和管理制度，严格依法管理，做到保护和合理利用地下水资源，预防地下水开发诱发的地面沉降。

（二）限制地下水开采量

地面沉降与地下水开采量在时间、地区、层位及开采强度等方面都有明显的一致性。因此，为了合理地利用地下水资源，必须严格地限制和压缩地下水的开采量，具体措施包括：以地表水代替地下水源；以人工制冷设备代替地下水冷源；实行一水多用，充分综合利用地下水等。

（三）人工回灌补给地下水

对地下水过量开采的地区，进行地表水人工回灌促使地下水位回升，达到控制地面沉降的目的。但地面沉降是一个复杂的地质过程，采用人工回灌措施可以部分恢复固结变形引起的地面沉降，而土体的固结变形是无法完全恢复的。

（四）调整地下水开采层次

造成地面沉降的主要原因是地下水的集中开采（开采时间集中、地区集中、层次集中），适当调整地下水的开采层次和合理支配开采时间，可以有效地控制地面沉降。

（五）建立完善地面沉降动态监测网

加强地面沉降监测设施的投入和保护，逐步建立监测预警机制，随时监测地面沉降的变化情况，做到早发现、早治理。

第四节 岩溶塌陷

一、岩溶和岩溶塌陷

岩溶，又称喀斯特，它是指流动的侵蚀性水流与可溶的岩石之间的相互作用过程和由此产生的结果。其作用包括化学溶解、沉淀、水流冲蚀、重力崩塌及生物溶蚀等，作用结果指所形成的各种地貌形态，如溶沟、石芽、溶槽、落水洞、漏斗、洼地、峰林等地表形态和溶孔、溶隙、溶洞、管道等地下空间。赋存于各种岩溶空隙中的地下水便是岩溶水。岩溶地区占全球陆地面积的15%，至少有10亿人口居住于岩溶区或以岩溶水作为主要供水水源。

岩溶发育的基本条件包括透水的可溶岩存在及有侵蚀能力并不断流动的水。其中，可溶性岩石（如碳酸盐岩、硫酸盐岩等）和具有侵蚀性的水是岩溶发育的必备条件，岩溶发育程度和速度与可溶岩的透水性和水流性密切相关，是必要条件。岩溶塌陷是岩溶地区因岩溶作用而发生的一种地面变形和破坏灾害，是我国主要的地质灾害之一。它是指岩溶洞隙上方的岩、土体在自然或人为因素作用下发生变形，在地表形成塌陷坑（洞）的一种岩溶动力地质作用与现象。岩溶塌陷可分为基岩塌陷和上覆土层塌陷，前者由于下部岩体中的洞穴扩大而导致顶板岩体的塌落，后者则由于上覆土层中的土洞顶板因自然或人为的因素失去平衡而产生下陷或塌落。

在天然条件和人类生产活动的影响下，特别是大量抽取和疏干岩溶地下水，也经常引起地面塌陷、沉降和开裂等地面变形问题，危及工农业生产基地、矿山和城镇的安全，因此，近年岩溶地区地面塌陷已成为环境地质科学研究的主要问题之一。

二、我国岩溶塌陷的分布及其危害

岩溶塌陷对土地资源、地下水资源和人类居住环境均造成极大危害，同时破坏了生态系统的稳定平衡，降低了生态环境承载力，严重时可造成人员伤亡和巨大的经济损失。

岩溶塌陷对土地资源的危害主要表现在土地资源退化、污染、农作物减产、土壤侵蚀等，岩溶塌陷发生在耕地区还会减少耕地面积，所形成的低洼地势使土地受污染、侵蚀的可能性增大，改变了原有土地的功能。

岩溶塌陷多发生在水源地抽水造成的降落漏斗中心附近，地表受污染水体、上层受污染潜水及工业废水或生活污水通过岩溶洞穴等通道更容易进入地下深层岩溶水，使地下水资源污染加剧。

岩溶塌陷对人类居住环境的危害主要表现在对房屋、道路、管线、城乡工程等的破坏。在岩溶塌陷区，房屋地基不均匀沉陷使墙体开裂，甚至倒塌，严重的还会造成人员伤亡、地下管道破裂、输电或通信线路破坏等。

三、岩溶塌陷形成的基本条件及其影响因素

（一）岩溶地面塌陷形成的基本条件

1. 溶洞的存在是塌陷产生的基础

溶洞的存在为地面塌陷提供必要的空间条件。洞隙的发育和分布受岩溶发育条件的制约，一般主要沿构造断裂破碎带、褶皱轴部、张裂隙发育带、质纯厚层的可溶岩分布地段或者与非可溶岩接触地带分布。

在溶蚀洼地、谷地、槽谷、喀斯特平原和河流低阶地等地区，地下水活动频繁、交替强烈，浅部岩溶洞穴发育，不仅为塌陷物质提供了必要的储集空间和运移场所，还直接控制着塌陷的分布。喀斯特发育的程度和不均一性，影响着地面塌陷产生的规模和强度，而使塌陷具有带状、零星状和面状等分布特点。

2. 松散破碎的盖层是塌陷体的主要组成部分

地面塌陷体的物质成分可以是各类岩石，也可以是第四纪松散堆积物。第四纪松散堆积物是

已知塌陷体的主要组成部分，形成的塌陷称为土层塌陷。

由于黏土在饱水情况下呈软塑至流塑状态，容易在地下水活动下流失，因此，在覆盖型岩溶地区的黏性土中，常常发育土洞。土洞主要沿两个部位分布，一是岩土接触界面附近，二是地下水位季节变动带，当土层较薄、地下水位埋深较浅时，两部位合为一起，使土洞更易发育，直至形成地面塌陷。

3. 地下水活动是塌陷产生的主要动力

地下水是地面塌陷形成过程中最积极、最活跃的因素。土层中含水量的增减改变着土体的重度和状态；渗透水流产生的渗透压力引起潜蚀作用而使土粒和土体迁移，出现管涌和流土现象；地下水位上升，可使地下水位以下的土体所受的浮托力产生变化或使封闭较好的溶洞中的气体出现向上的冲压（正压力）或形成负压腔，出现冲爆或吸蚀，引起岩土体的破坏。

地下水除具有溶蚀作用外，本身还具有侵蚀、搬运能力，改变着洞穴空间的大小和形状。地下水的这些作用将使岩土体产生失托增荷效应、渗透潜蚀效应、负压吸蚀效应、水气冲爆效应、触变液化效应、溶蚀效应等多种力学效应，从而引起岩土体破坏，形成土洞或溶洞，或直接导致塌陷的产生。

（二）影响岩溶地面塌陷产生的因素

岩溶塌陷的产生，除上述三个基本条件外，一些自然和人为的因素，都可影响和诱发塌陷的产生。这些因素包括地形条件、降雨和蓄水、干旱与抽排水、地震与振动、重力与荷载、酸碱溶液的溶蚀等。

1. 地形条件

喀斯特地区内的洼地、谷地、盆地、河谷等，往往是构造裂隙发育和喀斯特发育的部位，且多形成汇水中心或是地下水的主径流带和排泄带，极易产生地面塌陷。

2. 降雨和蓄水

降雨和蓄水是引起地下水活动的重要原因。它通过湿润和饱和岩土，增加岩土体重度和降低其强度；形成渗透水流，促使渗透潜蚀作用产生和发展；引起水位上升，造成岩溶洞穴的正压力；增加水库库盆静水压力和荷载等几个方面的作用，促进塌陷的产生。其中降雨对塌陷的影响十分重要。

3. 干旱与人工抽、排水

气候干旱、人工抽水和矿坑排水是引起地下水位下降的主要因素。由于地下水位的下降，使岩土体失去浮托力，增大地下水的渗透压力，产生潜蚀作用和水击作用，在一些封闭较好的地段出现真空负压，产生负压吸蚀作用，并可在覆盖土层中或使溶洞充填物产生触变液化，从而破坏岩土体结构，引起塌陷的产生。湖南水口山矿、广西泗顶矿、广东凡口矿等众多矿山，都因矿坑排水、突水造成大面积塌陷的发生。

4. 地震和振动

地震和人为振动产生地震裂缝破裂效应、斜坡变形破坏效应、土体压密下沉效应、振动液化效应、流塑变形效应等，使岩土体破坏，在有溶洞分布的地区，常引起地面塌陷。

5. 重力和荷载

重力是岩土体本身具有的一种内力，荷载是岩土体外附加的一种力，二者都是以一种"静"力作用于溶洞或土洞顶板，引起其破坏并导致塌陷。

6. 污水下渗、溶蚀

地表污水下渗溶滤，特别是一些废酸液体的排放，对岩溶地区岩土体具有强烈的溶蚀破坏作用，可大量溶解并带走可溶物质，改变岩土体结构，降低强度而形成土洞，导致塌陷。

四、岩溶塌陷的形成机理

按塌陷产生时的受力状态可以划分为潜蚀塌陷、重力塌陷、吸蚀塌陷、压缩气团冲爆塌陷、振动塌陷、荷载塌陷等。

（一）潜蚀塌陷

潜蚀塌陷是由于地下水的潜蚀作用造成的塌陷。由于地下水位的下降，水力坡度增加，产生较大的动水压力，地下水的渗透压力也随之逐渐增大，当水力坡度值增加到可以使洞穴充填物或土层中细小颗粒迁移时，便产生了潜蚀作用。首先在土层中形成一些细小空洞，然后逐渐形成一些土洞，随着土洞由下向上逐渐扩大，最后造成地面塌陷。初始产生迁移土粒时的水力坡度值，称为临界水力坡度，产生的塌陷称为潜蚀塌陷。

潜蚀塌陷的产生，一是要有足够大的水力坡度；二是要有水流的不断作用。一般情况下，潜蚀塌陷是经过多次水位变化产生多次潜蚀作用，最后造成地面塌陷的。

（二）重力塌陷

在覆盖较浅的岩溶区，暂时处于相对稳定状态的土洞，在土层又一次饱水时，土体力学强度降低，土洞形成减压拱，当不能抵抗上覆土层的自重时土洞将扩大，土体将沿土洞产生自下而上的间断性剥落和瞬间陷落而造成地面塌陷。这种由于岩土体自重陷落而形成的塌陷称为重力塌陷。

（三）吸蚀塌陷

负压是指低于一个标准大气压。封闭较好的洞穴空间，在负压状态下岩土体爆裂及吸蚀作用垮塌而造成的地面塌陷称为吸蚀塌陷。

（四）冲爆塌陷

在自然和人为因素的作用下，地下水位迅速升高使封闭较好的洞穴空间产生高压气团及较大的静水压力，当这种高压气团和静水压力超过洞穴顶板的允许强度时，会冲破顶部岩土体产生爆裂，接着在岩土自重及水流作用下引起地面塌陷，称为冲爆塌陷。

（五）振动塌陷

喀斯特区饱水沙土在受到爆破、机械振动等作用时，出现沙土液化现象，如果液化沙土下部有土洞和溶洞时，可使土洞扩展和诱发潜蚀作用产生，进而造成地面塌陷。振动作用也可使岩土体结构遭受破坏，力学强度降低，使岩土体沿下部洞穴陷落，造成塌陷。

（六）荷载塌陷

喀斯特地形区隐伏的溶洞和土洞，当其顶部附加荷载强度超过其允许强度时，将造成洞顶塌陷，这种塌陷称为荷载塌陷。

综上所述，地面塌陷的形成机理是复杂的，影响和触发因素多种多样，必须具体问题具体分析，才能认识和把握塌陷产生的主导和影响因素，正确地进行预测、评价和合理地选择治理措施。

第十章 地下水与水资源管理、生态环境及发展趋势

第一节 地下水资源与水资源管理

一、地下水资源的特性

地下水资源具有系统性（systematicness）、可再生性（renewablity）、变动性（variability）、调节性（regulatory）及多功能性（multifunctionality）。

（一）地下水资源的系统性

地下水资源是按含水系统发育的。如前所述，含水系统内部具有统一水力联系、与外界相对隔离，赋存其中的地下水具有统一水力联系，在其任一部分加入或排出地下水，影响将波及整个系统。因此，含水系统是地下水资源评价和管理的基本单元。

很多情况下，水文系统与含水系统边界叠合，成为包括地下水在内的水资源评价和管理的基本单元。

孔隙含水系统包含的多个含水层和弱透水层，通过弱透水层越流发生联系，构成具有统一水力联系的含水系统。含水系统之内形成不同级次的地下水流系统。发育于浅部的局部水流系统循环更新迅速；发育于深部的区域含水系统，循环更新迟缓。一个大型孔隙含水系统中，不同部位地下水的平均贮留时间可以由数十年到几万年不等。平原及大型盆地构成的超级含水系统范围可达数万平方千米。这时，以其中的低级次水文系统作为评价及管理水资源的单元，更为合适。

裂隙基岩中存在多个含水层和隔水层时，当隔水层厚度较小，构造破坏较强，含水层之间水力联系较好时，构成具有统一水力联系的裂隙含水系统；当隔水层厚度较大，构造作用破坏不明显时，各含水层（含水带）分别构成独立的系统。

我国北方岩溶地区，多形成范围广达上千乃至数千平方千米的裂隙-岩溶含水系统。南方岩溶地区则多形成数百到数千平方千米的岩溶含水系统，其中包括岩溶地下河系。

鉴于地下水资源发育的系统性，不能以行政区划进行地下水资源评价及管理。要按地下含水系统进行水资源评价，再分配给相关行政单元；不同行政单元开发同一地下含水系统中的地下水时，需要统一管理。

（二）地下水资源的可再生性：补给资源与储存资源

自然资源区分为不可再生和可再生两类。例如，矿产资源是在地质时期形成的，属于不可再生资源；包括地下水在内的水资源，属于可再生资源。

地下水资源分为两大类：补给资源及储存资源。不参与现代水循环、（实际上）不能更新再生的水量，称为储存资源（storage groundwater resources）。参与现代水循环、不断更新再生的水量，称为补给资源（renewable groundwater resources）。储存资源是地质历史时期形成的水量，消耗一部分就减少一部分，是无法持续供应的水量。补给资源是地下含水系统能够不断供应的最大可能水量；补给资源愈大，供水能力愈强。含水系统的补给资源是其多年平均年补给量。

水交替系数愈大，地下含水系统中资源的更新速度愈快，可再生能力愈强。如前所述，同一含水系统中，不同级次水流系统，同一级次水流系统的不同部位，地下水平均贮留时间不同，更新程度不一。

补给资源丰富的含水系统，能够不断供应的地下水量大，是理想供水水源的一个必要前提。

地下含水系统中补给资源的再生（更新）能力，取决于大气降水的数量，以及地下含水系统与外界发生水量交换的条件。

大气降水是一个地区水资源的初始来源，从根本上决定着地下水资源的丰枯程度。这一十分浅显的道理，有时却被人忘记，得出干旱地区地下水资源丰富的荒谬结论。

大气降水有多少份额转化为地下水补给资源，取决于含水系统的补给条件，如岩性、地形、构造等。如，岩溶发育地区，降水转化为地下水的份额高，补给资源往往较为丰富。山前冲洪积平原，多分布渗透性良好的粗颗粒物质，地形位置有利于接受山区河流补给，可以形成较为丰富的补给资源。封闭的地质构造组成的地下含水系统，难以获得降水和地表水补给，补给资源贫乏。

地下水补给的丰枯程度，可用（地下水）补给模数（groundwater recharge modulus）表征。补给模数是每年每平方千米地下水补给量，单位是 $m^3/(a \cdot km^2)$。地下水开采强度可用（地下水）开采模数（groundwater exploitation modulus）表征，为每年每平方千米开采的地下水量，单位也是 $m^3/(a \cdot km^2)$。习惯上，常用一个地区的补给模数与开采模数比较，用以说明地下水是"超采"还是"有开发潜力"。后面将会提到，单纯通过补给模数与开采模数的比较判断"超采"与否，并不合适。

（三）地下水资源的变动性与调节性

由于自然及人为原因，地下水资源处于不断变动之中。

自然原因方面，大气降水存在季节、年际以及多年的周期变化，导致地下水补给资源变动。受季风气候控制，我国的地下水补给资源季节变化及年际变化都格外显著。

人为因素影响地下水补给资源的变动：土地利用方式的变化，城市化进程导致的无渗下垫面增多，以及温室气体排放导致的全球变化等。

随着作物单产及复种指数增大，土壤水消耗增多，降水的更多份额被包气带截留，补给地下水的份额减少。

随着城市化进程，城镇、厂矿、道路的无渗化，使降水的更多份额转化为地表水或者直接进入排水管网，从而减少地下水补给。与此同时，城市内各种管道渗漏，会增加地下水补给。

温室气体排放导致的全球变化：全球气候变暖将加速大气环流和水文循环过程，引起水资源量及其时空分布变化加剧，进而可能导致水资源短缺问题更加突出、生态环境问题进一步恶化、洪涝灾害威胁更加严重等。

在全球变化的背景下，过去几十年，特别是 20 世纪 80 年代中期以来，中国干旱区升温加快，降水增加。贺兰山以西以及青藏高原的部分地区，降水增加幅度较大，风力和蒸发力则呈现明显下降趋势。

供水水源要求持续而稳定地提供一定水量。补给资源的季节、年际以及多年变动，使供水不能连续稳定。储存资源的存在使地下水资源具有调节性，可以通过借用储存资源，应对季节、年际及多年变化导致的地下水补给资源变化，从而保证稳定供水。

（四）地下水资源的多功能性

从远古到现今，人们与地下水相依共存，却长期不了解地下水的功能。人类出现的几百万年中，一直只将地下水看作供水水源的一部分；直到 20 世纪后期，才逐渐认识到，地下水不仅是供水水源，还是支撑各种生态系统正常运行的要素，还是引发各种环境灾害的"祸根"。即使认识到地下水具有多种功能，也依然未能落实到地下水资源评价、开发利用以及管理之中。对地下水功能的片面认识，导致了长时期、大范围的理论迷误与实践失误。

二、地下水资源属性及其意义

作为供水水源的基本要求是稳定而均衡地供应一定数量的水。地下含水系统必须具备一定数量的补给资源与储存资源，补给资源保证供水的稳定性，储存资源保证供水的均衡性。

（一）储存资源及其意义

不可再生的储存资源，尽管不能作为持续稳定的供水水源，但是，在供水中仍然发挥其重要作用：①保持一定的含水层厚度，从而保证取水建筑物（井、钻孔等）具有一定的出水能力，对于补给资源较为丰富而含水层薄的浅层地下水，此点尤为重要；②含水系统获得的补给量在时间上不稳定，存在季节变化和年际变化，因此，在补给不足的季节与年份，为了保证稳定供水，必须动用储存资源以资调节；③对于今后有望获得替代性稳定供水来源（例如，从外部调水）的情况下，在不损害生态环境的前提下，可以在一定时期内借用储存资源供水；④作为非常时期的战略后备应急水源应对特殊情况（例如，出现战争，出现长期连续干旱，或者地表水或浅层地下水供水系统受到大面积污染等）。

储存资源对于维护地下水支撑的生态系统，维护河流、湖泊及湿地的生态环境功能，保持地下水天然流场，保持岩土体应力平衡等，均有重要意义。有限度地消耗储存资源，意味着地下水位相对恒定，对于依靠根系汲取地下水赖以支撑的生态系统，不会因地下水位的下降而退化；避免因岩土应力状态失衡而导致地质灾害；不改变天然流场，不会导致海水和咸水入侵淡水含水层；原有的地下水与地表水关系不会改变，不会损害依靠地下水供应基流的河流生态系统、湖泊生态系统以及湿地生态系统。

储存资源只能暂时"借用"，而不能消耗，必须在有条件时偿还借用的储存资源。鉴于储存资源的不可再生性，任何企图耗用储存资源以保持长期供水的策略，都是不可取的，不成立的。

即使借用储存资源，方式不对，力度不当，也将付出技术经济乃至生态环境的代价：①由于消耗储存资源，地下水位降低，导致提水成本增加；②孔隙含水系统浅部储存资源的消耗，导致地下水位降低，使地下水支撑的生态系统退化乃至消失，引发土地沙漠化等；③孔隙含水系统深部储存资源的消耗，使黏性土层塑性压密（黏性土压密属于消耗不可恢复的储存资源，一旦消耗，不可逆转），将引发地面沉降、地裂缝等地质灾害；④由于借用储存资源改变地下水–地表水关系，导致依赖于地表水的生态系统退化；⑤借用储存资源改变地下水流场，导致海水或咸水入侵淡水含水层等。

（二）补给资源及其意义

补给资源是一个含水系统的可再生资源量，因此，人们曾经认为，开采量不超过补给资源量，就是合理的。基于地下水的多功能，基于可持续发展理念，不但必须保证供水水源的永续利用，还要保证生态环境的永续优化，避免由于开发地下水引起的地质灾害，因此，含水系统的开采量小于补给资源，只是必要条件，而不是充分条件。当开发地下水资源的强度导致不可承受的生态环境损害时，开发地下水便是加害于未来世代的行为。

例如，孔隙含水系统深层地下水，具有半承压水的特征，弹性给水度很小，主要是不可更新的储存资源，或者补给资源十分贫乏，开发时容易造成大范围深层地下水降落漏斗，引起地面沉降、地裂缝等地质灾害；因此，从可持续发展理念出发，孔隙含水系统深层地下水资源，属于不可持续利用的地下水资源。

国内曾经出现过地下水"激发资源"的概念，至今依然有人坚持这种错误的概念，计算得出的"激发资源"居然成倍超过"可开采量"。这里所谓的"激发资源"，是指开采地下水导致水位下降后，吸引周边地下水向开采中心汇聚，以及开采地下水导致地表水补给地下水的数量增大。用上述办法计算得出的"激发资源"，存在概念性错误：首先，违背了地下水资源发育具有系统性，必须以含水系统为单元进行资源评价的原则。划定任意一个范围作为计算区，指定一个任意的地下水位作为开采水位，获得一个任意的计算结果，乃是有害无益的数学游戏。其次，地下水开采导致地表水补给地下水，水资源并无增加，而是资源的转移；将地表水资源量中已经计入的部分，再次计入地下水资源量，属于重复计算。地下水资源的"激发"增量，就是地表水的"激发"减量。而"激发"减少地表水流量，会引发一系列不良生态环境效应。

以往的地下水资源评价中广泛采用数值模拟方法。通过调试参数，数值模拟结果与地下水动态观测资料拟合，作为判别数学模型是否正确的主要依据。但是，参数调试具有很大自由度，数值模拟得出的并非唯一解。

四、地下水可持续开采量评价方法

迄今为止，还没有成熟的可持续开采量评价方法。目前的研究集中于地下水支撑的陆地生态系统需水量，以及地下水基流维护的河流生态环境系统需水量。这两类需水量的计算都有多种方法，以下仅仅举例说明某些常用方法。

干旱地区的陆地生态系统的植被依靠吸收并蒸腾地下水维护，因此，通过观测各类植被的适生地下水位，以及相应地下水位的腾发量（包括植被蒸腾量及潜水蒸发量），可以计算需水量。地下水基流维护的河流生态环境系统需水量的计算，需要满足河流及相关湿地生态系统需水，河流自净需水，河流泥沙冲淤需水等的综合要求。例如，通常采用的水力学法，要考虑河流湿周以及流量等要求。

显然，无论陆地生态系统需水量以及河流生态环境系统需水量，不能满足于总量，而必须是空间分布的数量。在时间上，由于生态系统的生命具有连续性，一旦地下水的有关要素超过阈值，生态系统就可能遭受不可逆转的永久性损害，因此，必须满足最不利条件下的需求。

寻求可持续开采量的评价方法，需要将地下水、地表水、气候、土地利用和生态系统等整合为一个复合系统，采用数值模拟、地球化学和同位素方法相结合，以遥感、地理信息系统等技术方法为支撑，寻求多目标多约束下的求解。为此，需要完善地下水动态监测网以及生态环境的监测。可持续开采量的评价，需要根据实际效果，不断调整完善。当不同类型地区研究成果不断积累以后，比较法便可以发挥愈来愈大的作用。

地下水可持续开采量评价的完善，还要付出很大的努力。将地下水可持续开采量付诸实施，将会经历更加艰难的历程。

五、水资源管理及地下水管理

水资源管理（water resources management）以及地下水管理（groundwater management），是涉及科学技术及人文社会多学科交叉的复杂课题，在此，仅就某些原则略作讨论。

水资源发育具有自然流域特性；水资源不仅是社会生产生活资料，还是生态环境不可缺少的要素，因此，水资源具有多重功能，不同用户对水资源利用的要求相互冲突。有限的水资源与无限的需求，是一个长期存在而又不断扩大的矛盾；所有这些，决定着水资源管理的复杂性。

水资源管理需要遵循以下原则：

（1）水资源管理的终极目标是：实现水资源永续利用，实现良性生态环境的永续性维护，支撑社会经济可持续发展。

（2）水资源必须以流域为单元，实行地表水和地下水一体化管理。

（3）鉴于水资源的稀缺以及水资源供求矛盾的激化，必须摒弃传统的"按求应供"，代之以"按供应求"。

（4）节流为主，节流开源并举，是水资源管理的方向。

（5）确立水资源管理体制、制订政策法规、开展公众教育以及进行能力建设是实现水资源管理目标的关键。

与发达国家比较，我国的决策者及公众对水的稀缺性及其生态环境价值认识不足，水资源管理体制没有理顺，水资源法规不够健全，水资源管理水平还比较低，水量浪费与水质污染尚未得到有效控制，推动节约用水尚缺乏有效的激励机制。

地下水资源管理要综合考虑地下水的经济社会价值及生态环境价值，在地下水资源评价基础上，将可持续开采量作为地下含水系统的开发上限，进行适应性管理。根据地下水的特点，制订开采地下水和保护地下水的专门法规。与地下水有关的生态环境监测，是地下含水系统管理的基础以及调整管理对策的依据。

国内外都在探索可持续发展下的地下水管理模式。当前的趋向是寻求社会经济和生态环境相协调的地下水管理模型。由于确定生态环境需水的方法尚不成熟，以及多目标地下水管理的复杂性，发展具有可操作性的地下水管理模型，依然是一个艰巨的任务。

第二节 地下水与生态环境

一、地下水是活跃的生态环境因子

地下水不仅是宝贵的资源，还是普遍而活跃的生态环境因子。

地下水普遍分布于地壳表层，易于流动并变化；以含水系统为单元赋存的地下水，以特定的模式构成时空有序的水流系统；地下水与地表水体、岩土体、土壤以及生物群落之间，通过物质（水分、盐分、有机养分等）循环及能量交换，相互作用，相互依存，形成动态平衡的生态环境系统。

实线为与地下水体发生相互作用的系统（或子系统）；虚线是与地下水有关的系统（或子系统）之间的相互作用。

地下水的生态环境功能，体现在以下方面：

（1）地下水体与地表水体是相互密切关联的整体。地下水量与水质的变化，将导致河流、湖泊、湿地及海岸带的水体（水流）发生相应变化。

（2）地下水的饱水带和包气带密切关联。饱水带水量、水质变化将波及包气带乃至土壤水分和盐分的变化。

（3）地下水与岩土体共同构成岩土体力学平衡体系。作为中间应力的孔隙水压力改变，有效应力随之改变，导致岩土体变形、位移及破坏。

（4）地下水输送水分、盐分、有机养分以及热量，维护支撑各种与地下水有关的生态系统。

随着人口增长以及生产力发展，人类从依赖自然转为掠夺与"征服"自然。包括地下水在内的水资源大量开发，修建工程设施改变地下水的天然状态，污染物质的排放等，引起一系列生态环境负效应，危及人类的生存与发展。

人类活动只要不违反自然规律、遵循自然规律而为，不仅不会危害自然，反而能相辅相成，和谐共生。

把握自然规律，遵循自然规律，合理调度地下水，可以构建优化的人工－自然复合系统，造福于人类。干旱、半干旱地区的井灌农业，便是地下水支撑的人工－自然复合生态系统。

缺乏对地下水功能的全面认识，缺乏地下水－地表水相互作用的认识，在局部及短期利益驱动下，人类活动不合理地开发水资源，是人为活动引发的各种地下水生态环境问题的根源。探究地下水的生态环境效应，同时兼顾地下水的资源功能和生态环境功能，发挥地下水的积极作用，尽可能避免其消极效应，为包括地下水在内的水资源管理提供科学依据，是水文地质工作者不可推卸的社会责任。

二、不合理开发水资源导致的地表水体生态环境负效应

我国外流河流与地下水的一般关系为：上游地下水补给河水，中游地下水与河流随季节相互补给，下游为河流补给地下水。内陆盆地的河水主要来自冰雪融水，在山前地带补给地下水，再溢出成为河流，经由腾发消耗。

干旱及半干旱地区过度开发水资源，普遍出现河流消退断流，从而引发一系列地表水体的生态环境问题。国际一些专家认为，干旱地区一个流域水资源开发量超过其水资源总量的25%，将对生态环境产生不良影响。半干旱地区水资源开发量不宜超过其水资源总量的40%。然而，我国干旱地区，河西走廊、准噶尔盆地及塔里木盆地，流域水资源利用率普遍超过65%；乌鲁木齐河流域及石羊河流域，流域水资源利用率甚至超过100%。

河流的基流主要来自地下水排泄。基流量和径流量的比值称为基流指数（Base Flow Index，BFI），表征地下水对河流径流贡献大小。例如，黄河的基流指数高达0.44。基流对于维护河流生态环境系统至关重要。河流基流减少甚至断流，会产生一系列生态环境负效应——这正是河流基流生态系统的研究内容。

过量开发地下水会引发以下一系列生态环境问题：

（1）各种地下水直接或间接支撑的生态系统退化；

（2）河流自净能力降低；

（3）河流输沙能力降低，减少淤积，导致海岸线退缩、三角洲造陆减少，滨海平原因构造沉降得不到泥沙淤积补偿而标高降低；

（4）海水或咸水入侵淡含水层；

（5）不可偿补的地下水储存资源永久性损失；

（6）岩土体－地下水力学平衡失衡，引发地面沉降、地裂缝、岩溶塌陷以及边坡失稳等地质灾害；

（7）水盐失衡，导致土壤盐渍化；

（8）水分失衡，导致沙漠化及沼泽化。

20 世纪，世界的人口翻了两番，灌溉面积增加 6 倍，从陆地淡水生态系统取用的水量增加 8 倍；黄河、科罗拉多河、恒河、尼罗河等大河相继断流；河流、湿地、海岸带的生态系统已经明显恶化。

三、人为干扰下地下水变化与土壤退化

地下水向土壤供应水分、盐分、有机养分及热量，既是成壤作用的基本条件，也是保障土壤生产力的基础条件。

地下水对土壤供应的水分、盐分、养分及热量，一旦失衡，将形成不良土壤。干旱气候下，地下水位埋藏过深，植物根系无法吸取毛细水带的水分，形成植被稀少的荒漠景观。干旱、半干旱气候下，地下水位过浅，盐分蒸发积累于土壤，形成盐渍土，只有少数耐盐植物才能生长。温和气候下，地下水位过浅，使利季节地温过低，形成不利于耕作的冷浸田。

人为活动影响下地下水位大幅度变动，无论抬升还是下降，都会改变土壤水分、盐分、热量的供应，从而导致土壤退化，使地下水支撑的生态系统退化。

干旱、半干旱地区不合理的地表水灌溉，浅层地下水位抬升，导致土地次生沼泽化及次生盐渍化。河北冀州新庄，灌溉渗漏使浅层地下水埋藏深度由 4 m 抬升到接近地表，土地次生沼泽化，导致农业大幅度减产。

四、地下水变化引起的岩土体变形与位移

地下水变化引起岩土体变形与位移的作用机制如下：

（1）孔隙水压力变化：根据有效应力原理，有效应力等于总应力减去孔隙水压力。孔隙水压力增大时，有效应力降低，原先处于力学平衡状态的岩土体，可能发生变形及位移。

（2）地下水对岩土体不连续面的润滑：岩体中的断裂、裂隙、含泥错动带，土体软弱结构面（层面、错动面等），都是抗剪强度较低的不连续面或潜在不连续面。地下水润滑岩土体不连续面，进一步降低其摩擦阻力，促进不连续面两侧的岩土体相对位移。

（3）地下水改变黏性土的强度：随着含水量增加，黏性土由固体状态变为可塑状态，乃至流动状态，抵抗变形能力降低。

（4）地下水流引起的渗透变形：流动迅速的地下水，带走松散土的细小颗粒，及（或）溶解胶结物，破坏土体结构，导致渗透变形。

地下水引起的岩土体变形与位移，是上述机制单独或联合作用的结果。

（一）地面沉降及地裂缝

1. 地面沉降

地面沉降（land subsidence）有多种成因，开发深层孔隙地下水是一个普遍而主要的原因。

大规模开采深层孔隙地下水，深层水位迅速下降，孔隙水压力降低，有效应力增大，松散沉积物释水压密，引起地面高程降低，称为地面沉降。砂层压密引起的地面沉降量小，且为弹性释水压密，孔隙水压力恢复时，地面回弹。黏性土层发生塑性释水压密，即使地下水位恢复，黏性

土不能回弹，导致不可恢复的地面沉降。

地面沉降的危害大体有以下几个方面：①滨海地区海潮倒灌及风暴潮加剧；②入海河流泄洪能力降低，洪涝加剧；③工程设施、市政设施及建筑物破坏；④水土环境恶化；⑤沉降损失高程的沿海地带，将因全球变暖，海平面抬升，未来将有更多陆地被海水淹没；⑥已有地面高程资料失效。

开发深层地下水导致的地面沉降基本上是不可恢复的。唯一的防治途径是，减少及停止开采深层水。目前，只有江苏省及上海、宁波等地停止开采深层地下水，其他地区的地面沉降仍在继续扩展。

2. 地裂缝

地裂缝（ground fissure）出现于松散沉积物表面，具有一定长度及宽度。开采深层地下水后发生差异性地面沉降，是产生地裂缝的主要原因。另外，隐伏的新构造运动断裂带两侧，差异性构造沉降也会形成地裂缝。

地裂缝直接损害各类工程设施、交通设施、建筑物以及城市生命线，危及居民生活及生产。

（二）岩溶塌陷

岩溶塌陷（karst collapse）多发生于上覆厚度不大松散沉积物的岩溶发育地区。岩溶洞穴、上覆沉积物及地下水，构成固体、液体及气体三相力学平衡体系，地下水位变动达到一定幅度，平衡破坏，上覆松散沉积物突然塌落，形成上大下小的圆锥形塌陷坑。

长期干旱使地下水位明显下降，或者暴雨使地下水位迅速抬升，均可发生岩溶塌陷。地下水位下降时，上覆载荷得不到足够支撑，地面塌陷。地下水位抬升时，封闭气体受压发生气爆，上覆松散沉积物破坏而塌陷。也有潜蚀影响岩溶塌陷的看法。

开采地下水、采矿排水、基坑排水等人为活动，降低浅层地下水位，有时还伴以封闭气体负压吸引，触发岩溶塌陷。人为活动引发的岩溶塌陷，如果发生于人口密集的城镇厂矿，危害严重。

（三）滑坡

斜坡上的部分岩（土）体，在重力作用下，沿一定的软弱面（带）产生剪切破坏，向下整体滑移，称为滑坡（landslide）。

潜在的滑坡体，与其下伏岩土体之间存在软弱结构面；结构面以上的岩土体自重重力，可分解为垂直于潜在滑动面的压力以及平行于潜在滑动面的切向分力。

触发滑坡的因素很多，此处仅讨论地下水因素。暴雨（或连续降雨）以及水库蓄水，分别是天然及人为触发滑坡的主要动因。此时，地下水位抬升，浸润滑坡体，产生以下主要效应：①水分进入含有黏土物质的结构面，降低其抗剪强度，增大促滑力；②水分进入非黏土物质结构面，产生滑润作用，降低摩擦系数，增大促滑力；③孔隙水压力增大，作用于潜在滑动面的有效应力降低，阻滑力减小。上述效应的综合作用，使得促滑力大于阻滑力时，岩土体失衡，发生滑坡。

我国是滑坡多发地区，主要分布于第二地形阶梯的青海以东部分，以及第三地形阶梯东南部。

巨型滑坡岩土体滑落体积可达数千万立方米，滑动距离达数千米，滑动速度达 30 m/s。滑坡导致水利、交通、矿山等工程设施及建筑物破坏，阻塞河道，形成堰塞湖等，造成生命财产严重损失。

（四）水库诱发地震

某些水库蓄水后地震活动性增强，这一现象称为水库诱发地震（reservoir, induced earthquake）。其特点为：频率大，震级小，震源浅，波及范围有限。但是，也有少数水库诱发地震震级达到 6 级以上。大震级水库诱发地震，损害坝体及建筑物，衍生崩塌及滑坡，造成人员伤亡。经研究得出，蓄水后库水作用于断裂带，空隙水压力增大，有时还伴以断裂带浸水软化，使其抗剪强度降低，断裂锁固能力减弱，原先积累的应变能释放，诱发地震。

（五）潜蚀与管涌

地下水通常流动缓慢，其动能可以忽略，但是，特定条件下，地下水流速较大时，足以驱使松散沉积物中颗粒移动，产生渗透变形。砂砾层颗粒不均匀，水力梯度大时，地下水流携带细小颗粒通过粗大颗粒的孔隙移走，称为（机械）潜蚀（underground erosion）。地下水流强烈冲蚀，在土体中形成管道式空洞，向地面不断涌出带砂的水，称为管涌（piping）。

堤坝两侧水头差大，使水力梯度显著增大，强烈的地下水流冲蚀土体，形成管涌，威胁堤坝安全。防洪大堤的失事，大多由管涌造成。

五、地下水质危害

地下水质危害分为两大类：天然地下水质危害和人为活动导致的地下水质恶化（包括地下水污染、海水及咸水入侵淡含水层）。前者是地方病的主要根源，后者危及人类健康。

（一）天然地下水有害水质与地方病

作为饮用水源的地下水，微量元素含量过多或过少，都会引起地方病（水致地方病）。例如，缺碘会引起地方性甲状腺肿及地方性克汀病（婴儿呆小、聋哑、瘫痪）；高砷引起地方性砷中毒（心脑血管病、神经病变、癌症等）；高氟引起地方性氟中毒（氟斑牙、氟骨症）。克山病是一种心肌病变为主的地方病，大骨节病是关节破坏为主的地方病，两者的病因尚无定说，有的认为与腐殖酸含量高有关，有的认为可能与缺硒有关，经过改善环境与饮水，发病率大为降低。

（二）地下水污染

地下水污染（groundwater pollution）的含义迄今尚无共识。我们认为，人为活动产生的有害组分加入天然地下水，改变其物理、化学及生物性状，导致水质恶化，称为地下水污染。与地表水相比，地下水污染治理难度大得多。

地下水的污染源多种多样，主要有：城镇、厂矿的废渣及废水排放；农田施加农药、化肥施用及污水灌溉等。污染的地下水，或威胁人体健康，或不能作为工农业用水，从而导致水质性缺水，加剧水资源供需矛盾。

包气带土壤可以降解及吸附部分污染物；进入饱和带的污染物，随着地下水流运移而扩散（弥散）。污染物总量不大时，经过一段时间，可以通过自净作用（降解、吸附、稀释、衰变等）达到无害的含量水平。污染物质源源不断进入，则随着水流运移，污染范围不断扩大。

六、地下水支撑的生态系统

（一）概述

生态系统（ecosystem）是指在一定时间和空间范围内，生物与生物之间、生物与非生物之间，通过不断的物质循环和能量交换而形成的相互作用、相互依存的生态学功能单位。

生态系统是人类生存与发展的必要基础。生态系统为人类提供食品、药物及其他生活生产原料，提供氧气，调节气候，涵养水源，防风固沙、保持水土，保护生物多样性。

研究水循环与生态系统相互关系，形成了生态水文学（ecohydrology）。近年来，研究地下水与生态系统的关系，正在形成新的交叉学生态水文地质学（hydrogeoecology）。

生态水文地质学研究与地下水有关的生态系统，英文将后者称为 groundwater dependent ecosystems；相应的中文术语并不统一，有的称作"依赖于地下水的生态系统"，有的称作"地下水相关生态系统"。本书中采用的术语是"地下水支撑的生态系统"。

有关地下水支撑的生态系统的研究尚不成熟，迄今缺乏统一的分类。因此，下面的讨论只是一些初步认识。

地下水支撑的生态系统（groundwater dependent ecosystems）可以大致分为三类：地下水中生存的生态系统，地下水直接支撑的生态系统以及地下水间接支撑的生态系统。

（二）陆生植被生态系统与生态地下水位

根系直接从浅部地下水吸收水分、盐分及营养物质的植被，属于陆生植被生态系统。

土壤—植物—大气连续体（soil, plantatmosPHere continuity，简称 SPAC）的概念，在此连续体内部，水分及能量转换具有统一性。当土壤中的水分主要来自浅部地下水时，不应忽略地下水的生态功能；更为完整的水与植被的关系应是：地下水—土壤—植物—大气连续体（ground-water–soil–plant–atmosPHere continuity，简称 GSPAC）。

地下水为植物提供水分、盐分、有机养分及热量。地下水位过深时，根系无法从支持毛细水带吸收足够的水分等，导致植被退化；水分长期供应不足，则植被消亡。地下水位过浅时，或导致土壤盐渍化，威胁植被生长；或因毛细饱和带接近地表，非喜水植物将因缺氧而退化。据此，提出了生态地下水位的概念。

生态地下水位（ecological groundwater level）是维持特定植物种群的（浅层）地下水埋藏深度。当地下水埋藏深度大于或小于某一植物种群的适应范围时，这一植物种群会发生退化。统计出现频率最大植物种群相对应的地下水埋藏深度，可以确定该种群的生态水位。塔里木盆地胡杨、柽柳、芦苇、甘草、罗布麻和骆驼刺等，出现频率最高的对应地下水埋藏深度分别为 3.2 m、3.7 m、1.9 m、2.7 m、2.9 m 和 3.4 m，从而确定，荒漠植物种群的生态水位为 2～4m。

（三）生态需水量

20世纪70年代前后，国内外开始提出生态需水量（ecological water requirement，ecological water demand）的问题，国外研究开端于河流生态系统需水，国内则从干旱地区生态需水开始探讨。

长期以来，人们只注意生活需水及生产需水，忽略生态及环境需水。随着水资源过度开发、生态环境恶化，威胁人类生存与发展，生态需水量或生态环境需水量，才进入人们的视野。然而，迄今为止，对于生态（环境）需水量的含义依然缺乏统一认识；生态（环境）需水量的确定方法，仍在探索之中。

生态需水量是维护健康的生态系统运行所需的水量。生态环境需水量（eco-environmental water demand）是维护生态系统与环境健康所需要的水量。环境需水量不仅涉及有机的生态系统，而且涉及无机的环境需水——改善水质、净化水体用水，保持泥沙冲淤平衡用水，景观用水等。

生态水利需要保持四个方面平衡：水热（能）平衡、水盐平衡、水沙平衡以及水量平衡（包含水资源供需平衡）。这是迄今为止关于生态环境系统需水最全面的理论概括，可以作为探讨生态环境需水量的理论基础。

根据生态（环境）系统不同，生态（环境）需水量可分为：河流生态环境需水、湖泊生态环境需水、湿地生态环境需水、城市生态环境需水以及陆地生态系统需水等。生态（环境）需水量的确定方法多样，迄今并不成熟。例如，对于陆地植被生态系统，国内大多采用基于水均衡之上的"面积定额法""潜水蒸发法"及改进后的彭曼法等。

（四）含水层中的生物

20世纪70年代，发现有机污染物流经含水层会发生生物降解，含水层生态系统才被认识。各类含水层都存在微生物，且分布深度很大。在粉砂及黏性土中，主要是革兰氏阳性种群（gram-positive species），砂砾中多为革兰氏阴性种群（gram-negative species）。岩溶含水层中的微生物多与地表水中的相同。岩溶洞穴具有无光照、缺氧、富二氧化碳、温度及湿度稳定等特点，出现从微生物到鱼类等种群，其中某些是地下洞穴所特有的地方性种群（endemic species）；岩溶洞穴中的鱼类，生存寿命以及个体尺寸都大于地表水中的鱼类。

（五）潜流带生态系统

河床湿周外围存在一个地表水－地下水交互作用地带，称为潜流带（hyporheic zone），也有人称之为地表水－地下水交错带。潜流带是一个独特的生态环境。

河流与地下水积极交换过程中，发生物理渗滤及生物地球化学作用。通过上述作用，金属离子沉淀，有机污染物降解，河流底泥自净能力增强，水质改善。潜流带为地表水体提供生物所需营养物质，在洪水或干旱时期是许多无脊椎动物的避难所。潜流带每年都发现许多新的种群，是生物多样性的重要储库。

（六）湿地生态系统

狭义湿地（wetland）是指地表过湿或经常积水，生长湿地生物的地区。湿地生态系统（wedand

ecosystem)是湿地植物、栖息于湿地的动物、微生物及其环境组成的统一整体。湿地具有多种功能：保护生物多样性（国家一级保护鸟类约有 1/2 生活于湿地），调节径流，改善水质，调节小气候，以及提供食物、药物及工业原料，提供旅游资源。

地下水支撑的湿地生态系统，要求地下水位大部分时间高出地面。湿地中发生一系列生物化学作用：湿地植物根系释氧，使金属离子氧化沉淀，非金属离子氧化，污染物得到生物降解，从而改善水质。

（七）海底地下水排泄带与近岸海洋生态系统

延伸到近岸海底的含水层，发生海底地下水排泄（Submarine Groundwater Discharge，简称 SGD），分布范围由若干米到若干千米不等。海底地下水排泄为近岸海水提供营养物质、金属离子、碳及细菌，据测算，地下水输入海洋的物质数量，可能比地表水还要多。地下水输入的营养物质，支撑近岸海洋生态系统。海底排泄地下水与海水发生化学反应，形成碳酸盐岩等沉积。

第三节　当代水文地质学发展趋势及研究方法

一、当代水文地质学发展趋势

20 世纪 80 年代，地球科学进入地球系统科学（earth system science）时代。原先分别描述地球各种现象的学科，融合为一个相互关联的整体，成为揭示机理，预测未来，应对全球环境变化，支撑可持续发展的地球系统科学。地球系统科学意味着地球科学的整体融合。地球各个层圈（大气圈、水圈、生物圈、岩石圈、地幔、地核、近地空间和智能圈）是相互联系、相互作用的整体。地球环境的变化，牵一发而动全局，无法通过分割性研究而认识。地球作为一个存在生命的星球，生物圈，特别是极端微生物，参与几乎所有的地质作用，对地球演变，构造发生，矿产成生，环境演变与修复，起着极其重要的作用，原来认为是"无机"的地质作用，其实都是"有机"的。

水文地质学的发展，与地球系统科学同步，20 世纪 80 年代开始，出现整体融合趋势，进入当代水文地质学的新阶段。

当代水文地质学具有以下主要特征：①以地下水流系统理论为核心概念框架；②研究领域扩展；③研究目标转变；④水量与水质研究并重；⑤重视机理研究；⑥多学科交叉渗透成为主流；⑦多技术多方法的广泛应用；⑧向工程领域延伸；⑨学科性质转变。

地下水流系统理论的出现，意味着水文地质学进入了新的阶段。从整体角度，地下水流系统理论综合考察地下水与环境相互作用下的变化，为分析地下水各部分以及地下水与环境的相互作用提供了时空有序的理论框架。

当代水文地质学的研究领域，从以往的以地下水资源向生态环境扩展；由地球浅部向地球深部层圈延伸。下地幔储存水量远大于海洋。地球各层圈物质与能量的交换中，以地下水为主体的地质流体起着无可替代的作用。地球演化，矿产（油气和金属、非金属）成生，成岩作用，构造活动，自然地质作用，以及生态环境、地质灾害等，都有地下水的积极参与。因此，研究领域不断向地球深部层圈扩展，是当代水文地质学的重要发展方向。如同地球系统科学一样，当代水文地质学必须重新认识生物圈，尤其是微生物与地下水有关系统的作用。

当代水文地质学，由以往的解决局部性生产实际问题，转向长期性、全局性、可持续发展的课题。以地下水流系统理论为核心理论框架，构建人和自然协调的、良性循环的地下水流系统、水文系统、地质环境系统、地质工程系统和生态系统，成为当代水文地质学的最终目标。

随着生态环境问题的出现，水文地质学从水量研究为主，转变为水量与水质研究并重。

为了构建人和自然协调的、良性循环系统，以往以现象归纳为主的研究，已经无法满足要求，从成生角度出发，探索目标系统的作用过程与内在机理，成为主流。

当代水文地质学，已经从传统的实用性学科，演变为兼具应用性分支与理论性分支的成熟学科，成为地球系统科学最活跃的组成。

二、水文地质学科发展的某些关键问题

（一）概念是学科发展的基石

概念是学科发展的基石。最基本的、看来最浅显的概念，往往有着深刻的内涵，值得再三推敲，反复领会。如果对学科基本概念的理解仅仅停留于字面，而不深入把握其实质，不能融会贯通，不能灵活运用，实际上并没有真正掌握学科的内涵。

达西定律看起来很简单，但真正把握它的物理实质并不容易。控制水文地质条件的岩性、构造、气候、地形等因素，都可以在达西定律中找到对应项。真正理解并熟练掌握达西定律以后，就能够灵活分析各种水文地质问题。

肤浅理解概念，会成为学科发展的障碍。地下水流系统理论的内涵十分丰富，但是，不少人往往将它等同于地下水流网，不理解地下水流网只是一个载体，只有将渗流场、化学场、温度场、微生物场，以及相关的现象整合在一起，才是地下水流系统。缺乏深入理解，使得这一富有生命力的理论，得不到普遍应用。

概念似乎只是咬文嚼字，然而，概念的混淆会带来重大经济损失。20 世纪 70 年代，对河北平原第四纪沉积物中深层地下水资源是否丰富，有过争论。相对于浅层地下水，深部含水层厚度大、颗粒较粗，单井出水量大，因此，有些人认为，深层水水量远比浅层水丰富，大力开发深层水是解决华北缺水的重要途径。另一些人则认为，尽管深层水单井出水量大，但是其补给十分有限，不能作为主要供水水源。随着大量开采深层水，河北平原形成大规模深层水位降落漏斗，导致大面积地面沉降，人们才对深层水资源贫乏有了共识。将含水层"富水性"和地下水"资源"两个不同概念混同，正是认识错误的根源。

新的概念的出现，必然带来学科的长足进步。越流概念的提出，改变了对含水层及隔水层绝对化的理解，随之出现了地下含水系统和地下水流系统概念，为正确评价地下水资源以及分析地

下水和环境相互作用提供了基础。

概念不是一成不变的。随着实际情况的变化以及人们认识的提高，概念的外延与内涵也随之变化。人们最初将地下水理解为地壳表层饱水带岩层空隙中的水，将包气带水排除在外。由于包气带与饱水带的水密不可分，土壤水对农业有重大意义，包气带水随后也被包括在地下水中。除了参与水文循环外，地下水还参与地质循环，从而，地下水的概念扩展为地面以下直至地球深部层圈所有的水。

范式可以理解为学科普遍接受的理论体系、思维模式和技术手段的总和；范式转换意味着学科革命。学科范式的转换，往往是从核心概念的建立开始的。

（二）控制性实验是探索自然本质的重要途径

正是借助于精心设计的室内实验，经典物理学纠正了古典物理学的一系列谬说。控制性实验的特点在于：排除其他次要因素的干扰，将所要观察的对象控制于纯粹状态。亚里士多德之所以对落体运动得出了"重物下落快于轻物"的错误结论，正是由于他所观察的是非纯粹状态（空气对落体有阻力）的对象。伽利略则在还不能创造真空条件的情况下，将尽量减少干扰的实验与思想实验相结合，得出了正确的自由落体定律。由此可见，在进行控制性实验之前，实验者必须对于纯粹状态的对象有所设想。

达西的实验完全符合上述控制性实验的要求：将井径这一人为因素排除在外；为避免干扰、保证砂的渗透性恒定，将砂装入事先充水的圆柱中，并通过渗透使之压实；选择同一过水断面，以不同渗透途径的砂柱、不同的水头差进行实验。达西之所以这样做实验，对于纯粹状态的渗透规律，显然事先已经胸有成竹。

控制性实验中的任何一个细节处理不当，就无法将对象控制于纯粹状态，而得出错误的结论。

水文地质学的研究中，人们做了大量野外实验，但是很少有人去做控制性室内实验。也许人们认为，野外实验比室内控制性实验更为接近真实。其实，这样的想法是错误的。如果我们要想探索自然的本真规律，只有进行控制性室内实验，才能重现真实的自然。水文地质学要想有突破性的发展，必须重视控制性实验。

（三）方法论对学科发展的导向作用

学科的发展在很大程度上取决于所采用的方法论。

地下水流系统理论，不仅为水文地质学提供了一种新的思维方式，一种新的分析工具，并且在方法论上提供了新的启示。传统水文地质学主要采用归纳法、演绎法或两者相结合，地下水流系统理论则是假设—演绎法的产物。

T6th理论的基石是"区域水力连续性"。T6th不是根据观察结果顺理成章地得出水力连续性的结论，相反，他先提出了区域水力连续性的工作假设，再根据假设推演出应有的种种现象，然后收集文献资料和到野外观察，加以证实。

T6th采用的方法，与物理学的革命性理论—相对论，与地质学的革命性理论—板块构造学说，同出一辙，采用的都是假设—演绎法。归纳法的推理过程是：观察现象—现象归纳—得出规律（假设）。假设—演绎法的推理过程与归纳法相反：假设—演绎出应有的现象—有目的地观察。如果观察结果与假设不一致，则修改或重新做出假设，再重复上述过程，直到假设被证实或证伪。

通常，学科发展的前期，主要利用归纳法、演绎法或两者结合，去发现自然规律。然而，对于探索深层次的自然规律来说，这些方法已经不够用了，于是，科学家便纷纷借助于假设—演绎法。在假设—演绎法中，工作假设如同聚光灯，使研究者能将稀缺的资源—注意力—集中到应当集中的地方。工作假设如同晶核，使经验材料围绕假设吸引组织在一起。没有假设的指引，凭我们的直感，时间似乎是恒速流动的河流。没有狭义相对论，谁也不会去注意高速运动下"钟慢""尺短"等"奇怪"的现象。同样，头脑中没有先存的假设，我们也不可能像T6th那样，去发现多级次的地下水流系统。在"水力连续性"假设的指引下，T6th从浩如烟海的文献中收集相关资料。T6th看过的文献，很多我们也看过，但是，头脑中没有他的那个假设，面对文献，我们仍将熟视无睹。

假设是把双刃剑，关键在于运用者如何对待。将假设作为工作的指引，有意识、有目的地收集与处理信息，根据实际材料，不断完善修改假设，必将事半功倍。如果将假设看作先存的真理，只接受支持假设的证据，无视与假设不相容的事实，自圆其说，作茧自缚，假设就成了谬论的源泉。

人类是在不断思辨和实践中逐渐认识世界的，这一认识过程没有终点，现有的理论都是不完善的。

（四）多学科交叉渗透、多技术方法综合应用是学科发展的方向

水文地质学原本就是地质学和水文学结合形成的边缘学科，随着地球系统科学时代来临，随着核心课题转移及研究视野的拓宽，多学科交叉渗透是处理复杂课题的唯一途径。

描述非稳定流的泰斯公式，描述越流的数学方程，都借鉴于热传导理论。土壤水资源是份额最大的农用水资源，有效利用土壤水，必须具备土壤学、农学和生物学的有关知识。解决生态环境问题时，水文地质学家必须对生物学、生态学、地球化学、微生物学、岩土力学等有所了解。

横断科学（系统论、信息论、控制论、耗散结构理论、混沌学、分形理论等）标志着人类新的思维模式，具有强大的生命力，水文地质学家必须熟悉与利用横断科学的成果，才能跟上时代的步伐。

自然科学与人文社会科学的结合，有着难以估量的意义。水文地质学家必须具备社会人文学科的知识，必须坚守科学的良知。科学技术问题的解决，无法回避道德伦理的价值判断，无法回避不同人群利益的冲突。不考虑科学技术转化中的社会人文因素，科学技术只能停留于纸面，无益于社会。不思考技术问题的社会伦理后果，专业上的成功，反而有可能对社会造成危害。任何科学判断，不可能符合所有人的利益诉求，面对各种压力，坚持科学结论，需要坚持科学良知的勇气。

众多技术的引入，是水文地质学学科发展的保障。电子计算机的应用，促进了数学模拟的广

泛应用。同位素技术、微量元素测定技术，对地下水定年、重塑环境变化发挥了重要作用。遥感技术、全球定位系统（GPS）、地理信息系统等的应用，方便了大时空尺度水文地质信息的采集和整理。人工智能是水文地质学发展需要引入的新方向。缺乏自主创新的技术方法，正是阻碍我国水文地质工作赶超世界水平的重要原因之一。

（五）向工程领域延伸是学科发展的要求

建立地下水工程技术分支，是当代水文地质学的发展要求。

半个世纪以来，水文地质学科的发展，远没有工程地质学那样有活力。工程地质工作的长足发展，得益于吸收当今科学思想丰富自身理论，较好地实现了理论、测试技术与工程技术三者的结合。

水文地质学科向工程技术领域延伸，既是必然趋势，也是学科蓬勃发展的前提。

水文地质学发展的工程方向—地下水环境工程。地下水环境工程，包含地下水资源合理开发利用工程、生态地质环境退化控制与改良工程、地下水污染控制工程、废物地质处置工程等。

目前，地下水污染及其控制的工作，已经打破单纯的水文地质论证模式，从实地监测研究，到室内实验、野外实验、数学模拟，直到生产性修复试验，多学科交叉的水文地质工作贯穿了整个过程，地下水污染研究，成为发展最为迅速的水文地质学分支，并非偶然。西南岩溶地区，利用帷幕灌浆建造地下水坝以抬高补给径流区地下水位，取得了良好成效，是地下水工程的范例。我们认为，土壤水有效利用、咸水改造、地下水库调蓄水资源等，都是水文地质学向生产领域延伸的重要方向。

三、水文地质调查及研究中的某些理念与方法

人们会有一种感觉，水文地质学易学而难用，似乎都懂了，解决实际问题时却容易出错，出现这种现象的原因在于，没有认识到地下水体是远离平衡态的开放系统，是一种耗散结构。因此，控制地下水的诸因素，并非具有加和性的线性作用，而是具有相干性和制约性的非线性相互作用。孤立地探讨各个因素的影响，是无法理解及把握地下水规律的。

地下水无法直接观察，控制地下水的因素错综复杂，因此，所有水文地质工作都具有研究探索性质。对于同一地区的同一现象，不同水文地质工作者持有不同看法，并不罕见。要想获得可靠的水文地质调查研究成果，必须在正确理念指导下，采取严谨科学的工作方法，工作没有做充分，不能轻易下结论。务求实真，是水文地质调查研究工作需要牢记的原则。

水文地质调查研究的最终成果，是建立正确的水文地质概念模型。在此基础上，建立数学模型，定量求解，寻求地下水可持续利用及其关联系统健康运行的管理模式。正确的水文地质概念模型，是预测对象未来行为及其对环境影响的基础，是制定对策的依据。

水文地质概念模型，是水文地质实体简化而不失真的摹本；可以用图件（水文地质图、水文地质典型剖面图、水文地质示意图等）表示，也可以用文字描述表达。编制样板型水文地质图集，是提升我国水文地质研究水准的重要措施。

从野外获取第一手资料，通过整理分析，去伪存真，弃粗取精，获得规律性认识，最终整合为水文地质概念模型，是一个感觉经验。和理性思维交互作用的复杂过程。只有运用正确理念，采取恰当方法，才有可能达到目的。

（一）重视地质成因分析的必要性

地下水是自然历史的产物，俄罗斯及苏联学者多次阐述过这一思想。在人类活动强烈影响地下水的今天，应该说，地下水是自然历史和人类活动的产物。

地下水是自然历史和人类活动的产物，指的是：地下水是在与其环境（大气圈、水圈、岩石圈、地幔、近地空间、生物圈等）长期相互作用下形成与演化的；脱离环境，割裂历史，不可能把握地下水的规律，不可能合理利用和有效调控地下水，不可能维护与地下水有关的环境系统健康运行。

在此，仅就地质成因分析对水文地质调查研究的必要性略加讨论。

"水随器形"，地质结构是地下水的"容器"和"通道"，地质背景是地下水演化的"加工厂"，为了掌握地下水的规律，必须进行深入的地质成因分析。

水文地质调查研究中，岩层含水性分析相当于地质调查中标准地层剖面的建立，是一项基础性工作。常见的做法是：根据泉的涌水量和单井出水量，将地层划分为隔水层、弱透水层、含水层，便大功告成——这是忽视地质成因分析的典型。对于沉积岩，必须分析古地理环境对岩相的控制，以及由此形成的岩性特征。构造—气候周期性变化控制下，水域（湖、海）进退频繁，形成粗细颗粒互层，顺层渗透性好而垂向渗透性差。近岸处颗粒粗大而远岸处颗粒细小，顺层渗透性和垂向隔水性都呈规律性变化。将标志岩层导水性的井泉资料和地质成因分析得出的岩性变化规律结合起来，才是岩层含水性分析的正确做法。脱离地质成因分析，机械地根据实际资料判断岩层含水性，会造成不必要的损失。

再如，对于平原和盆地的水文地质调查研究，第四纪地质和地貌研究极其重要。不同成因类型第四纪沉积中，地下水赋存和循环交替条件差别很大。平原游荡性河流形成的冲积物，不同时期河道呈交互叠置的条带状砂层，剖面上呈现为黏性土层中的砂质透镜体。在此类沉积物中打井取水，出水量不大，但成井率几乎为百分之百。地表的河道构成微地貌高地，成为局部地下水流系统的源，即使在干旱、半干旱地区，也赋存淡水。湖积物在静水条件下形成，随着淤积－构造沉降平衡和气候变化，形成较厚的砂和黏性土互层。在此类沉积物中打井取水，遇到砂层出水量很大，遇到厚层黏土水量极小，成井率较低。由于存在连续厚层黏性土，湖积物垂向渗透性差，不利于循环交替，地下水补给资源贫乏。

再如，岩溶地区的水文地质调查研究，需要综合分析岩性、构造、构造升降等对岩溶发育的影响。厚层纯质灰岩的初始裂隙发育极不均匀，受构造强烈控制。构造不断隆升地区，由于水流无法长期连续溶蚀，很难形成集中的岩溶发育带。间断性构造隆升——稳定地区，在厚层纯质灰岩中，可形成多层溶洞。构造长期稳定地区，在大片厚层纯质灰岩中，往往形成规模巨大的地下河系。

以上例子足以说明，地质成因分析对水文地质调查研究的重要意义。如果忽视地质成因分析，就水论水，不可能成为一个有水准的水文地质工作者。

地质演变有时十分强烈，在历史时期就有明显变化。因此，利用历史信息是地质成因分析的重要方面。

（二）信息提取与组织

从信息论角度，水文地质调查研究乃是提取、加工和组织信息，构建水文地质概念模型过程。

研究目标确定后，需要熟悉及分析研究区已有资料，进行野外踏勘，建立初步概念，提出需要解决的问题。前人资料及野外地质水文地质现象，只是信息的"矿石"，只有将其中所蕴含的"消除客观事物不确定性"的内容提取出来，才能为我所用。

除了少数空白区，全国都进行过 1 ：20 万或 1 ：25 万地质水文地质填图。仔细读图，获取信息，形成概念，提出问题，有针对性地开展调查研究，可收到事半功倍之效。很多情况下，水文地质工作者不舍得花时间读图，概念尚未形成，问题还不明确，就急于投入具体工作，这样做，带有很大盲目性。

赋存岩溶水的是以碳酸盐岩为主的中奥陶统，裂隙岩溶发育比较均匀，如无特殊原因，应该具有统一地下水位。我们首先提出的工作假设是：中奥陶统发育有几个相互隔离的含水层。但是，这个工作假设与区域性饱水带具有统一水位这一事实不相容，便放弃了。几经分析，我们提出了新的工作假设：中奥陶统隔水底板的高程变化控制了"古怪的"岩溶水位。通过编制中奥陶统隔水底板等高线图，问题迎刃而解—西北部的异常高水位，是由于隔水底板形成一些闭合构造盆地，形成了若干局部性饱水带。

由于钻孔资料极少，闭合构造盆地控制的局部饱水带，主要利用底板等高线图圈定；局部饱水带的水位，根据闭合盆地最低高程推断。有意思的是，在工作期间，正好有钻孔在局部饱水带施工，测得的水位远高于推定水位，我们对实测水位存疑，继续追踪测量，后期的水位与我们估算的十分接近，原来前期测得的是泥浆堵孔的假水位。

提取信息十分重要：已有的地质水文地质图往往蕴含丰富的信息，其中包含定量信息，采取有效方法从中提取需要的信息，可以显著提高成果的准确性。

多通道信息核对可以保证成果的可信度：水文地质成果首先要保证其可信度，孤证不足采信，需要多个渠道获得的信息加以验证。上述例子中，局部饱水带的水位，通过隔水底板高程和钻孔水位两者检验，才是可信的。

组织起来的信息具有更多内涵：将零散的信息以某种方式组织起来，能够发挥更大的效用。岩溶水系统分散的水位和隔水底板等高线图相结合，经过组织的信息产生了质的变化，揭示隔水底板对岩溶水位的控制作用，从而可圈定局部及区域饱水带，并确定各个局部饱水带的水位。

工作假设是引导研究的有力工具：工作假设提供了一个相对刚性的理论框架，由此可以演绎得出应有的各种现象，从而有针对性地收集有关信息，使调查研究的目标更加明确。如果没有提出"隔水底板高程控制岩溶水位"的工作假设，就不可能编制有关图件，不可能解决问题。工作假设随着研究深入而不断改进或更换，是一种常规。即使是错误的工作假设，同样也能促进研究深入，因为相对刚性的框架演绎得出的应有现象，明确指导着资料收集与整理，当工作假设与资料不符时，很容易改进甚至转换假设，如此往复循环，直到解决问题。

研究过程是感觉经验和理性思维交互作用的复杂过程：综合以上各点，可以得出一个重要结论，在水文地质调查研究中，要充分发挥理性思维的作用，在理性思维的引导和检验下，提取和组织信息，只有如此，我们才能够驾驭自如，才不会被现象所迷惑，才不会淹没在信息的海洋之中。

（三）目标导向与问题导向

目标导向（target oriented）与问题导向（problem oriented）是水文地质调查研究的重要原则。

目标导向指的是，整个研究过程要始终围绕目标及指向目标，每一步都不要偏离目标。目标导向，看来不难做到，实践中却往往"迷失方向"。例如，工作任务是确定水库是否向邻谷渗漏以及渗漏量，那么，所有工作必须紧紧围绕目标展开。需要编绘隔水底板等高线图，以判断水库蓄水后与邻谷之间是否存在能够阻挡渗漏的地质零通量边界。如果隔水底板的高程无法阻挡水库渗漏，就要分析蓄水后是否存在水力零通量面边界，即经常性地下分水岭。如果水库与邻谷间存在断裂，需要仔细分析断裂带导水性能。与目标导向相对立的是信息导向，不管工作目标是什么，盲目地观测、收集、统计及分析资料。例如，层状非均质岩层进行裂隙统计，必须对不同岩性层次分别统计，才有意义。如果将不同层次的裂隙参数放在一起统计，得到的结果就没有任何物理意义，这就偏离了目标导向，进入信息导向的迷途。

问题导向指的是，研究的每一步都要围绕问题而开展，围绕问题有目的地提取与组织信息。信息浩如烟海，而人的注意力是珍稀的有限资源，盲目收集整理资料，很有可能在信息海洋中迷失方向。

从事水文地质调查研究时，要时刻提醒自己，是否将注意力正确地集中到关键点上？你所能够看到的一切，只能是你的注意力所覆盖的一切。

（四）定性分析和定量模拟

从定性走向定量是水文地质学科发展的必然趋势。随着电脑性能迅速提升，相应软件不断开发，定量模拟愈来愈方便。与此同时，缺乏因果关系的相关分析，建立在错误概念模型基础上的数学模拟，也出现愈来愈多。定量模拟必须以正确的定性分析、正确的概念模型为前提，否则，就会异化为纯粹的数学游戏。

如果一个地区存在开采两组含水层的灌溉水井时，根据两者的水位动态极高的"相关性"，得出两组含水层之间存在水力联系，便是荒谬的。因为，两组灌溉水井的开采量都受降水量及作物需水量的控制，即使两组含水层之间毫无水力联系，仍然可以得到很高的相关系数。

对于水文地质数值模拟，存在一种相当普遍的错误观念：认为拟合良好便说明数学模型正确，就可以用来进行可靠的预测模拟。实际上，错误的数学模型，通过调整多个参数，很容易得出良好的拟合结果，"拟合良好"不能说明任何问题。要提高数值模拟的信度，除了构建正确的概念模型外，还要通过同位素等定年方法、水化学研究、水均衡分析等加以约束。

水文地质学奠基至今，只有一百多年，是一门十分年轻的学科。当代水文地质学面临众多从未涉及的课题，机遇和挑战同在，值得有志者为之献出毕生的努力！

第十一章 地质环境与人类健康

第一节 元素与人体健康

人类是自然界长期演变、发展的产物，与大气圈、水圈以及岩石圈具有密切的关系。生物体（包括人）通过新陈代谢与外界环境不断进行物质交换和能量流动，使得机体的结构组分（如元素含量）与环境的物质成分（元素）不断保持着动态平衡，形成了人与环境之间相互依存、相互联系的复杂的统一整体。人类为了更好地生存和发展，必须尽快适应外界环境条件的变化，不断从环境中摄入某些元素以满足自身机体生命活动的需要。如果元素摄入不足和过量，都将会影响人类健康。经过近、现代科学家的研究，越来越明确了地质环境对人类健康具有重要的影响作用。

一、人体内的元素

人体所含元素差别极大，按其含量不同可以分为常量元素和微量元素两大类。根据化学元素的性质及其对人体的利弊作用，又通常将它们分为 5 类：①人体必需常量元素，这一类是被确认的维持机体正常生命活动不可缺少的必需常量元素；②人体必需微量元素，是维持机体正常生命活动不可缺少的必需微量元素；③人体可能必需微量元素，对这类微量元素在体内的形式尚缺乏研究，不能明确判断是否为人类必需微量元素；④有毒元素，是已证明对人体毒性很大的元素；⑤非必需元素，是人体不需要的元素。

常量元素也称宏量元素或组成元素，常量元素均为人体必需元素，它们占人体总重量的99.95%。这些常量元素对有机体发挥着极其重要的生理功能，如形成骨骼等硬组织、维持神经及肌肉细胞膜的生物兴奋性、肌肉收缩的调节、酶的激活、体液的平衡和渗透压的维持等多种生理、生化过程都离不开常量矿物元素的参与及调节。人体在新陈代谢过程中要消耗一定的常量矿物元素，必须及时给予补充，尽管这些矿物元素广泛存在于食物中，一般不易造成缺乏，但在某些特定环境或针对某些特殊人群，额外补充相应的常量矿物元素具有重要的现实意义。

人体内的微量元素浓度较低，其标准量均不足人体总重量的万分之一，可以从食物、空气和水中获得，但主要来自食物和饮水经胃肠道的吸收。微量元素在人体内所起的生物学效应是一系列复杂的物理、化学和生物化学过程的结果，对人体健康也具有十分重要的作用。当微量元素低于或高于机体需要的浓度时，机体的正常功能就会受到影响，甚至出现微量元素的缺乏、中毒或引起机体死亡。目前已知多种疾病的发生、发展与微量元素有密切的关系，如，儿童的挑食、厌食、生长发育慢及智力低下，克山病，血管疾病，免疫功能缺陷，肝脏疾病，感觉器官疾病，泌尿生殖系统疾病，创伤愈合慢及肿瘤等。由于微量元素在人体代谢过程中既不能分解，也不能转化为其他元素，因此，通过检测人体各种元素的含量就可以在一定程度上了解人体的代谢规律进而掌握人们的营养健康状况。

二、地质环境中元素含量与人体中元素的相关性

除了人体原生质中的主要成分碳、氢、氧和地壳中的主要成分硅以外，其他化学元素在人体血液中的含量和地壳中这些元素的含量分布规律具有惊人的相似性，由此可以说明人体化学组成与地壳演化具有亲缘关系。这一地壳丰度控制生命元素必需性的现象称之为"丰度效应"。

现代人体的化学成分是人类长期在自然环境中吸收交换元素并不断进化、遗传、变异的结果。人体中某种元素的含量与地壳元素标准丰度曲线发生偏离，就表明环境中该种元素对人体健康产生了不良影响。环境的任何异常变化，都会不同程度地影响到人体的正常生理功能。如人在某一地方长时间居住，就会发展自己体内的种种代谢或代偿功能，以便从环境中获取适量的微量元素，而一旦当他到新的地点生活时，由周围环境通过饮食进入体内的微量元素含量会有变化，这时人就不得不重新调节自己体内的机能。而在这一改变过程中，有可能出现一系列不适的反应，而这一综合反应就是我们平时所说的"水土不服"。

虽然人类具有调节自己的生理功能来适应不断变化着的环境的能力，但如果环境的异常变化超出人类正常生理调节的限度，则可能引起人体某些功能和结构发生异常，甚至造成病理性的变化。这种能使人体发生病理变化的环境因素，称为环境致病因素。如某地提供给人类的微量元素过多或过少，超出人体机能调整的极限，将会导致疾病的出现。

三、地球表生环境中元素的迁移转化

在地表环境中，在特定的物理化学条件或人类地球化学活动的作用和影响下，地表环境中的元素随时空的变化而发生空间位置的迁移、存在形态的转化，并在一定环境下发生重新组合与再分布，形成元素的分散或聚集，由此而产生元素的"缺乏"或"过剩"。

（一）地表环境中元素的迁移类型

地表环境中元素的迁移包含元素空间位置的移动以及存在形态的转化两层意思：前者指元素从一地迁移到另一地，后者则指元素在空间迁移过程中从一种形态转化为另一种形态。在许多情况下这两者是同时发生的，尤其是存在形态的转化必然伴随着空间位置的移动。

元素的迁移类型根据不同的划分形式可以分为不同的迁移类型。

1.按介质类型划分

地表环境中的元素迁移需要借助某种介质完成。介质不同，其迁移类型亦不同。按介质类型的不同，可将元素迁移分为空气迁移、水迁移和生物迁移三种形式。

（1）空气迁移

元素以空气为介质，以气态分子、挥发性化合物和气溶胶等形式进行的迁移。以气溶胶形式迁移只是在近代工业发展以来，因工业废物的大量排放导致某些微量元素以颗粒物或附着在颗粒物表面进行的一种迁移。

（2）水迁移

元素以水体为介质，以简单的或复杂的离子、络离子、分子、胶体等状态进行的迁移。元素可以胶体溶液或真溶液的形态随地表水、地下水、土壤水、裂隙水和岩石孔隙水等水体运动而发生迁移。水迁移是地表环境中元素迁移的最主要类型，大多数元素都是通过这种形式进行迁移转化的。

（3）生物迁移

进入环境的元素通过生物体的吸收、代谢、生长以及死亡等一系列过程实现的元素迁移。这是一种非常复杂的元素迁移形式，与生物的种、属的生理、生化、遗传和变异作用有关。即使同一生物种不同的生长期对元素的吸收、迁移也存在差异或不同。

2. 按物质运动的基本形态划分

按物质运动的基本形态还可将元素迁移划分为机械迁移、物理化学迁移与生物迁移三种类型。

（1）机械迁移

指元素及其化合物被外力机械地搬运进行的迁移。如水流的机械迁移、气的机械迁移和重力机械迁移等。

（2）物理化学迁移

指元素以简单的离子、络离子或可溶性分子的形式，在环境中通过一系列的物理、化学作用（如溶解、沉淀、氧化还原等作用）实现的迁移。

（3）生物迁移

通过生物体内的生物化学作用而发生的元素迁移。

通常，环境中元素的迁移方式并不是决然分开的，有时同一种元素既可呈气态迁移，又可呈离子态随水迁移，也可通过生物体实现迁移。

（二）地表环境中元素的迁移转化的影响因素

元素在自然环境中的迁移受到两方面因素的影响：一是内在因素，即元素的地球化学性质；二是外在因素，即区域地质地理条件所控制的环境的地球化学条件。

1. 影响表生环境中元素的迁移转化的内在因素

不同元素所形成的不同的化学键（离子键与共价键），以及同一元素的不同价态对迁移具有较大的影响。

不同键型的化合物，具有不同的迁移能力。一般来说，离子键型化合物由阴阳离子的静电吸力相连接，其熔点和沸点较高。这类物质难进行气迁移，但易溶于水而进行迁移。

元素的化合价越高，形成的化合物就越难溶解，其迁移能力也就越弱。此外，原子半径和离子半径对元素的迁移转化也具有重要的影响作用，它影响胶体的吸附能力。胶体对同价阳离子的吸附能力随离子半径增大而增大。就化合物而言，相互化合的离子其半径差别愈小，溶解度也愈小。离子半径的差别愈大，则溶解度愈大。

总之，自然界中元素的迁移强度有很大的差异。在相同条件下，不同元素的迁移千差万别；而在不同的迁移方式下，同一元素差异也较大。

2.影响表生环境中元素的迁移转化的外在因素

同一种元素在不同区域地质地理条件中的迁移能力是极不相同的。影响元素迁移的最大外力是活的有机体和天然水。主要的外在因素有环境的PH值、氧化还原电位（Eh）、络合作用、腐殖质、胶体吸附、气候条件和地质地貌条件等。

（1）环境的PH值

表生环境中的PH值主要指土壤和天然水的PH值。

土壤酸度可分为活性酸度与潜性酸度两类。由土壤溶液中的氢离子形成的酸度，称为土壤的活性酸度，用PH值来表示；由吸附于土壤胶体上的氢离子所形成的酸度，称为土壤的潜性酸度。土壤的潜性酸度比活性酸度大千倍乃至万倍。当活性的氢离子减少时，潜性的氢离子就会进行补充，即活性酸度和潜性酸度处于动态平衡之中。土壤的活性酸度主要来源于土壤溶液中各种有机酸类（如草酸、丁酸、柠檬酸、乙酸等）和无机酸类（如碳酸、磷酸、硅酸等）。土壤的活性酸度即土壤溶液的PH值在较大的范围波动，可由3.0～3.5到10～11之间变换。

天然水的PH值主要受风化壳土壤酸碱度的影响。腐殖酸和植物根系分泌出的有机酸，是影响天然水PH值的另一个重要方面。天然水的PH值大致与土壤带的PH值相吻合。含酸或含碱的工业废水排入水体后，在局部地段对水的PH值影响也较大。

在地表环境中，PH值可影响元素或化合物的溶解与沉淀，决定着元素迁移能力的大小。大多数元素在强酸性环境中形成易溶性化合物，有利于元素的迁移；在中性环境中，形成难溶性的化合物，不利于元素的迁移；在碱性环境下，某些元素的化合物也是易于溶解，利于迁移。

（2）氧化还原电位（Eh）

氧化还原作用是自然环境中存在的普遍现象，对元素在环境中的迁移转化具有重要的影响。

一些元素在氧化环境中可进行强烈迁移，而另一些元素在还原条件下的水溶液中则更加容易迁移。

（3）络合作用

在地表环境中，重金属元素的简单化合物通常很难溶解，但当它们形成络离子以后，则易于溶解发生迁移。甚至有人认为，金属离子络合物是影响重金属迁移的最重要的因素。

近年来，人们特别重视羟基络合作用与氯离子络合作用对促进大量重金属在地表环境中的迁移的影响。羟基对重金属的络合作用实际上是重金属离子的水解反应，重金属离子能在低 PH 值下水解，从而提高重金属氢氧化物的溶解度。氯离子作用对重金属迁移的影响主要表现在两个方面：一是显著提高难溶重金属化合物的溶解度；二是生成氯络重金属离子，减弱胶体对重金属的吸附作用。

形成的重金属络合物越稳定越有利于重金属迁移；反之，络合物易于分解或沉淀，不利于重金属迁移。

（4）腐殖质

腐殖质对元素的迁移主要表现为有机胶体对金属离子的表面吸附和离子交换吸附作用，以及腐殖酸对元素的螯合作用与络合作用。一般认为，当金属离子浓度高时，以交换吸附为主，在低浓度时以螯合作用为主。腐殖质螯合作用对重金属迁移的影响取决于所形成的螯合物是否易溶，易溶则促进重金属的迁移，难溶则降低重金属的迁移。

（5）胶体吸附

胶体由于具有巨大的比表面、表面能并带电荷，能够强烈地吸附各种分子和离子。胶体使元素迁移的作用主要发生在气候湿润地区。由于天然水呈酸性，有机质丰富，利于胶体的形成，元素常以胶体状态发生迁移。而在气候干旱地区，天然水呈碱性，有机质偏少，不利于胶体的形成，因而由胶体使元素迁移的可能性极小。

（6）气候条件

气候对环境中元素迁移的影响主要取决于两个最重要的条件：热量和水分，其对地表环境中元素迁移的影响主要表现在直接影响和间接影响两个方面。

①直接影响

地表环境中化学元素的迁移形式以水介质中发生的物理化学迁移为主，而气候变化的主要因素是降水量和热量。降水量的多少和温度的高低对化学元素的迁移产生重大影响。在炎热的湿润地区，各种地球化学作用反应剧烈，原生矿物多高度分解，淋溶作用十分强烈，风化壳和土壤中的元素被淋失殆尽，结果使水土均呈酸性，元素较贫乏，腐殖质富集，为还原环境。在干旱草原、荒漠气候带，降水量少，阳光充足，蒸发作用十分强烈，水的淋溶作用微弱，各种地球化学作用的强度软弱，速度也十分缓慢，地表环境中富集大量氯化物、硫酸盐等盐类，许多微量元素也大量富集。

此外，温度变化可以影响元素进行的化学反应速度。温度每升高10℃，反应速度便增加2 ~ 3倍。因而，炎热地区环境的化学反应要比寒冷地区进行得迅速而彻底。

②间接影响

主要表现在生物迁移作用方面。气候愈温暖湿润，生物种类和数量愈多，生长速度也愈快，地表环境中的有机质或腐殖质愈多，生物吸收、代谢各种元素的过程愈强烈，地表环境中的许多元素可通过大量生物的吸收、代谢作用进行迁移。而在干旱气候条件下，生物种类和数量很少，地表有机质和腐殖质缺乏，元素的生物迁移微弱，地表环境中的元素多发生富集。

（7）地质与地貌

地质构造、岩性等地质条件均对元素的迁移产生影响。岩层褶皱剧烈、断裂构造发育、节理错综复杂的地区，侵蚀作用、地球化学作用和元素的迁移比较强烈，元素随水流或其他介质大量迁移。如坚硬的岩石难以被侵蚀风化，质地软弱的岩石则易于风化侵蚀，其中所含的元素随淋失作用、搬运作用而发生迁移。此外，与地质构造密切相关的火山作用造成地表环境某些元素富集。

地形地貌条件对元素的迁移也具有十分明显的影响作用，一般山区为元素的淋失，低平地区为元素的堆积富集区。对内陆河流而言，坡降较大的中上游为元素的淋失地段，坡降较平缓的下游则为元素的堆积地段。研究表明，因某些元素"缺乏"引起的地方病常常分布在元素淋失区，因某些元素"过剩"而引起的地方病常发生在元素堆积区。

四、地球化学环境地带性

地球上的气候、水文、生物、土壤等都与温度的变化密切相关。伴随地表热能的纬度分布规律，气候、水文、植物等都呈现明显的地带性分布规律，而元素的化学活动与这些因素也具有密切关系，因此，元素分布具有地球化学分带特征。

我国地球化学环境按地理纬度从北向南分为：酸性、弱酸性还原的地球化学环境，中性氧化的地球化学环境，碱性、弱碱性氧化的地球化学环境，酸性氧化的水文地球化学环境。

（一）酸性、弱酸性还原的地球化学环境带

该环境中年降水量约为 600 ~ 1 000 mm，蒸发较弱，水分相对充裕。气候寒冷而湿润，植被茂盛，腐殖质大量堆积，沼泽发育，泥炭堆积，多属还原环境。以灰化土、棕色森林土、草甸沼泽土、泥炭沼泽土等为主。土壤的潜育层发育，植物残体被细菌分解，产生大量的腐殖酸，土壤呈酸性，PH 值为 3.5 ~ 4.5。酸性环境抑制好气性细菌的生长，故植物残体得不到彻底分解，长期处于半分解状态，多数元素被禁锢在植物残体中，导致环境中的矿质营养日趋贫乏。

（二）中性氧化的地球化学环境带

该环境中热量较充分，年降水量为 600 ~ 1 200 mm，蒸发作用不强，地表径流通畅，潜水位较低。土壤湿度适中，为氧化环境。植被发育一般，而且植物残体分解较彻底，因此，腐殖质堆积较少。本区元素的淋溶作用不强，富集作用也不显著，无明显的过剩或不足的现象。天然水多为中性，PH 值为 7 左右。

（三）碱性、弱碱性氧化的地球化学环境带

该环境中气候干旱，年降水量为 250 ~ 400 mm，或者更少；主要的土壤为灰钙土、栗钙土，在低洼处可见盐土和碱土。这种环境最显著的特点是元素富集、腐殖质贫乏。

由于降水不足，淋溶作用微弱。地表水和潜水多属碱性，PH 值为 8 ~ 10。在碱性介质中五价钒、六价铬、碑、硒等元素活性较大，易迁移，但淋溶微弱，蒸发强烈，上述元素最终仍富集于水土中。

在本环境的大部分地区，生物元素是过剩的，因而常流行着某些地方病，如氟斑牙、氟骨症、硒中毒、痛风病（钥过剩），或因环境中砷过剩而产生皮肤癌。在牲畜中也流行某些地方病，如氟中毒、硒中毒、腹泻（钥过剩）、贫血（铜过剩），或因硼过剩而患肠炎等。

（四）酸性、氧化的地球化学环境带

在该环境中发育着典型的砖红壤和广泛分布的红壤，所含元素较少。由于盐基缺乏，土壤呈酸性，PH 值为 3.5 ~ 5.0。水土和食物中碘异常缺乏，地方性甲状腺肿的分布十分广泛。因钠不足而影响人体的发育，常形成侏儒。在本区还流行着缺铁性的热带贫血症、心血管病。

（五）非地带性的地球化学环境带

在自然界中某些局部的地球化学环境不受地理纬度分带的影响，如在湿润的森林景观带可出现高氟区和高硒区，而在干旱的荒漠景观中可以出现沼泽，形成局部的腐殖质堆积的环境。

非地带性的地球化学环境可分为以下两种类型，即元素富集的氧化的地球化学环境和腐殖质富集的还原的地球化学环境。

实际上，根据地理纬度与根据成因所划分的地球化学带是相辅相成的，两者之中既有相同又有不同，这些都是由于地球化学分带的复杂性所决定的。对地球化学分带仍需要进一步研究。

第二节 原生地质环境与地方病

在地质历史的发展过程中，逐渐形成了地壳表面元素分布的不均一性。这种不均一性在一定程度上控制和影响着世界各地区人体、动植物的发育，造成生物生态的明显地区差异。当这种不均一性超过人体调节能力的范围时，就会导致各种各样地方病的发生。

此外，随着人类在对自然资源的开发利用过程中，越来越多的地质环境——土壤、岩石、地表水、地下水等被人类所影响，强烈地改变了其组成，导致地质环境发生异常，从而进一步威胁到人类健康，在某些区域也促使了地方病的发生。

一、地方病

地方病是指具有严格的地方性区域特点的一类疾病，按病因可分为以下几种。

（一）自然疫源性（生物源性）地方病

病因为微生物和寄生虫，是一类传染性的地方病，包括鼠疫、布鲁鼠疫、布鲁氏菌病、乙型脑炎、森林脑炎、流行性出血热、钩端螺旋体病、血吸虫病、疟疾、黑热病、肺吸虫病、包虫病等。

（二）化学元素性（地球化学性）地方病

此类疾病是因为当地水或土壤中某种（些）元素或化合物过多、不足或比例失常，再通过食物和饮水作用于人体所产生的疾病。

1.元素缺乏性

如地方性甲状腺肿、地方性克汀病等。

2.元素中毒性（过多性）

如地方性氟中毒、地方性砷中毒等。

发生化学元素性地方病的地区的基本特征主要如下：

（1）在地方病病区，地方病发病率和患病率都显著高于非地方病病区，或在非地方病病区内无该病发生。

（2）地方病病区内的自然环境中存在着引起该种地方病的自然因子。地方病的发病与病区环境中人体必需元素的过剩、缺乏或失调密切相关。

（3）健康人进入地方病病区同样有患病可能，且属于危险人群。

（4）从地方病病区迁出的健康者，除处于潜伏期者以外，不会再患该种地方病，迁出的患者其症状可不再加重，并逐渐减轻甚至痊愈。

（5）地方病病区内的某些易感动物也可罹患某种地方病。

（6）根除某种地方病病区自然环境中的致病因子，可使之转变为健康化地区。

当前，最常见的地方病主要有地方性氟中毒、大骨节病、克山病、地方性甲状腺肿、癌症、心脑血管疾病、血吸虫病、鼠疫和慢性砷中毒等。本节将主要对地氟病、大骨节病、克山病、地方性甲状腺肿大、癌症展开讨论。

二、地氟病

地氟病又称地方性氟中毒，是在特定地区的环境中，包括水土和食物中氟元素含量过多，导致生活在该环境中的人群长期摄入过量氟而引起的慢性全身性疾病。地氟病在世界各大洲均有分布，在我国主要分布在贵州、陕西、甘肃、山西、山东、河北和东北等地。

氟是周期表ⅦA族卤素中最轻、最活泼的化学元素，在自然界和生物体内几乎无所不在。由于其活泼的化学性质，极易在自然环境下进行迁移与富集，导致环境中氟分布不均。

其过剩和不足都将引发氟病。氟中毒最明显的症状是氟骨症和氟斑牙。

（一）环境中氟的来源

氟的天然来源有两个：一是风化的矿物和岩石，二是火山喷发。因自然地理条件不同，土壤的含氟量差异较大。在湿润气候区的灰化土带，属于酸性的淋溶环境，有利于氟的迁移，土壤中氟含量较低。干旱和半干旱草原的黑钙土、栗钙土含氟量较高，在盐渍土和碱土中其含量更高。

人体可以从饮水、食物及大气中摄入氟，从饮水中摄取的氟约占65%，25%来自于食物。

1.饮用水

不同水源的水氟含量差别很大，河水含氟平均为0.2 mg/L，一般地下水含氟量比地表水高。

2.食物

人类的食物几乎都含有少量的氟。除食物外，茶叶含氟量也较高。

3.生活燃煤

居室内用落后的燃煤方法燃烧含氟量高的劣质煤，会污染室内食物、空气和饮用水。

4.工业污染

电解铝厂、陶瓷厂、磷肥厂和砖窑等耗煤工业排出含氟废气，污染土壤和水。

（二）地质地理分布

氟中毒病在世界的分布与地球化学环境密切相关，主要受岩石、地形、水文地球化学变化、土壤以及气候等因素的影响。

1.火山活动区发病带

火山爆发喷出的火山灰、火山气体等喷发物中含有大量氟，这些喷出物在火山门周围呈环状分布。生活在火山周围的居民多患氟斑牙病和氟中毒症。世界上一些著名的火山，如意大利的维苏威火山、那不勒斯火山及冰岛的火山区等，均有地方性氟中毒病发生。

2.高氟岩石出露区和氟矿区发病带

某些岩石如萤石、冰晶石、白云岩、石灰岩以及氟磷酸盐矿中含有丰富的氟，经过物理化学风化作用、淋溶作用和迁移转化等地球化学变化，使地表水和地下水中的氟含量增高，生活在该区的居民长期饮用高氟水，发生氟中毒。

3.富氟温泉区发病带

温度超过20℃的泉水能溶解多种矿物质，温泉水中含氟量一般比地表水高，而且随泉水温度增高氟含量不断增加。许多温泉区有氟中毒病发生。如西藏谢通门县卡嘎村温泉，水温60℃，水中氟含量达9.6 ~ 15 mg/L，泉水周围三个村的居民患严重的氟中毒病。

4.沿海富氟区发病带

在海陆交接地带，长期受海水浸润，形成富盐的地理化学环境，海水含量较高的氟也易于在此带富集；沿海地区由于大量开采地下水，导致海水入侵，不仅使土壤盐渍化、水井报废，也使地下水中氟含量增高，从而引起氟中毒病的发生。如中国的沧州、潍坊等地区，均有一定数量的氟斑牙和氟中毒病出现。

5.干旱、半干旱富氟地区发病带

干旱、半干旱地区气候干燥，降水量少，地表蒸发强烈，地下水流不畅，氟化物高度浓缩，形成富氟地带，是氟中毒病高发区。

（三）地氟病的主要类型

当前，我国地氟病的主要类型为饮水型、煤烟污染型、饮茶型及其他类型。

饮水型氟中毒是我国地氟病中最主要的类型，患病人数也最多。高氟饮水主要分布在华北、西北、东北和黄淮海平原地区。氟主要存在于干旱和半干旱地区的浅层或深层地下水中。高氟饮水主要是地下水，源于水文地质条件，当地层中有高氟矿物或高氟基岩时，地下水含氟量就增高。

煤烟污染型氟中毒是指生活用煤含氟量高，使用方式落后而引起的。煤烟污染型地氟病区主要分布在地势较高、气候潮湿寒冷地区，如贵州、四川、云南、湖北等地。当地农作物收获季节阴雨连绵，需用煤火烘烤粮食、辣椒。而当地居民往往使用的是没有烟囱的地灶，煤燃烧时释放出来的氟化物直接污染室内空气并沉积在所烘烤的粮食和辣椒上。当居民使用这些粮食和辣椒时，就摄入了过多的氟，而引发了氟中毒的发生。

饮茶型氟病是指茶水中含有高浓度的氟化物，由于喝入多量茶水，所导致的慢性氟中毒。我国西部地区如西藏、新疆、内蒙古、青海、四川北部等地区居民，其中特别是从事畜牧业的居民，他们有喝砖茶的传统生活习惯，砖茶已成为生活必需品，每天喝大量砖茶沏的茶水，也就从砖茶摄入大量氟化物。

此外，由于其他一些原因仍可导致氟中毒的发生。工业污染也可以在污染范围内造成居民慢性氟中毒症状，如电解铝工业、磷肥制造业等往往可使附近居民患有严重氟中毒并殃及牲畜、鱼类和农作物。

（四）地方性氟病的预防

1. 饮水型地方性氟病的预防

可采用如下措施：改用低氟水源；打低氟深井；利用低氟地面水、低氟的山泉水或地下泉水。此外，在找不到可利用的低氟水源或暂时无条件引水、打新井的地方，可利用物理、化学方法除氟。

2. 生活燃煤污染型地方性氟病的预防

为不用或少用高氟劣质煤，或通过改善居住条件，提高房屋的保暖性能，减少煤的用量，以期减少氟总的排放量；采用降氟节煤炉灶；降低食物的氟污染。

三、大骨节病

大骨节病是一种地方性变形性骨关节病。本病主要表现为骨关节增粗、畸形、强直、肌肉萎缩、运动障碍等。本病在各个年龄组都有发生，但多发于儿童和青少年，成人很少发病，无明显的性别差异。

（一）地质地理分布

大骨节病的分布与地势、地形、气候有密切关系。在中国，大骨节病多分布于山区、半山区，海拔在 500 ~ 1 800 m 之间。如中国东北地区，大骨节病多分布于山区、丘陵地带，以山谷低洼潮湿地区发病最重。在西北黄土高原地区，以沟壑地带发病较重。大骨节病区多为陆地性气候，暑期短，霜期长，昼夜温差大。

中国的大骨节病，从东北到西藏呈条带状分布。该病在中国分布广泛，包括黑龙江、吉林、辽宁、内蒙古、山西、北京、山东、河北、河南、陕西、甘肃、四川、青海、西藏、台湾等15个省（自治区、直辖市）。在俄罗斯、朝鲜、瑞典、日本、越南等国也有此病发生。

（二）大骨节病的环境地质类型

大骨节病分布广泛，横跨寒、温、热三大气候带，自然环境复杂多变，病区地质环境可划分为四种类型：

1. 表生天然腐殖环境病区

该类型区沼泽发育，腐殖质丰富，土壤多为棕色、暗棕色森林土、草甸沼泽土和沼泽土等。

在本区，凡饮用沼泽甸水、沟水、渗泉水者大骨节病较重，而饮大河水、泉水、深井水者病情较轻或无病。

2. 沼泽相沉积环境病区

该类型区主要分布于松辽平原、松嫩平原和三江平原的部分地区，多为半干旱草原和稀疏草原。本区地势低平，水流不畅，沼泽湖泊星罗棋布，有的已被疏干开垦。发病与否主要决定于水井穿过的地层。凡水井穿过湖沼相地层，多为发病区。

3. 黄土高原残塬沟壑病区

该类型区黄土广布，侵蚀作用强烈，水土流失严重，形成残塬、沟壑、梁峁地形。群众多饮用窖水、沟水、渗泉水和渗井水，由于水质不良，大骨节病严重。而饮用基岩裂隙水、冲积或冲洪层潜水者病轻或无病。

4. 沙漠沼泽沉积环境病区

该类型区属干旱、半干旱沙漠自然景观，固定、半固定沙丘呈浑团状或垄岗状。多数地区干燥无水，少数地区为芦苇沼泽。底部有薄层草炭，沼泽呈茶色并且有铁锈的絮状胶体。群众凡饮用此地水井水多患大骨节病。

（三）大骨节病的病因

大骨节病至今病因未明，多年来国内外学者提出很多学说，如生物地球化学说（低硒说）、食物真菌毒素中毒、饮水中有机物中毒说以及新近提出的环境条件下的生物毒素中毒说。

1. 生物地球化学说（低硒说）

大骨节病是矿物质代谢障碍性疾病，是由于病区的土壤、水及植物中某些元素缺少、过多或比例失调所致。

2. 食物性真菌中毒说

大骨节病是因病区粮食（玉米、小麦）被毒性镰刀菌污染，而形成耐热毒素，居民长期食用这种粮食引起中毒而发病。用镰刀菌毒性菌株给动物接种，可使动物骨骼产生类似大骨节病病变。

3. 饮水中有机物中毒说

病区饮水中腐殖质酸含量较高，较非病区高6～8倍。腐殖质酸可引起硫酸软骨素的代谢障碍，导致软骨改变。

4. 环境条件下的生物毒素中毒说

实验结果不支持饮水中腐殖酸是病因的假说，也不支持镰刀菌素等是病因的假说，对缺硒是大骨节病的始动病因也未予以肯定，而认为其可能是疾病发生的重要条件。

目前有关大骨节病的病因学说还有待进一步验证。

（四）大骨节病的预防

该病是一种以缺硒为主的多病因生物地球化学性疾病，由于病因未明，缺少特异性防治措施，因此应采取综合性预防措施。根据多年来的经验，可采取补硒、改水、改粮、合理营养、改善环境条件、加强人群筛查等综合性防治措施。通过改善水质、调整饮食、补充无机盐等可降低其发病率。治疗上多采用中西医结合疗法，如氨基酸类、维生素类以及微量元素等结合中草药双乌丸、抗骨质增生丸，有一定疗效。此外，理疗如药浴、针刺可有助于某些功能的

四、癌症

癌是一种顽症，对人类生命的威胁很大，占所有疾病死因的第二位，仅次于心脏病。研究表明，癌症与环境地质具有明显的相关性，分布具明显的地区性和地带性，有集中高发的现象。

（一）地质地理分布

癌症在世界各地均有分布，但它有明显集中高发的现象。不同国家、地区的癌症死亡率相差10倍乃至百倍。

食道癌的高发区主要位于东南非和中亚地区。如莫桑比克、南非、乌干达、伊朗、阿塞拜疆、乌兹别克斯坦和土库曼斯坦。中国食道癌的平均死亡率约为11/100 000，但分布不均，总趋势是北方高于南方、内地高于沿海。

肝癌主要流行于低纬度地带，如东南非和东南亚地区。在欧洲、北美洲、大洋洲很少发生肝癌。肝癌发病率随着地理纬度的降低而增高。

胃癌主要分市在中、高纬度地带，如芬兰、荷兰、瑞典、英国、俄罗斯、日本、美国、加拿大等国的部分地区，低纬度带和赤道附近胃癌则较少发生。中国胃癌的平均死亡率约为15/100 000，总的分布趋势是西北黄土高原和东部沿海各省较高。一般而言，胃癌发病率呈随着地理纬度的增高而增高的趋势。

（二）癌症成因类型

癌症的分布往往与岩石、土壤、地貌等自然环境有关。研究表明，癌症高发区与环境水文地质关系密切，主要可分为以下四种致病类型：

1. 山区型

该区气候干旱，植被稀少，机械剥蚀作用强烈，缺乏地表径流，当地群众多饮用常年积存的窖水、池水，水质较差，污染严重。如河南林县，河北武安、涉县、磁县等地食道癌高发区主要饮用窖水，死亡率为252.8/100 000；中发区多饮用池水、渠水及河水，死亡率为126/100 000；低发区主要饮用井水、泉水，死亡率仅为39/100 000。

2. 岩溶山区型

该区岩溶发育，地表径流极少，而地下暗河相当发育，虽然降雨量高达1 200 mm，但仍然严重缺水，当地群众多饮用塘水或塘边渗井水，水质污染严重。

（3）水网平原型。该区雨量充沛，地表水、地下水极为丰富，但由于地势平缓，水流滞缓，水网闭塞。而这些地区人口密集、工农业发达，致使环境污染严重，水质日益恶化。

3. 三角洲平原型

该区接近海滨，土壤中腐殖质及盐分含量高。此外，该区工农业发达，污染严重，水质恶化。

（三）癌症病因

至今，癌症的确切病因尚未明确，但一般认为癌症的诱发因素主要为：

1. 化学物质

如多环芳烃类、亚硝胺、苯并芘以及硝酸盐、亚硝酸盐等；

2. 金属元素

如砷、汞、铬、镉等；

3. 生物物质

如某些细菌及病毒、寄生虫等；

4. 物理作用

如 X 射线、放射性物质等。

此外，一些精神因素与遗传因素也可导致癌症的发生。

（四）癌症的防治

对癌症的防治往往需以改水为中心，以谷物品种、饮食习惯、卫生条件等综合性的防治相辅助，可起到一定的预防作用。

第三节 地质环境污染与人体健康

人类的生存和发展是与自然环境（尤其是地球表生环境）密切联系的，离开了自然环境，人类就无法生存，人类也是自然环境长期演化的结果。因此，地球表生环境的任何污染，都会直接或间接地影响人体健康。地球表生环境污染对人体健康的危害已引起全球性的关注。

一、环境污染的特点

环境污染是各种污染因素本身及其相互作用的结果，具有以下特点。

（一）环境污染具有复杂性

首先，由于环境污染的污染源来自生产生活的各个方面、各个领域，诸多的污染源产生的污染物质种类繁多，性质各异，并且这些污染物常常是经过转化、代谢、富集等各种反应后才导致污染损害。其次，污染环境行为造成他人损害的过程非常复杂。

（二）环境污染具有潜伏性

环境污染一般具有很长的潜伏期，这是因为环境本身具有消化人类废弃物的机制，但环境的这种自净能力是有限的，如果某种污染物的排放超过环境的自净能力，环境所不能消化掉的那部分污染物就会慢慢地蓄积起来，最终导致损害的发生。

（三）环境污染具有持续性

环境污染常常透过广大的空间和长久的时间，经过多种因素的复合积累后才形成，因此而造成的损害是持续不断的，不因侵害的行为停止而停止。同时，由于受科学技术水平的制约，对一些污染损害缺乏有效的防治方法。因此，环境污染损害并不因为污染物的停止排放而立即消除，具有持续性。

（四）环境污染具有广泛性

环境污染的广泛性表现在：一是空间分布的广泛性，污染物进入环境后，随着水和空气的流动而被稀释扩散，比如海洋污染往往涉及周边的数个国家；二是受害对象的广泛性，环境污染的受害对象包括全人类及其生存的环境。

二、环境污染类型及危害

根据环境污染所引起的人体中毒的程度以及病症显示的时间，可将环境污染对人体健康的影响分为急性危害、慢性危害和长期危害。当污染物在短期内大量侵入人体，常会造成急性危害，历史上的公害事件都是急性危害的例子。当污染物长期以低浓度持续不断地进入人体，则会产生慢性危害和远期危害，如大气低浓度污染引起的慢性鼻炎、慢性咽炎，以及低剂量重金属铅引起的贫血、末梢神经炎、神经麻痹、幼儿脑受危害而引起智力障碍等。环境污染物对人体的远期危害主要是致癌、致畸、致突变作用。

从污染源的属性来看，环境污染对人体健康的危害可以分为三大类型：物理性污染、化学性污染和生物性污染。

（一）物理性污染

物理性污染是指由物理因素引起的环境污染，如放射性辐射、电磁辐射、噪声、光污染等。如在对我国白云鄂博钍矿开采利用的过程中，排放含有放射性钍的废气、尾矿飞尘、废水和废渣，不但严重污染包头地区，而且成为黄河的主要污染源之一，已引起国家环保总局的高度重视。此外，在煤炭燃烧过程中，会把一些放射性的元素铀和钍富集在粉尘或飞灰之中，对环境产生放射性污染。

（二）化学性污染

当今世界上已有的化学物质达500万种之多，而且每年还不断地有数以万计的化学物质合成。化学污染问题已日趋严重，致使人类疾病的构成也发生了变化，过去以传染病为主的疾病，现在已被非传染性疾病，如心血管病、公害病、职业病等所代替。

化学性污染物根据化学组成，可将其分为无机污染物和有机污染物。化学污染物对人体危害的特点表现为：低浓度长期效应、多因素联合作用、长期和潜在性的影响。造成化学性污染的原因有以下几种：①某些地区矿物资源富集，在地球化学作用下，某些元素、化学物质自然迁移转化所造成的环境污染；②矿产资源在开发过程中所导致的环境污染，如在贵州出现的 Hg、Tl 等重金属污染；③矿产资源在利用过程中所导致的环境污染，如煤炭燃烧时排放的 $SO2$ 所形成的酸雨以及某些重金属富集在飞灰上，沉降在地面所导致的环境污染；④农业化学物质的广泛应用和使用不当，导致土壤中化学物质的污染；⑤工业的不合理排放所造成的环境污染。

（三）生物性污染

生物性污染主要是由有害微生物及其毒素、寄生虫及其虫卵和昆虫等引起的。当人们一次大量摄入受污染的食品时，可引起急性中毒，即食物中毒，如细菌性食物中毒、霉菌毒素中毒等。

三、环境污染物进入人体的途径

对人体健康有影响的环境污染物主要来自工业生产过程中形成的废水、废气、废渣，包括城市垃圾等。污染物通过水、土壤、大气、食物链进入人体并影响人体健康，其特点是：一是影响范围大，因为所有的污染物都会随生物地球化学循环而流动，并且对所有的接触者都有影响；二是作用时间长，因为许多有毒物质在环境中及人体内的降解较慢。

环境污染物进入人体的主要途径是呼吸道和消化道，也可经皮肤和其他途径进入。气态污染物一般是经过呼吸道进入人体的。由于呼吸道各个部位的结构不同，对污染物的吸收速率也不同。人体肺泡面积达 90 m²，毒物由肺部吸收速度极快，仅次于静脉注射。水溶性较大的气态物质，如氯气、二氧化硫，往往被上呼吸道黏膜溶解而刺激上呼吸道，极少进入肺泡，而水溶性较小的气态毒物（如二氧化氮等）大部分能到达肺泡。污染物进入人体后，由血液输送到人体各组织，不同的有毒物质在人体各组织的分布状况不同，一般来说，重金属往往分布在人体的骨骼内，而"滴滴涕"等有机农药则往往分布在脂肪组织内。毒物长期隐藏在组织内，并能在组织内富集，造成机体的潜在危险。

除很少一部分水溶性强、相对分子质量极小的污染物可以排出体外，绝大部分都要经过某些酶的代谢或转化，从而改变其毒性，增强其水溶性而易于排泄。人体的肝、肾、胃、肠等器官对污染物都有一定的生物转化作用，其中以肝脏最为重要。污染物在体内的代谢过程可分为两步：第一步是氧化还原和水解，这一代谢过程主要与混合功能氧化酶系有关；第二步是结合反应，一般经过一步或两步反应，原属活性的有毒物质就可能转化为惰性物质而起解毒作用。但也有增大活性的现象。

各种污染物在体内经生物转化后，经肾、消化管和呼吸道排出体外，少量经汗液、乳汁、唾液等各种分泌液排出，也有的通过皮肤的新陈代谢到达毛发而离开机体。

人体除了通过上述蓄积、代谢和排泄三种方式来改变污染物的毒性外，机体还有一系列的适应和耐受机制，但机体的耐受是很有限的，超过一定的限度，人体就会出现中毒症状，甚至死亡。

总的来说，不同的污染物对机体危害的临界浓度和临界时间都是不同的，只有当环境污染物在体内蓄积达到中毒阈值时，才会发生危害。

参考文献

[1] 齐文艳，包晓英 . 工程地质 [M]. 北京：北京理工大学出版社，2018.

[2] 刘新荣，杨忠平 . 工程地质 [M]. 武汉：武汉大学出版社，2018.

[3] 何宏斌 . 工程地质 [M]. 成都：西南交通大学出版社，2018.

[4] 张士彩 . 工程地质 [M]. 武汉：武汉大学出版社，2018.

[5] 张恩祥，冯震 . 工程地质学 [M]. 科瀚伟业教育科技有限公司，2018.

[6] 贾洪彪 . 邓清禄，马淑芝 . 水利水电工程地质 [M]. 武汉：中国地质大学出版社，2018.

[7] 周桂云 . 董金梅，程鹏环 . 工程地质 第 2 版 [M]. 南京：东南大学出版社，2018.

[8] 李晓军 . 工程地质数值法 [M]. 徐州：中国矿业大学出版社，2018.

[9] 朱济祥 . 土木工程地质 第 2 版 [M]. 天津：天津大学出版社，2018.

[10] 杨晓杰，郭志飚 . 矿山工程地质学 [M]. 徐州：中国矿业大学出版社，2018.

[11] 李淑一，魏琦，谢思明 . 工程地质 [M]. 北京：航空工业出版社，2019.

[12] 宿文姬 . 工程地质学 [M]. 广州：华南理工大学出版社，2019.

[13] 周斌，杨庆光，梁斌 . 工程地质学 [M]. 北京：中国建材工业出版社，2019.

[14] 柴贺军 . 山区公路工程地质勘察 [M]. 重庆：重庆大学出版社，2019.

[15] 黄磊 . 工程地质实习指导书 [M]. 郑州：黄河水利出版社，2019.

[16] 何发亮，卢松，丁建芳等 . 地质复杂隧道施工预报研究与工程实践 [M]. 成都：西南交通大学出版社，2019.

[17] 熊灿娟 . 花地河水库工程地质条件及坝址比选研究 [M]. 徐州：中国矿业大学出版社，2019.

[18] 张慧颖，黄海燕，王新等。尾矿库工程地质特性与稳定性研究 [M]. 黄河水利出版社，2019.

[19] 黄振伟，杜胜华，张丙先 . 南水北调中线丹江口水利枢纽工程重大工程地质问题及勘察技术研究 [M]. 河海大学出版社，2019.

[20] 陈洪江，陈涛 . 普通高等学校工程管理专业规划教材 工程地质与地基基础 [M]. 武汉理工大学出版社，2019.

[21] 李予红 . 水文地质学原理与地下水资源开发管理研究 [M]. 北京：中国纺织出版社，2020.

[22] 曹俊启.印度水资源开发 [M].武汉：长江出版社，2020.

[23] 刘刚.秦岭巴山水源涵养区水资源利用与保护研究 [M].西安：陕西科学技术出版社，2020.

[24] 李纯洁，胡珊.郑州市水资源开发利用及保护对策研究 [M].郑州：黄河水利出版社，2020.

[25] 曾萍，宋永会.辽河流域制药废水处理与资源化技术 [M].中国环境出版集团，2020.

[26] 孙岐发，郭晓东，田辉等.长吉经济圈水资源及地质环境综合研究 [M].武汉：中国地质大学出版社，2020.

[27] 傅晓华，傅泽鼎.流域水资源行政交接治理机制及实践 [M].长沙：湖南科学技术出版社，2020.

[28] 耿雷华，黄昌硕，卞锦宇等.水资源承载力动态预测与调控技术及其应用研究 [M].南京：河海大学出版社，2020.

[29] 英爱文，章树安，孙龙等.水文水资源监测与评价应用技术论文集 [M].南京：河海大学出版社，2020.

[30] 陈忠林.水环境综合实验指导 [M].哈尔滨：哈尔滨工业大学出版社，2020.